U0905043

基于资源环境协调度评估的国土空间生态保护与修复战略实证研究

李九一　刘佳旭　王传胜　王志勇　柳玉梅　著

中国环境出版集团 · 北京

图书在版编目（CIP）数据

基于资源环境协调度评估的国土空间生态保护与修复战略实证研究 / 李九一等著 . —北京：中国环境出版集团，2023.4

ISBN 978-7-5111-5477-4

Ⅰ. ①基… Ⅱ. ①李… Ⅲ. ①国土资源—生态恢复—研究—中国 Ⅳ. ①F129.9

中国国家版本馆 CIP 数据核字（2023）第 042195 号

出 版 人 武德凯
责任编辑 孙 莉
封面设计 岳 帅

出版发行 中国环境出版集团
（100062 北京市东城区广渠门内大街 16 号）
网　　址：http://www.cesp.com.cn
电子邮箱：bjgl@cesp.com.cn
联系电话：010-67112765（编辑管理部）
010-67112736（第五分社）
发行热线：010-67125803，010-67113405（传真）

印　　刷 北京中献拓方科技发展有限公司
经　　销 各地新华书店
版　　次 2023 年 4 月第 1 版
印　　次 2023 年 4 月第 1 次印刷
开　　本 787 × 1092 1/16
印　　张 12.75
字　　数 228 千字
定　　价 60.00 元

【版权所有。未经许可，请勿翻印、转载，违者必究。】
如有缺页、破损、倒装等印装质量问题，请寄回本集团更换。

中国环境出版集团郑重承诺：
中国环境出版集团合作的印刷单位、材料单位均具有中国环境标志产品认证。

前 言

国土空间生态保护与修复是构建生态安全格局、筑牢生态安全屏障的重要途径。近年来，我国城镇化和工业化的快速发展，导致部分地区资源环境承载能力已经达到或接近上限，生态破坏问题积累较多，生态修复任务日益艰巨。随着我国经济由高速增长阶段转向高质量发展阶段，生态环境保护的重要性日益凸显，因此需要正确处理国土空间开发与保护的关系，形成节约资源和保护生态环境的空间格局、产业结构、生产生活方式。近年来，我国开始推进“多规合一”，编制国土空间规划，并将国土空间生态保护与修复作为其中的重要内容。系统开展国土空间生态保护与修复理论与实践研究，对增强生态系统稳定性、提升生态系统功能、扩大优质生态服务及产品供给、建设美丽中国具有重要的意义与价值。

科学地评估生态系统和资源环境本底条件及其与经济社会发展的协调程度，开展国土空间生态保护与修复优化布局，是实现生态保护与人类活动空间优化布局的重要基础。长期以来，粗放式发展使得我国自然生态空间被挤占过多，区域国土空间开发与保护的冲突普遍存在。如何系统耦合生产、生态空间，实现高水平保护与高质量发展是当前构建国土空间新格局的重点与难点。因此，本书在国家重点研发计划课题“中国村镇建设与资源环境协调度评估及其类型和模式研究”（2018YFD1100101）的支持下，以资源环境承载能力和国土开发适宜性评价（“双评价”）结果为基础，探讨了区域资源环境协调度评估及其在国土空间生态保护与修复布局中的应用。

本书以我国福建省漳州市为例，针对其国土空间开发与保护中临港经济发展快、环境风险隐患大、良田空间遭挤压、粮食安全压力大、生态空间遭侵占、自然生境破碎化、极端天气多发、灾害风险高等突出生态环境问题，开展了生态保护重要性评估、资源环境承载能力与国土空间开发适宜性评估，以及各区县单元的资源环境协调度评估。在此基础上，统筹谋划区域人口、经济、国土空间布局，提出了漳州市的生态空间保护战略布局、生态修复治理战略布局与重大措施以及生态保护修复的体制机制构建策略。

本书共分 7 个章节。第 1 章为资源环境与生态保护现状，主要执笔人为刘佳旭、柳玉梅；第 2 章为生态功能空间特征及重要性评估，主要执笔人为柳玉梅、李九一、刘佳旭；第 3 章为发展导向的承载力与适宜性评估，主要执笔人为李九一、王志勇、柳玉梅；第 4 章为资源环境协调度评估，主要执笔人为李九一、王传胜、王志勇；第 5 章为生态空间保护战略布局，主要执笔人为王志勇、李九一；第 6 章为生态系统修复与治理，主要执笔人为柳玉梅、李九一；第 7 章为生态保护措施与体制机制，主要执笔人为王传胜、王志勇。全书由李九一负责组织和审阅，王志勇、柳玉梅负责文字编校和图片校正等工作。

目　录

第 1 章

资源环境与生态保护现状

1.1 资源本底条件

1.1.1 自然地理概况

漳州市位于福建省东南部，东濒台湾海峡，东北与泉州市、厦门市接壤，西北与龙岩市相接，西南与广东省潮州市毗邻，全市陆域总面积为 1.29 万 km^2。漳州市境内受燕山运动等构造运动的影响，产生了大量断裂层，并构成了复杂多样的地貌组合，整体地势从西北向东南倾斜，依次为中山、低山、丘陵、台地、平原。中山、低山主要分布于西北部，属戴云山、博平岭支脉；丘陵大多属中低山延伸的支脉，在境内形成广阔的山前地带，构成星罗棋布的山前丘陵；台地、平原主要分布于九龙江等河流下游河谷及滨海平原地带，其中，九龙江中下游平原面积为 720 km^2，是福建省第一大平原。

漳州市海洋面积为 0.74 万 km^2，海岸线长为 715 km，是福建省的海洋大市。漳州市海湾数量较多，排在全省第一位。其中，旧镇湾、东山湾、诏安湾以及东北部紧邻厦门的厦门湾等均属福建省 13 个重要海湾。海湾港阔水深，陆上地形平坦，港口建设条件优势十分明显。

漳州市地处南亚热带海洋性季风气候区，年平均气温为21.3℃，年平均降水量约为1 500 mm，水热条件较为优越，适宜农业发展。受季风影响，台风、暴雨以及低温阴雨等灾害性气候现象出现较为频繁。降水在年内随季节变化较大，主要集中在5—9月。漳州市河流众多，大多数属于山地性河流，河道平均比降较大，水流湍急。其中，九龙江是福建省的第二大河流，全长1 923 km，流域面积为14 741 km^2，在漳州境内流域面积为7 586 km^2，是漳州市第一大河。

漳州市土壤类型分为7个土类、13个亚类、31个土属，典型土壤为砖红壤性红壤、红壤、黄壤和水稻土等。其中，砖红壤性红壤广泛分布于海拔300～400 m的丘陵台地，是漳州市地带性土壤，面积为4 217 km^2，占总土地面积的33.5%。土壤风化淋溶作用强烈，表现为脱硅富铝发育度较强，土壤呈酸性。红壤是漳州市分布最广的土类，面积为4 529 km^2，占总土地面积的35.9%。红壤呈强酸性，湿度较大，土层较深厚，生物资源丰富，其积累随海拔高度的上升而增加。

漳州市地处几大植物区的过渡区域，植物种类繁多，区域组分复杂且有明显的过渡特征，地带性植被属闽南博平岭湿润亚热带雨林小区。由于历史原因，大多数原生植被已经为次生植被和人工植被所演替。在演替过程中，植被因地貌地形、气候以及其他环境因素和人为干预的差异形成了不同的类型。

1.1.2 土地资源

漳州市地处华南褶皱系东部，中生代以前为隆起区。自中生代燕山运动以来，漳州市发生多次强烈的断裂活动和岩浆活动，至燕山运动晚期，已基本形成现今的构造轮廓，而后又经历多次强烈地质活动，至今仍在继续活动。境内断裂、褶皱构造方向主要为北北东、北东、东西、南北及北西向，还有船山场“山”字形构造等。

漳州市整体地势从西北向东南倾斜（图1-1），地貌类型较为复杂。西北部山区属戴云山、博平岭支脉，是船场溪、花山溪、芦溪、九峰溪等多条河流的发源地。山区向东南方向延伸，形成星罗棋布的丘陵，广泛分布于低山外延、平原周围以及半岛、岛屿地区。平原分布在河流下游、河口、海湾内侧湾顶及山间河谷，在九龙江中下游与滨海地区较为集中，是漳州市人口与产业主要集聚区。

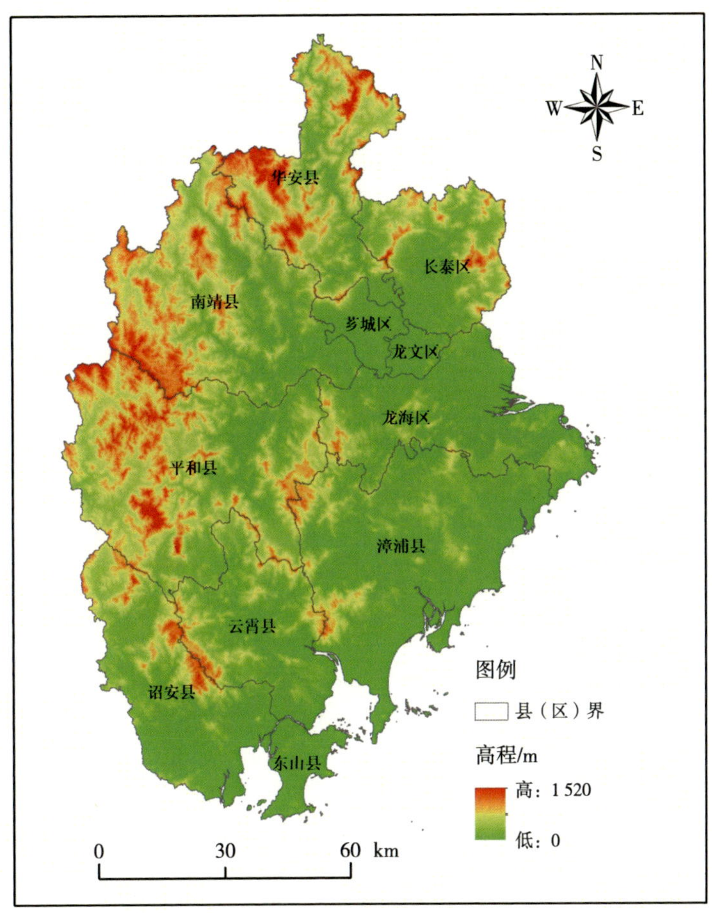

图 1-1 漳州市地形

漳州市地形坡度较陡。如表 1-1 所示，15°～25° 的中坡地分布最广，面积为 0.368 万 km^2，占陆域面积的 28.6%。

表 1-1 漳州市地形坡度分级统计

坡度 /°	类型	面积 / 万 km^2	比例 /%
0～3	平地	0.278	21.4
3～8	平坡地	0.141	11.1
8～15	缓坡地	0.198	15.1
15～25	中坡地	0.368	28.6
＞25	陡坡地	0.305	23.8

注：本表中漳州市面积是基于漳州市第三次全国国土调查数据，陆域总面积为 1.29 万 km^2。

漳州市25°以上的陡坡地面积为0.305万km^2，占陆域面积的23.8%，广泛分布于西北部中山和中部低山丘陵区域。3°～8°的平坡地和8°～15°的缓坡地面积分别为0.141万km^{2}和0.198万km^2，占陆域面积的11.1%和15.1%，主要分布于山地丘陵周边及其向平原过渡地区。小于3°的平地面积为0.278万km^2，占陆域面积的21.4%，主要分布在九龙江中下游平原以及滨海地区。

1.1.3 水文水资源

漳州市地处南亚热带海洋性季风气候区，降水丰沛，多年平均降水量约为1 500 mm。年际降水量变化较大，1985年以来，年降水量最大值出现在2006年，为2 444.5 mm；最小值出现在2009年，为1 125.6 mm，极值比约为2.17（图1-2）。降水季节性变化较大，主要集中在5—9月（图1-3），占全年降水量的65%以上。降水量空间分布不均匀，由东南沿海向西北山区呈递增趋势，华安县、平和县降水量最大，东山县降水量最少。

漳州市水系发达，河流纵横，多发源于境内，属山溪型外流河，河道平均比降较大，水流湍急。河流主流走向多与山脉走向垂直，支流走向则与山脉走向平行，形成格状水系网。全市流域面积为50 km^{2}以上的河流有70条（不含内河及未流经重要保护对象的河流），主要河流有九龙江、漳江、东溪、鹿溪、梅潭河等。

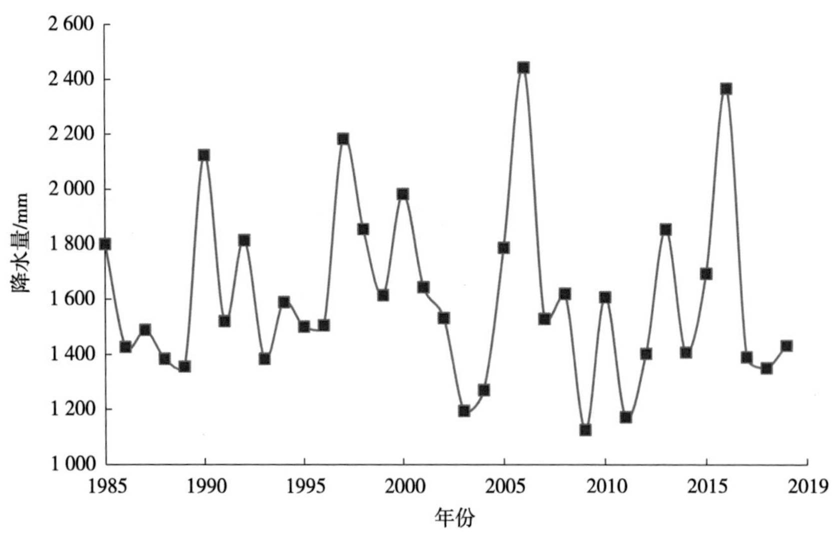

图1-2 1985—2019年漳州市年平均降水量

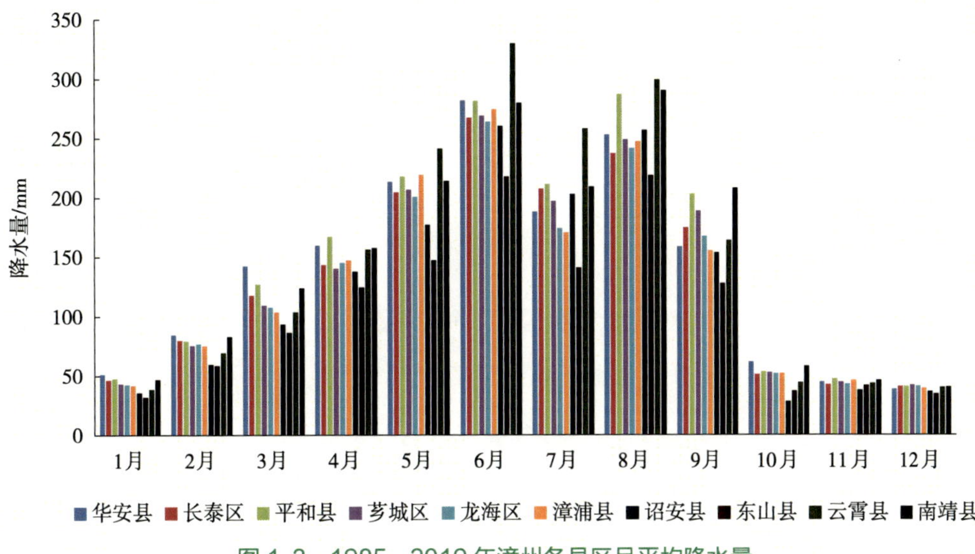

图 1-3　1985—2019 年漳州各县区月平均降水量

（1）九龙江

九龙江流域面积为 14 741 km^2，其中漳州市境内流域面积为 7 586 km^2，是漳州市第一大河，福建省第二大河。九龙江流域主要支流有北溪、西溪、南溪等，其中，北溪为九龙江干流，河长为 274 km，流域面积为 9 640 km^2，发源于永定县高陂乡赤峰溪村后；西溪流域面积为 3 940 km^2，干流为船场溪，主要支流有永丰溪、芗江、花山溪等；南溪较为短小，全长为 68 km，流域面积为 660 km^2，发源于平和县南胜乡邦寮山自然村东南红婆石东侧。

（2）漳江

漳江发源于平和县博平岭山脉东麓大峰山，自北向南流经平和县、云霄县，在漳江湾入海。漳江干流全长为 66.2 km，流域面积为 1 038 km^2，主要支流有安厚溪、车圩溪、火田溪、南溪和山美溪。

（3）东溪

东溪发源于平和县大芹山南麓，经大溪乡流入诏安县境，又称“石陂面河”，在官陂下葛圩与庵下溪合流，在宫口湾入海。东溪河道长度为 93 km，流域面积为 1 066.9 km^2。

（4）鹿溪

鹿溪发源于平和县五寨矾山，横贯漳浦县，于浮头湾独流入海，干流全长为

54 km，流域面积为 643 km^2，主要支流有龙岭溪、盘陀溪、割后溪、绥东溪等。

（5）梅潭河

梅潭河发源于平和县双尖山主峰北麓，上游又称为“芦溪”，从北向西南流经芦溪镇、秀峰乡、长乐乡，而后进入广东省大埔县。河流全长为 137 km，在漳州市境内长度约为 52 km。

2019 年，漳州市境内地表水资源量为 105.35 亿 m^3，折合径流深为 820.1 mm，比多年平均值少 15.8%。地下水与地表水不重复计算量为 0.50 亿 m^3，全市水资源总量共 105.85 亿 m^3。此外，漳州市过境水资源也很丰富，2019 年从龙岩市、泉州市流入九龙江的水量为 67.83 亿 m^3，为漳州市社会经济用水提供了便利条件。

1.2 生态环境状况

1.2.1 陆域生态系统

漳州市以森林、聚落、湿地、农田生态系统为主，各类生态系统分布及其面积如表 1-2 和图 1-4 所示。漳州市森林生态系统面积最大，占陆域总面积的 74.91%，聚落、湿地、农田和其他生态系统面积占比分别为 9.69%、7.43%、6.58% 和 1.39%。

表 1-2　漳州市生态系统类型及其面积统计

生态系统	面积 /km^2	面积占比 /%
森林生态系统	9 654.24	74.91
聚落生态系统	1 248.06	9.69
湿地生态系统	957.58	7.43
农田生态系统	848.37	6.58
其他生态系统	179.97	1.39

漳州市生态系统空间异质性显著，各类生态系统空间分布规律较为明显，西部和中部以森林生态系统为优势生态系统，东部沿海以聚落生态系统和农田生态系统

为主。森林生态系统集中分布于内陆地区，在博平岭山脉区域连片分布，在丘陵地区和平原地区呈斑状分布；农田生态系统主要分布于漳州平原及一些河谷、盆地地区，其中在丘陵地区呈零星散状分布，在沿海地区呈连片分布，斑块面积较大；聚落生态系统和湿地生态系统主要分布于沿海地区。

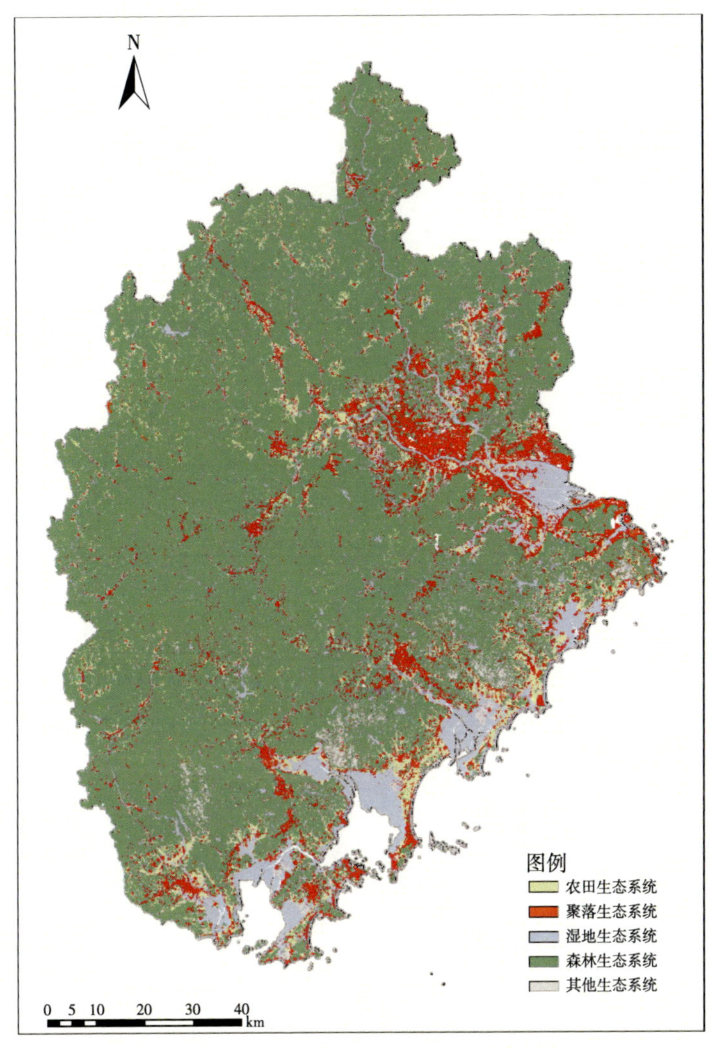

图 1-4 漳州市生态系统类型空间分布

漳州市山多林多，森林覆盖率高，主要植被类型为亚热带常绿阔叶林、常绿针叶林、常绿针阔混交林、常绿落叶阔叶混交林、落叶阔叶林及竹林等。漳州市森林生态系统子类型空间分布状况如图 1-5 所示。其中，乔木林地和果园占比最高，合计在 80% 以上，乔木林地连片集中分布在戴云山南伸余脉—博平岭东侧山脉—灵

通山—乌山—河港山西北部一带；果园分布相对集中，主要分布在平和县及其周边地区。

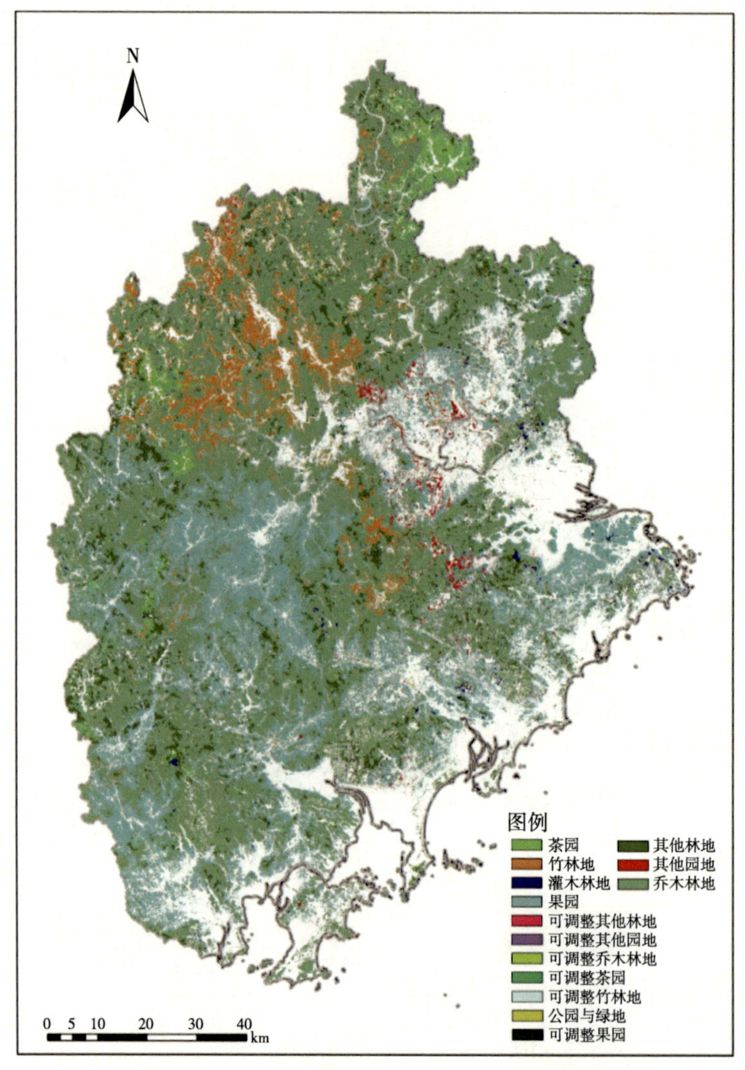

图 1-5 漳州市森林生态系统子类型空间分布

漳州市湿地生态系统子类型空间分布状况如图 1-6 所示。养殖坑塘、河流水面和沿海滩涂面积占比最高，三者占湿地生态系统总面积的 70% 以上。养殖坑塘主要分布于平原及滨海地区；河流水面则主要沿九龙江、漳江、东溪、鹿溪分布；沿海滩涂分布于九龙江口、漳江口、古雷半岛等沿海湾区，呈现面积大、分布广的特点。

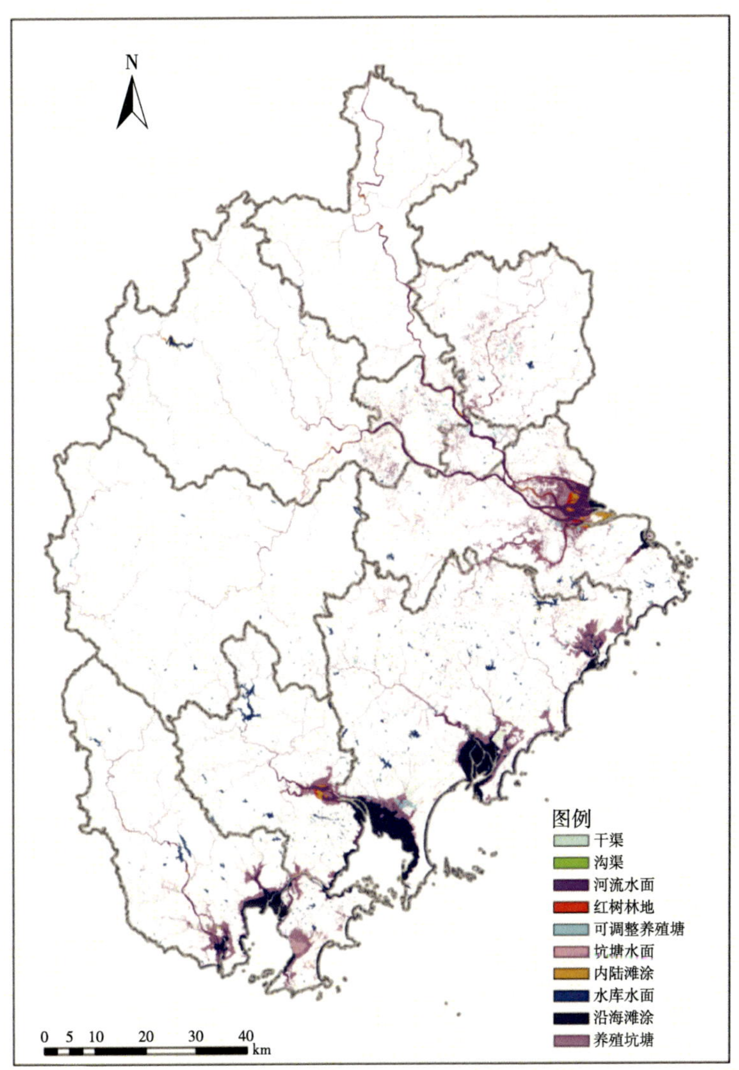

图 1-6 漳州市湿地生态系统子类型空间分布

漳州市分布有森林、灌丛、农田、海洋、滩涂湿地、河流湿地等多种类型的海陆生态系统，生物多样性非常丰富。全市共有野生高等植物 258 科 1 256 属 3 091 种，其中蕨类植物 42 科 89 属 228 种，裸子植物 10 科 25 属 60 种，被子植物 206 科 1 142 属 2 803 种。在植物种类中，不仅有亚热带主要代表植物，还有热带、温带野生分布和人工栽培的植物。其中，森林物种主要为樟科、桃金娘科、野牡丹科、大戟科、含羞草科、云实科、蝶形花科、壳斗科、桑科、冬青科、美香科、五加科、紫金牛科、马鞭草科等。漳州市重要植物资源如图 1-7 所示。

（a）伯乐树　（b）沉香　（c）建柏　（d）桫椤

图 1-7　漳州市重要植物资源

据统计，漳州市有 73 种野生动物属于国家重点保护动物。有记录的陆生野生动物包括兽类 25 种、两栖类 14 种、爬行类 25 种、鸟类 158 种、昆虫 2 000 余种。除了勺嘴鹬、中华白海豚、中华鲎等国家一级、二级保护动物外，漳州市有关部门近年来还多次发现黑脸琵鹭、卷羽鹈鹕等世界级珍稀候鸟的身影。漳州市重要动物资源见图 1-8。

漳州市生态系统类型复杂，森林覆盖率高，河口与海岸带湿地生态系统原真性和完整性较高，建设自然保护地的生态基础条件优越。全市共设立各类自然保护地 42 个，总面积约为 800 km^2。其中，自然保护区 6 个，分别为漳江口红树林国家级自然保护区、虎伯寮国家级自然保护区、东山珊瑚省级自然保护区、龙海九龙江口红树林省级自然保护区、诏安马坑省级自然保护区、平和华峰峰岩阔叶林省级自然保护区。现有自然公园 36 个，包括风景自然公园、森林自然公园、地质自然公园、海洋自然公园 4 种类型。

（a）勺嘴鹬　（b）黑背紫水鸡
（c）中华白海豚　（d）中华鲎

图 1-8　漳州市重要动物资源

1.2.2　陆域环境质量

2019 年漳州市环境空气优良率为 97.3%，AQI 年均值为 61，全年环境空气有效监测天数为 365 天，其中达到或优于国家二级标准的天数为 355 天。影响漳州市大气环境质量的主要污染物为臭氧。漳州市各县区环境空气质量综合指数为 2.32～3.61，环境空气质量按综合指数由低到高依次为华安县、东山县、南靖县、云霄县、诏安县、漳浦县、平和县、长泰区、龙海区、芗城区、龙文区。各县区环境空气质量达标天数比例为 96.0%～100%，平均比例为 99.1%。

2019 年，漳州市大部分县区臭氧浓度满足《环境空气质量标准》（GB 3095—2012）中规定的二级浓度限值标准（160 μg/m^3），但龙文区和龙海区臭氧浓度较高，如图 1-9 所示。

各县区 $PM_{2.5}$ 浓度均处于国家浓度限值一级、二级标准之间，属于优良水平。

其中，华安县、南靖县 $PM_{2.5}$ 浓度最低，平和县、长泰区、龙海区、芗城区、龙文区 $PM_{2.5}$ 浓度则相对较高，已经接近国家二级浓度限值（35 μg/m³），如图 1-10 所示。漳州市在全国空气质量排名中处于中等偏高位置，但落后于福建省其他城市，需采取有效措施进一步提高空气质量。

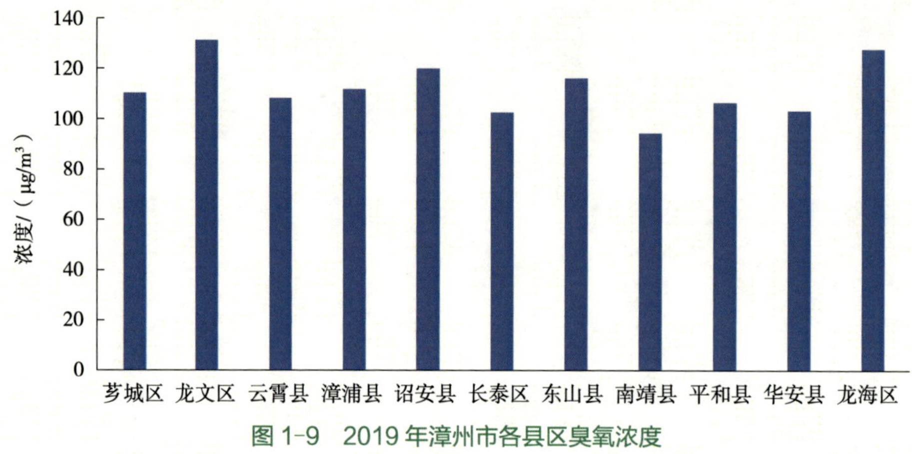

图 1-9　2019 年漳州市各县区臭氧浓度

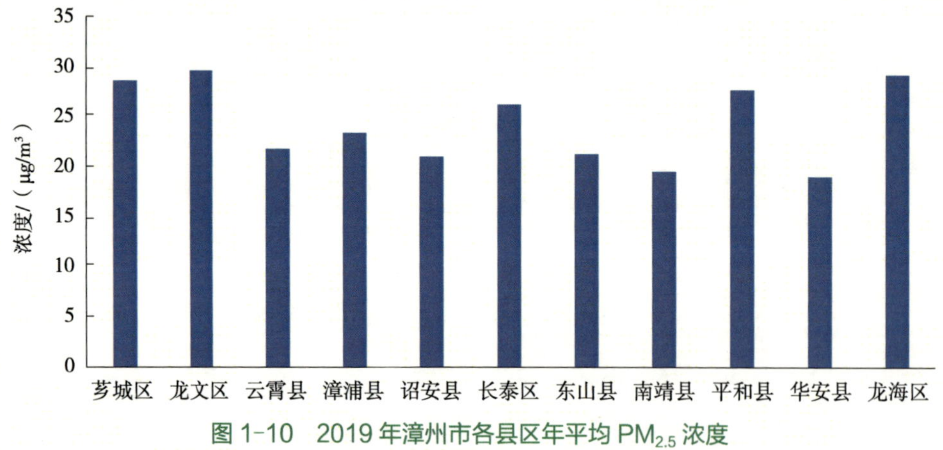

图 1-10　2019 年漳州市各县区年平均 $PM_{2.5}$ 浓度

2019 年漳州市水环境质量总体保持优良，主要流域Ⅰ～Ⅲ类水质比例为 95.8%，相比于 2018 年上升了 5.4%，高于全国平均水平（74.9%），略低于福建省平均水平（96.5%）。其中，九龙江西溪的水质状况为良好，Ⅰ～Ⅲ类水质比例为 87.5%；漳江、东溪、北溪的水质状况为优，达标率均为 100%。各县区水源地水质全年达标率为 100%。

2019 年，漳州市近岸海域海水水质状况良好，达到或优于二类水质面积的占比为 89.05%，高于全国（76.6%）以及福建省（85.1%）的平均水平。全市近岸海域化学需氧量、石油类、铜、铅、锌、镉、铬、汞和砷等监测要素符合《海水水质标准》（GB 3097—1997）中的第一类或第二类标准，但沿岸的无机氮和活性磷酸盐浓度偏高，尤其是九龙江入海口、漳江口和诏安湾内湾浓度偏高较为严重，局部海域海水水质超过第四类标准。监控区海域未形成赤潮灾害，未发现养殖生物异常死亡情况，海水中浮游植物优势藻种为无毒的中肋骨条藻、旋链角毛藻、笔尖根管藻，这些藻种密度均低于该藻种赤潮基准密度。

1.2.3 海洋生态环境

漳州市海洋面积为 0.74 万 km^2，海岸线长 715 km，是福建省的海洋大市。海岸地貌主要类型有基岩海岸、砂质海岸、河口平原海岸、红树林海岸和人工堤岸，砂嘴、连岛砂坝发育，局部区域为典型的岛链，如东山湾口东侧的古雷半岛、诏安湾口两侧的宫口半岛东岸和东山岛南部沿岸。潮间带地貌类型以泥滩为主，其分布广、面积大，主要分布在九龙江三角洲、佛昙湾、旧镇湾、东山湾、诏安湾和宫口湾。

漳州市海岸线曲折，海湾众多，有隆教湾、佛昙湾、东山湾、宫口湾、旧镇湾、诏安湾、厦门湾（九龙江口）等，其中，旧镇湾、东山湾、诏安湾以及厦门湾（九龙江口）均属于全省重要的港湾。漳州港口岸线和综合资源条件较好，九龙江内岸线、九龙江河口湾南岸、厦门湾湾口段（南部）、东山湾、诏安湾等处拥有建港优越条件，风浪掩护条件较好，港阔水深，陆域纵深发展余地大。

漳州海岛资源丰富，海域内共有岛屿 228 个，以大陆岛和基岩岛为主，其中有居民海岛 9 个，无居民海岛 219 个。位于漳州滨海火山国家地质公园内的林进屿与南碇岛在 2005 年一起被《中国国家地理》评为中国最美十大海岛之一（图 1-11）。位于诏安县境内的城洲岛风景优美，有“妈祖望潮”“后壁沙谷”“神龟追亲”等自然景观，曾经是海龟、鲎、中华白海豚、海蚌等珍稀海洋生物繁衍生息的优良场所。城洲岛盛产石斑鱼、黄鳍鲷、黑鲷、对虾等名贵海产品，是福建省具有保护和科研价值的重要海岛之一，2013 年获批成为国家级海洋公园。目前城洲岛生态保护与修复工程的子项目码头工程已建设完成。

漳州市海域天然饵料丰富，是多种经济渔业品种索饵、产卵及稚幼鱼生长的场

所。渔业资源丰富，种类较多，有海洋生物 2 093 种。其中海洋鱼类 200 多种，甲壳类动物 60 多种。浅海滩涂面积为 1 123 km^2，海水养殖条件较好。

（a）林进屿　（b）南碇岛

（c）城洲岛（1）　（d）城洲岛（2）

图 1-11　漳州市部分海岛

漳州市海洋与近海生态系统较为典型，有自然保护区 3 个，海洋自然公园 2 个，分别为漳江口红树林国家级自然保护区、龙海九龙江口红树林省级自然保护区、东山珊瑚省级自然保护区、福建城洲岛国家级海洋自然公园以及龙海九龙江河口省级海洋自然公园。

漳江口红树林国家级自然保护区位于云霄县漳江入海口，区内丰富的浮游动植物为 150 多种鸟类、240 多种水生动物和近 400 种水生植物提供了栖息和觅食的理想场所。漳江口红树林国家级自然保护区是以红树林湿地生态系统、濒危动植物物种和东南沿海优质、水产种质资源为主要保护对象的湿地生态系统类型保护区。

龙海九龙江口红树林省级自然保护区位于九龙江入海口的滩涂潮间带，是以红树林生态系统和濒危动植物物种为主要保护对象的湿地类型自然保护区。主要保护对象为红树林生态系统、濒危野生动植物物种和湿地鸟类等，其属于海洋与海岸生态系统类型（湿地类型）自然保护区。

东山珊瑚省级自然保护区位于福建省东南端的东山湾口和东山岛岸近海，主要保护对象是以造礁石珊瑚群落为主的珊瑚生态系统及其生物多样性、珊瑚及其栖息地。其是保护海洋生物栖息、繁殖、生长、索饵的重要场所。该保护区在保护海洋生物多样性的同时，注重与旅游结合，发展海洋生态旅游业，并已成为国际开展海洋基因库研究和开发的基地。

福建城洲岛国家级海洋自然公园是一个无居民海岛，海岛分为重点保护区、生态与资源恢复区、适度利用区、科学试验区和预留区五个功能区。福建城洲岛国家级海洋公园的建设可以有效保护城洲岛海岛风貌、海龟产卵场及周边海域的海洋生态环境、海洋渔业资源和生物多样性。

龙海九龙江河口省级海洋自然公园是由一个县级自然保护区（龙海九龙江河口湿地）整合转化而来，原保护区的小部分合并到龙海九龙江口红树林省级自然保护区，大部分转化为省级海洋自然公园。

1.3 生态建设状况与主要问题

1.3.1 自然保护地建设

历史上，自然保护地都是各部门分别申请设立的，因为顶层设计不够，所以保护目标、功能定位差异较大；多头管理，导致保护与管理的冲突较多；低级别的自然保护地存在保护资金投入不足、保护政策实施不足等问题，使得自然保护地在空间和功能上的布局不够完善和系统。目前，漳州市已建立数量众多、类型丰富、功能多样的各级各类自然保护地，在保护生物多样性、保存自然遗产、改善生态环境质量和维护全省生态安全方面发挥了重要作用。但作为全市生态屏障、生态廊道和生物多样性保护网络的重要节点，漳州市目前仍然没有形成连续完整的保护网络来保护自然保护地，在一些关键节点上仍然存在保护不足的情况，自然保护地的空间布局仍需进一步优化调整。

根据中共中央办公厅、国务院办公厅印发的《关于建立以国家公园为主体的自然保护地体系的指导意见》，国家林业和草原局印发的《关于启动自然保护地整合优化前期工作的通知》（便函保〔2019〕291号），自然资源部、国家林业和草原局印发的《关于做好自然保护区范围及功能分区优化调整前期有关工作的函》（自然资函〔2020〕71号）以及福建省委、省政府制定的《关于建立自然保护地体系的实施方案》和福建省林业局印发的《关于做好自然保护地整合优化前期工作的通知》（闽林函〔2020〕15号）等相关文件，漳州市组织开展了自然保护地整合优化工作，并形成了自然保护地整合优化预案。整合优化后，全市共有各类自然保护地42个，面积约占全市土地总面积的4%，其空间分布如图1-12所示，漳州市自然保护地名录见表1-3。

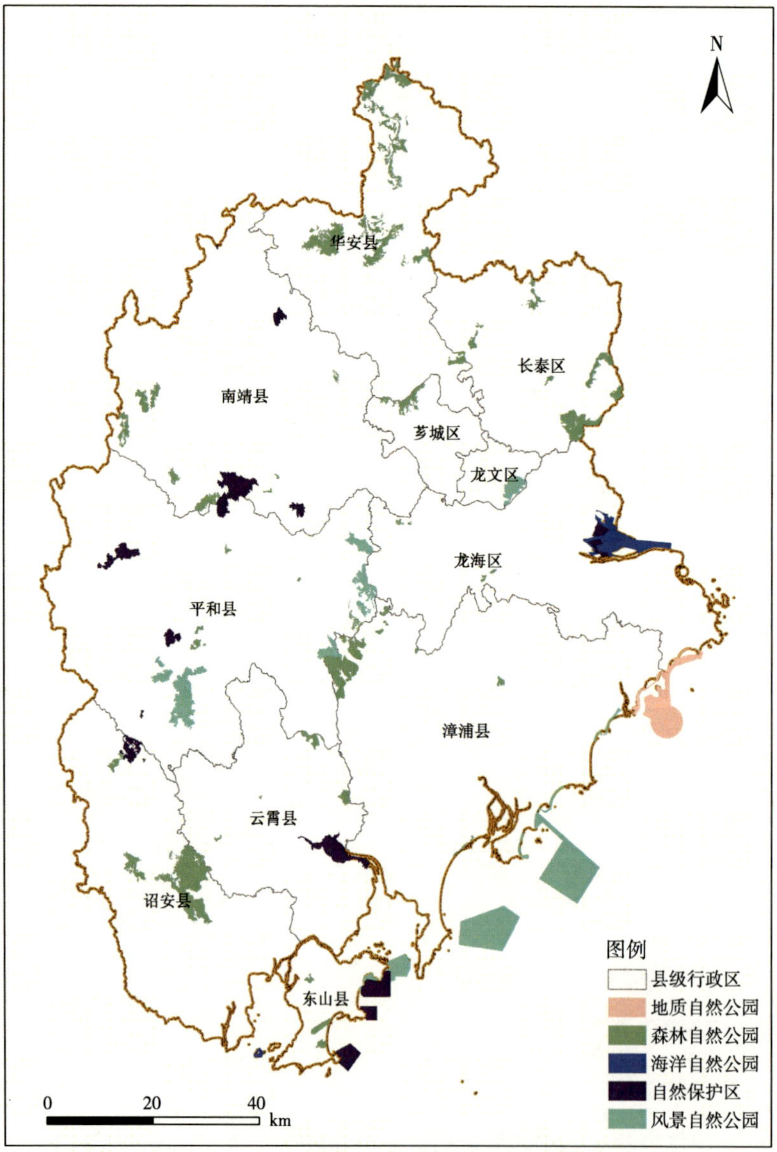

图1-12　漳州市自然保护地空间分布

表 1-3 漳州市自然保护地名录

自然保护地类型	自然保护地名称	功能分区	
自然保护区	东山珊瑚省级自然保护区	核心保护区	一般控制区
	虎伯寮国家级自然保护区	核心保护区	一般控制区
	漳江口红树林国家级自然保护区	核心保护区	一般控制区
	龙海九龙江口红树林省级自然保护区	核心保护区	一般控制区
	平和华峰峰岩阔叶林省级自然保护区	核心保护区	一般控制区
	诏安马坑省级自然保护区	核心保护区	一般控制区
地质自然公园	漳州滨海火山国家地质自然公园		一般控制区
风景自然公园	福建平和灵通山国家地质公园		一般控制区
	龙文云洞岩省级风景自然公园		一般控制区
	平和欧寮太极峰省级风景自然公园		一般控制区
	平和三平省级风景自然公园		一般控制区
	漳浦滨海省级风景自然公园		一般控制区
	漳州古雷港菜屿列岛省级风景自然公园		一般控制区
	东山风动石—塔屿省级风景自然公园		一般控制区
海洋自然公园	福建城洲岛国家级海洋自然公园		一般控制区
	龙海九龙江河口省级海洋自然公园		一般控制区
森林自然公园	福建东山国家森林自然公园		一般控制区
	福建华安国家森林自然公园		一般控制区
	福建南靖土楼国家森林自然公园		一般控制区
	福建天柱山国家森林自然公园		一般控制区
	福建诏安乌山国家森林自然公园		一般控制区
	华安葛山省级森林自然公园		一般控制区
	华安万世青省级森林自然公园		一般控制区
	华安玉山省级森林自然公园		一般控制区
	龙海九龙岭省级森林自然公园		一般控制区
	南靖半山省级森林自然公园	核心保护区	
	南靖大山省级森林自然公园	核心保护区	
	南靖永丰省级森林自然公园	核心保护区	
	平和白沙省级森林自然公园		一般控制区
	平和天马省级森林自然公园		一般控制区

续表

自然保护地类型	自然保护地名称	功能分区	
森林自然公园	云霄省级森林自然公园		一般控制区
	云霄狮头山省级森林自然公园		一般控制区
	漳浦浮头湾省级森林自然公园		一般控制区
	漳浦坪水省级森林自然公园		一般控制区
	漳浦中西省级森林自然公园		一般控制区
	漳州天宝山省级森林自然公园		一般控制区
	漳州圆山省级森林自然公园		一般控制区
	长泰鼓鸣山省级森林自然公园		一般控制区
	长泰后坊村省级森林自然公园		一般控制区
	长泰良岗山省级森林自然公园		一般控制区
	长泰山重省级森林自然公园		一般控制区
	诏安龙伞崇省级森林自然公园		一般控制区

福建省自然保护地整合优化后，漳州市各类自然保护地数量相对较多，但各类自然保护地总面积占陆域面积的比例在全省各地级行政区排名偏低，比例低于全省平均水平。与沿海其他地市相比，漳州市自然保护地总面积占陆域面积比例最低，与其生态基础条件不符。具体如图 1-13～图 1-15 所示。

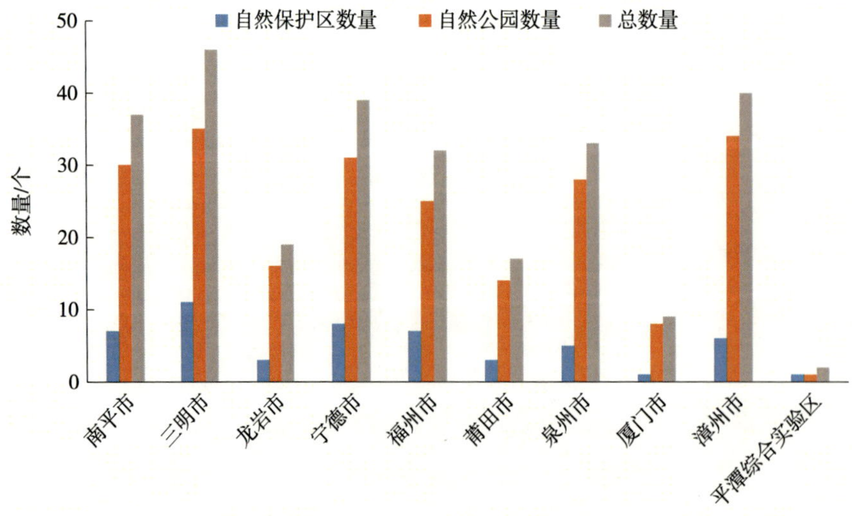

图 1-13　福建省各市及平潭综合实验区自然保护地数量

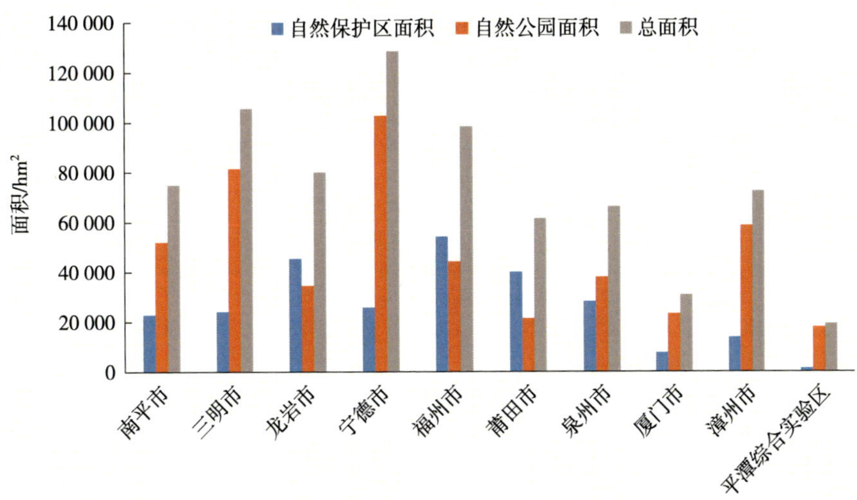

图 1-14 福建省各市及平潭综合实验区自然保护地面积

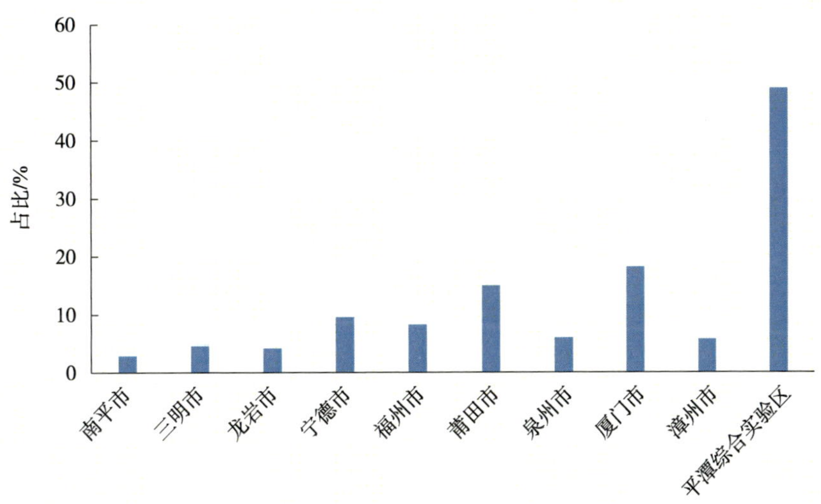

图 1-15 福建省各市及平潭综合实验区自然保护地面积占陆域面积比例

漳州市各类自然保护地中，自然保护区、森林自然公园、风景自然公园、地质自然公园、海洋自然公园数量占比分别为 14.29%、61.9%、16.67%、2.38% 和 4.76%，漳州市未设立湿地公园。漳州市湿地资源丰富，全市流域面积为 100 km^2 以上的河流有 11 条，干流总长为 895 km，总流域面积为 1.93 万 km^2。河口两边均有大面积滩涂，全市 0 m 高程以上滩涂面积为 285.5 km^2。全市海域面积为 1.86 万 km^2，位于全省第二。海岸线长度超过 680 km，海岸带面积为 4 830.09 km^2，其中海岸线向海一侧至 20 m 等深线的海域面积为 1 682.57 km^2，海岸线向陆一侧 10 km 高程的陆域面积为 3 147.52 km^2。目前除九龙江口和漳江口河口处因具备设立自然保护区条件，设立了红树林保护区以外，其他地方仍有大量湿地需要加强保护。可考虑在典型的自然湿地生态系统或者漳州特有湿地类型的区域，珍稀濒危野生动植物物种集中分布的湿地，国家和地方重点保护鸟类的主要繁殖地、栖息地，以及迁徙路线上的主要停歇地、越冬地，对水生动物的洄游、繁殖有典型或者重要意义的湿地，支持特有野生动植物生存繁衍的湿地，江河源头及其他重要水源地的湿地等设立湿地自然公园。具体如图 1-16 所示。

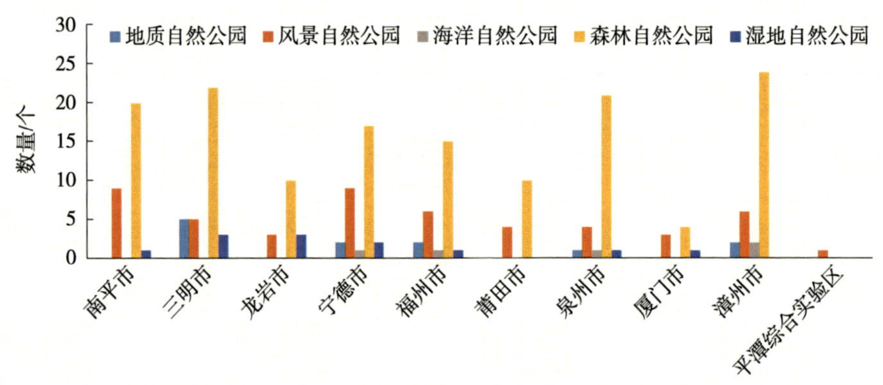

图 1-16　福建省各市及平潭综合实验区自然公园数量

（1）临港经济发展快，环境风险隐患大

漳州市大多数海湾的特点是口小腹大，呈半封闭状，湾区与湾外海水交换周期长，自净能力相对较差。在“拥江达海”城市发展战略推动下，漳州市人口产业持续向滨海尤其是“一核两湾”地区聚集。随着城镇化的发展，局部海域入海污染物增加，造成部分海湾特别是江河入海口发生污染。此外，部分港区、临港产业用地通过围填海而引起海水动力变化，对海洋环境容量和海水自净能力也造成了一定影响。

（2）良田空间遭挤压，粮食安全压力大

漳州市农业生产安全形势比较严峻，全市粮食作物种植面积仅占全省土地面积的 7.5%，粮食自给能力不足；人均耕地面积为 0.52 亩[①]，约为全国平均水平的 1/3；尽管每年通过新开荒或围垦新增了耕地，但国家基建、乡村集体基建、农民个人建

① 1 亩≈0.000 667 km^2。

房占地、退耕造林 / 改果 / 改渔、灾害毁地等，依旧造成了耕地面积的减少。

（3）生态空间遭侵占，自然生境破碎化

2000 年以来，九龙江中下游、沿海平原地区城镇化快速发展，占用了大量自然生态用地，植被覆盖度有所下降。城乡建设、交通基础设施建设、围填海等活动侵占了自然生态空间，导致滩涂、湿地、森林等生态用地面积减少，且部分生态廊道被各类交通廊道切割、阻隔，生境孤岛化问题相对突出。同时，污染物的大量排放不仅破坏了自然岸线和海域生态系统，还造成生物多样性下降、渔业资源衰退甚至枯竭等一系列问题，使生境破碎化程度加深。

（4）极端天气多发，灾害风险高

在全球气候变化背景下，极端天气气候事件趋多、趋强导致生态环境具有潜在的脆弱性。漳州市山地丘陵面积占比约为 78%，山地、坡地其土层薄，易冲刷，是一种最易被破坏的地形。漳州市降水年际、季节分配不均，7—9 月多暴雨，受台风影响较大，洪涝、干旱等自然灾害发生频率很高。生态系统矿质营养和灰分元素大部分积累于活质地上部分，而在土壤中的分布存在相对瘠薄。在这些因素的综合影响下，植被成为漳州市生态链条中一个比较脆弱的环节。一旦植被受到破坏，生态要素组合中的“高温、多雨”这两个有利条件就会迅速地转化为破坏力量。高温会加速土壤中含量并不多的有机质的分解，并破坏土壤性状；多雨加上山高坡陡，会成为冲刷表土的力量。加上沿海自然灾害频繁，特别是从广东东部登陆后的台风或热带风暴，经过九龙江及沿海河流流域上空时，常出现大暴雨或特大暴雨，如果恰逢天文大潮，往往会形成台风暴潮，酿成潮灾。

1.3.2 主要生态问题

（1）生态系统结构与功能问题

漳州市生态系统存在一定的结构性和区域性问题。森林总面积虽然增加了，但森林的结构不尽合理，整体质量不高，这使森林生态系统功能的发挥受到限制。森林系统目前存在“三多三少”的现象，即针叶林多、阔叶林少，纯林多、混交林少，中幼龄林多、近成过熟林少。整体林分质量不高，生态功能不强。

与未受人为干扰的地带性最高生物量森林植被相比，漳州市森林生态系统生物

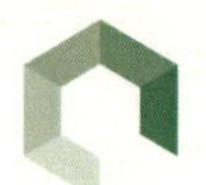

量相对较低，重度和极重度退化面积比例较大，加上人工林在营建规划设计中缺乏科学合理的植被控制方面的顶层设计，造成人工林的纯林化、针叶化、林分树种单一、林分结构单一、林区景观简单化（图 1-17）。一些林区天然林的比例明显不足，而人工林扩大较快，导致漳州市森林系统出现幼龄化、针叶化、纯林化等结构问题，影响了森林生态系统服务功能的进一步发挥，导致森林生态服务功能与覆盖率不相匹配。

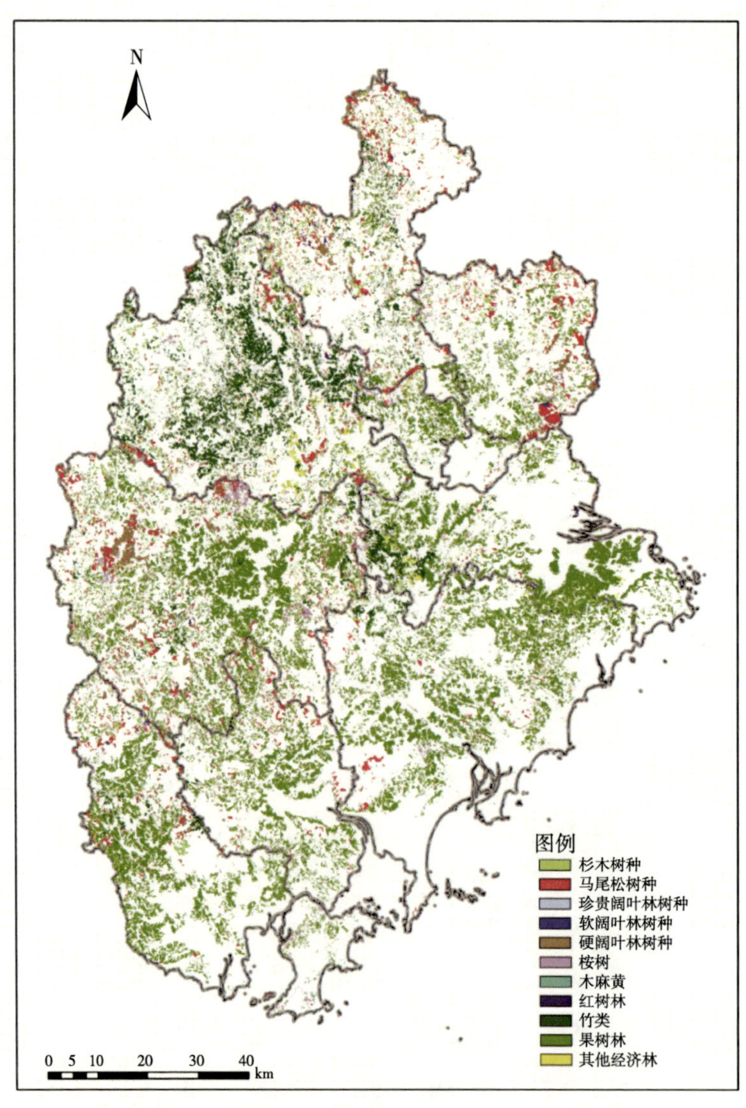

图 1-17　漳州市森林结构

随着社会经济的发展，因围填海及侵占其他生态空间的人为措施使水面、湿地、草地等生态用地面积减少，部分生态廊道被各类交通廊道切割、阻隔，造成自然生境割裂，生境连通性差（图 1-18）。

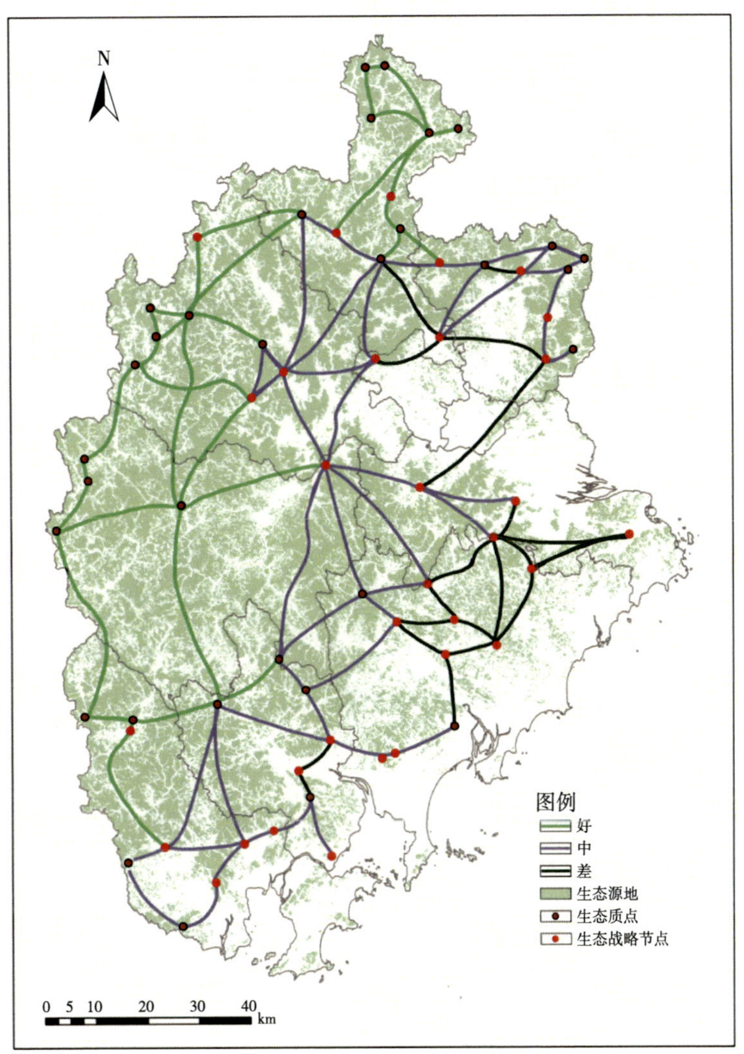

图 1-18 漳州市生态廊道分布

（2）城镇化发展对区域生态环境的影响

2020 年，漳州市水土流失面积占土地总面积的 10.65%，存量水土流失治理任务依然艰巨。中西部地区茶果园分布较为集中，存在毁林种茶、无序开垦等问题。25° 以上陡坡地区“退茶还林”政策未落实到位，存在违法违规开采矿山问题。第二轮中央生态环境保护督察指出，漳州市矿山开采存在生态恢复治理不力、植被破坏、水土流失问题。

围填海等工程建设活动导致大量滩涂、水域被占用，自然岸线遭到破坏，生态功能下降，生物多样性减少。目前，漳州市自然岸线保有率为30.48%，已低于全省的平均水平（35.14%）。

（3）红树林湿地退化，生物多样性水平降低

生物多样性是人类赖以生存的条件，是经济社会可持续发展的基础，是生态安全和粮食安全的保障。随着转基因生物安全、外来物种入侵、生物遗传资源获取与惠益共享等问题的出现，生物多样性保护日益受到国际社会的高度重视。推进漳州市生物多样性保护，对维护区域生态安全、保护珍稀动植物和促进区域经济发展具有重要的战略意义。

漳州市多样化的自然环境孕育了丰富的生境和动植物资源。目前，漳州市的生物多样性保护面临以下问题：城镇建设用地的扩张造成生物栖息地面积减少和破碎化；交通等基础设施建设切断了生物迁徙廊道；自然保护区、森林自然公园等良好的生物栖息地之间缺乏有效连接。针对这些问题，需要从区域和景观层次上识别生物多样性保护的关键过程和空间格局，形成连续的自然生境和生物廊道系统，从而保护区域生物栖息地和生态系统的完整和健康。

红树林动植物资源丰富，是漳州市最具代表性的生态系统类型。红树林分布于热带、亚热带沿海地区及河口地区独特的湿地，是世界上高产的森林生态系统之一。作为海岸湿地生态系统唯一的木本植物群落，红树林具有防风减浪、固岸护堤等功效，是抵御风暴及海啸的天然屏障。

红树林是多种鱼、虾、蟹和海鸟等海洋动物栖息、生长和繁殖的场所，生物多样性极为丰富。同时，红树林对环境变化较为敏感，适宜作为区域生物多样性保护的代表性生态系统进行研究。鸟类对生境变化较为敏感，作为漳州市环境变化的指示种具有指示性强、意义重大等特点。漳州市是东亚—澳大利亚候鸟迁徙通道的重要中转站，在我国候鸟保护工作中具有重要的地位。表1-4选取了大白鹭、白腰杓鹬、黑嘴鸥等鸟类作为代表性物种并分析了其生活习性及其对生境的要求。

表 1-4 漳州市代表性物种分布状况及生活习性

指示性物种	分布状况	生活习性
大白鹭	栖息于开阔平原和山地丘陵地区的河流、湖泊、水田、海滨、河口及其沼泽地带。多在开阔的水边和附近草地上活动。繁殖于我国东北及东南部的吉林、辽宁、河北，福建和云南东南部蒙自市；迁徙和越冬期间见于河南、山东、长江中下游的江西、东南沿海的广东、福建、海南和台湾	常成单只或 10 余只的小群活动，在繁殖期间也有多达 300 多只的大群，偶尔和其他鹭混群；白天活动，行动极为谨慎小心，遇人即飞走；刚飞行时两翅扇动较笨拙，脚悬垂于下，达到一定高度后，飞行则极为灵活，两脚也向后伸直，远远超出尾后，头缩到背上，颈向下突出成囊状，两翅鼓动缓慢；站立时头也缩于背肩部，呈驼背状；步行时也常缩着脖子，缓慢地一步一步地前进
白腰杓鹬	栖息于森林、湖泊、河流岸边和附近的沼泽地带，草地以及农田地带，也出现于海滨、河口沙洲和沿海沼泽湿地，主要在西藏南部、长江下游、福建、广东、海南、台湾越冬	常成小群活动；较为机警，活动时步履缓慢、稳重，并不时地抬头四处观望，发现危险，立刻飞走；飞行有力，两翅扇动缓慢；主要以甲壳类、软体动物、蠕虫、昆虫和昆虫幼虫为食，也啄食小鱼和蛙；常边走边将长而向下弯曲的嘴插入泥中探觅食物
黑嘴鸥	主要栖息于沿海滩涂、沼泽及河口地带。主要分布于辽宁南部的盘锦市，河北、山东渤海湾沿岸以及江苏东台市沿海等东部沿海地区（繁殖地），越冬于长江下游、福建、广东、香港、澳门、台湾和海南，迁徙期间经过吉林省	常成小群活动，多出入于开阔的海边盐碱地和沼泽地上，特别是生长有矮小盐碱植物的泥质滩涂；频繁地在附近水域上空飞翔，有时也出现在内陆湖泊上空；飞行非常轻盈，似燕鸥；与其他鸥混群；紧贴着潮线；取食方式为飞行中突然垂直下降，快降落时又一转身然后捕食螃蟹及其他蠕虫，如失误又赶紧飞至空中；几乎从不游泳

漳州市有 2 个红树林保护区。其中，漳江口红树林国家级自然保护区位于云霄县漳江入海口，是我国北回归线以北种类最多、生长最好的天然群落，是东亚水鸟迁徙的重要驿站，在维护当地生态安全、珍稀动植物保护和促进区域经济发展等方面具有重要的战略意义，2008 年 2 月被列入《中国国际重要湿地名录》。龙海九龙江口红树林省级自然保护区位于九龙江入海口的滩涂潮间带，主要保护对象为红树林生态系统、濒危野生动植物物种和湿地鸟类等，属海洋与海岸生态系统类型（湿地类型）自然保护区。

2005—2019 年漳江口红树林湿地土地覆盖面积变化如图 1-19 所示。2005—2019 年，漳江口红树林湿地面积由 50.88 hm^2 增加至 73.49 hm^2，平均增长速度为 1.62 hm^2/a，面积总体呈空间扩增趋势，其分布和新增范围主要位于西部。14 年间面积增长最多的为互花米草，由 2005 年零散分布于水产养殖池周边和红树林向海边缘发展为 2019 年在西部和中部区域呈现大面积成片分布态势，共增长了 140.89 hm^2，平均增长速度为 10.06 hm^2/a。水产养殖池面积由 2005 年的 566.47 hm^2 增加至 2019 年的 639.97 hm^2，平均增长速度为 5.25 hm^2/a，增长速度最快的时间段为 2011—2015 年，其新增面积主要由中部滩涂和部分互花米草生长区域转换而来。相较而言，滩涂面积的减少最为剧烈，在 2005—2019 年共减少了 245.39 hm^2。

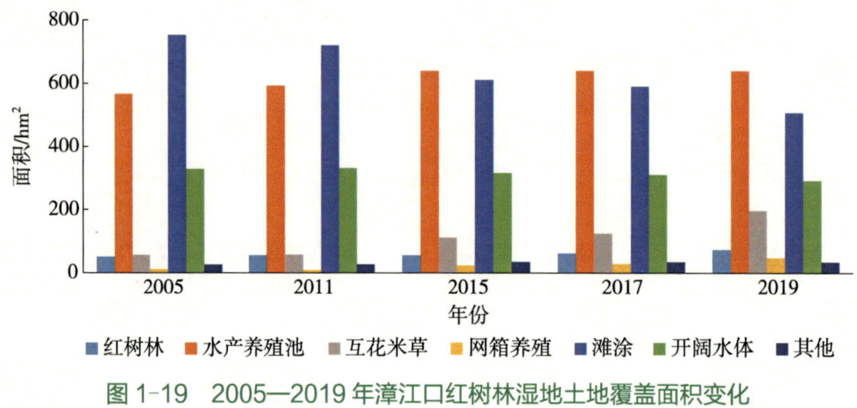

图 1-19　2005—2019 年漳江口红树林湿地土地覆盖面积变化

对面积扩增的主要区域分析可知，互花米草的增长面积主要位于中部水产养殖池的周边滩涂和西部红树林生长区域的前缘滩涂。互花米草入侵一方面占据了大面积的滩涂，使得适宜红树林生存繁衍的生境不断丧失，并形成草带阻隔潮汐浸淹红树林（图 1-20），影响红树林与海水物质交换；另一方面互花米草抢占红树林生存空间及营养物质，并入侵红树林群落内部，使得红树林幼苗难以成活。

图 1-20　漳州市互花米草侵占红树林湿地

近些年来，漳江口红树林湿地面积呈持续增加的趋势，互花米草面积也在不断增加，主要由滩涂面积转化而来。红树林保护区的越冬水鸟数量有比较明显的下降趋势，这与保护区内的水鸟适宜生境减少有关。保护区内的鸟类对生态平衡和环境质量能起到较好的指示作用，但是由于保护区范围内的入侵物种互花米草扩散比较迅速，加上围滩造塘等因素，这些都导致保护区内滩涂面积不断减少，而滩涂为水鸟的主要觅食地，最终导致水鸟数量减少。互花米草的入侵和鸟类数量的减少严重破坏了红树林保护区的生态平衡。

1.3.3 生态风险

（1）2035 年中期风险

①快速城市化过程持续，生态系统进一步承压。厦漳泉大都市区同城化进程的推进，以及漳州市城市化水平的进一步提升，人口产业将向沿海地区进一步集聚，势必继续挤占生态空间，导致围海造地、自然海岸线丧失等问题加剧，生态系统进一步承压。有关研究表明，在 2030 年前后，城市化发展速度将趋缓，水资源耗损、污染物排放、碳排放将达到顶峰，滨海地区城镇化与工业化对自然生态系统的破坏趋势将得以缓解。

②河口湾区污染加剧，生态功能退化。漳州市沿海地区多为窄口半封闭型海湾，环境降解能力较差。临港石化产业、海洋工程装备业、船舶修造业等产业的发展导致入海排污量加大，同时，滨海地区面源污染也会导致湾区海水污染，造成河口、海湾及海岛生态退化。

（2）2050 年长期风险

①全球气候变化的不确定性带来生态风险。随着城镇化进程速度减缓，湾区和海岸带生境恶化的态势将得到减缓甚至扭转，主要生态问题将转向由全球气候变化造成的不确定性。一方面，漳州市海岸带环境脆弱，极易遭受如暴雨、洪涝、台风等灾害的影响；另一方面，漳州市中小河流众多，源短流急，自然来水不确定性容易导致局部地区的工程型缺水。此外，全球气候变化导致的海平面上升也会引发近海海岸及海岛的生态问题。

②城市群体系不良发展导致生态脆弱性加剧。城市群是未来城市发展的必由之路。然而，漳州市城市群间的协同与合作尚局限于外围工作，环境问题防治、科技资源流动共享等领域的深层次合作目前较为少见，尚未形成协同发展的城市利益共同体、一体化土地要素市场、完善的生态环境保护联动机制和公共服务协调平台，这些都不利于应对生态风险。

第 2 章

生态功能空间特征及重要性评估

2.1 生态系统空间特征分析

2.1.1 植被覆盖状况及其空间演变

漳州市植被覆盖程度较高，空间上从东部沿海向西部内陆逐步增加。图 2-1 为采用遥感反演的多年平均归一化植被指数（NDVI）数据，对比 2000 年、2010 年和 2020 年三期 NDVI 数据情况。

研究发现，全市植被覆盖情况整体呈好转态势，但是沿江、沿海地区植被覆盖低值区面积增大。

分析 2000—2020 年 NDVI 变化表征的漳州市植被覆盖空间演变趋势及其显著性水平，结果表明，69.22% 的植被覆盖面积呈相对改善趋势，30.78% 的植被覆盖面积呈相对退化趋势，退化区域主要集中于沿江、沿海地区，尤以漳州城区附近最为显著。

在植被覆盖相对改善的区域中，不显著改善面积占比为 29.12%，显著改善面积占比为 28.24%，极显著改善面积占比为 11.86%。在植被覆盖相对退化的区域中，不显著退化面积占比为 21.09%，显著退化面积占比为 5.16%，极显著退化面积占比为 4.53%（图 2-2、表 2-1）。

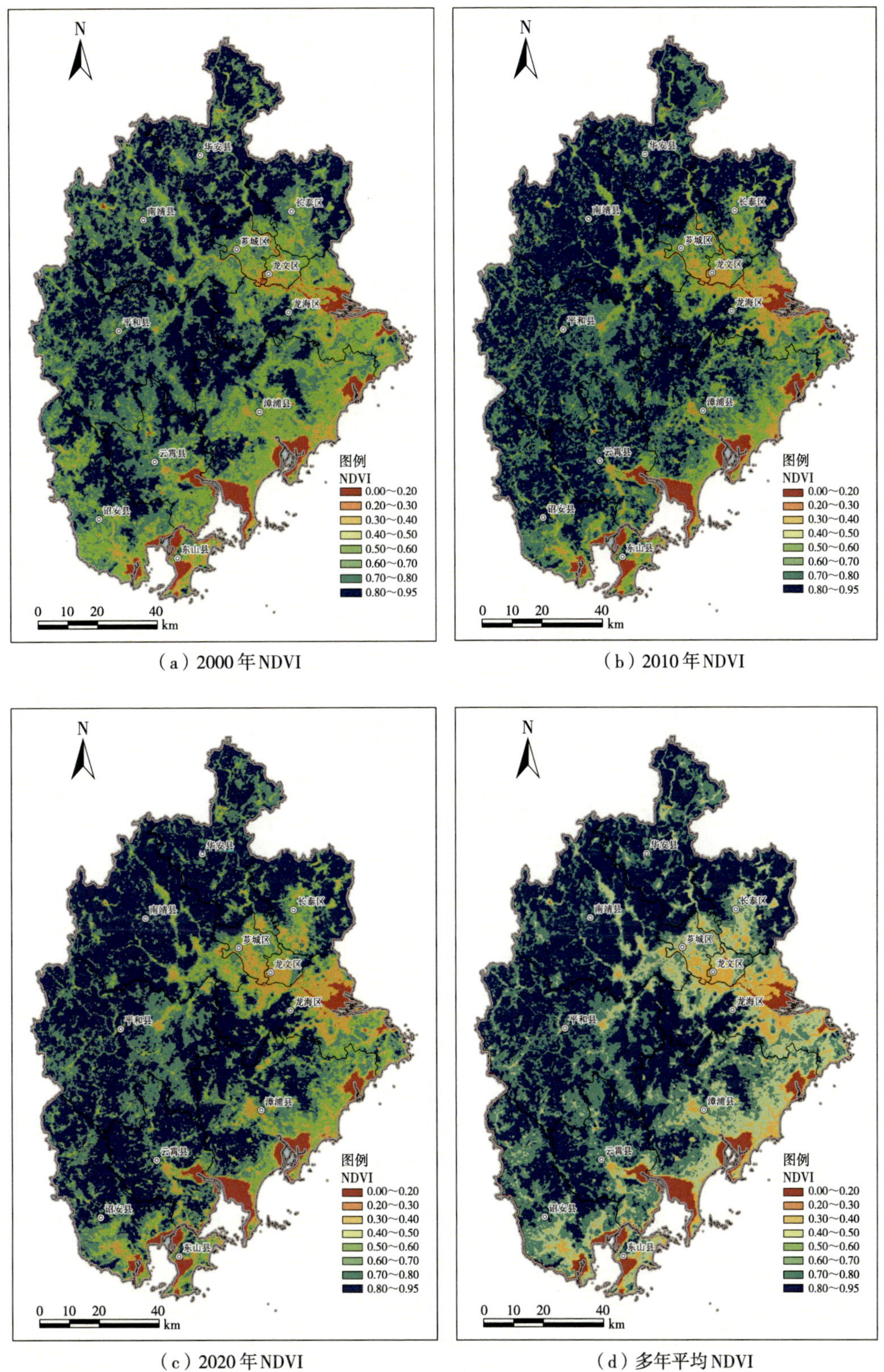

（a）2000 年 NDVI

（b）2010 年 NDVI

（c）2020 年 NDVI

（d）多年平均 NDVI

图 2-1　2000—2020 年漳州市 NDVI 空间分布及演变状况

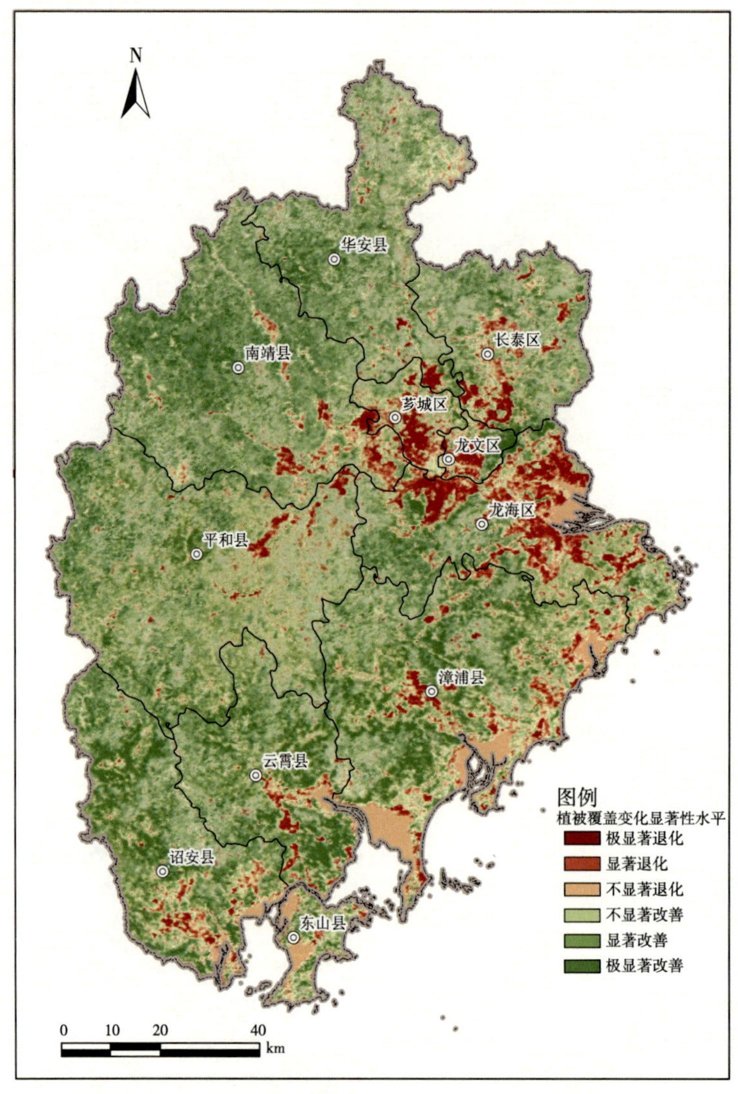

图 2-2　2000—2020 年漳州市植被覆盖变化显著性水平

表 2-1　2000—2020 年漳州市植被覆盖变化显著性结果统计

变化趋势	面积占比 /%
极显著退化	4.53
显著退化	5.16
不显著退化	21.09
不显著改善	29.12
显著改善	28.24
极显著改善	11.86

2.1.2 生态系统空间组合特征

漳州市生态系统空间结构呈现较明显的地域差异，不同区域具有不同的生态系统空间组合特征（图 2-3）。

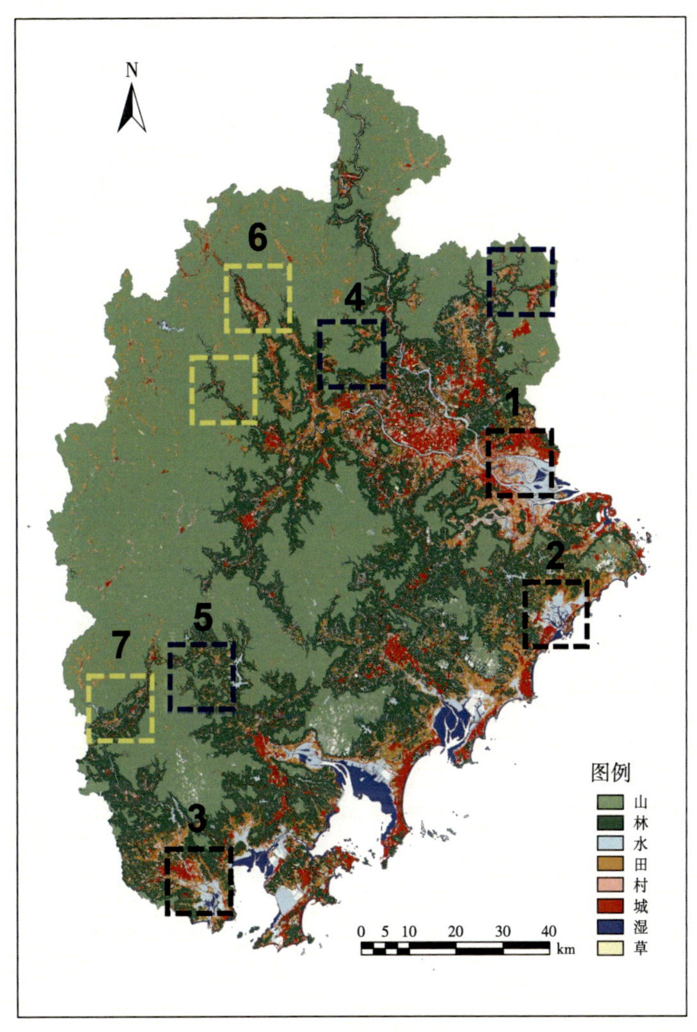

图 2-3 漳州市生态系统空间组合特征

其中，东部地区以“城村田林水湿”“城村水田湿”“城村水田”空间组合为主；中部地区以“城村水田林山”和“城村水林山”空间组合为主；西部地区以“水村田山林”和“城村水田林山”空间组合为主。

（1）东部地区

①“城村田林水湿”空间组合。主要分布在中心城区及其周边区域，该区域城

镇开发建设用地侵占沿海湿地、林地等生态空间的现象较为突出，对岸线、滩涂资源造成严重破坏，海岸动态平衡被打破，海岸属性遭受破坏，造成局部持续的侵蚀或淤积（图 2-4）。

②“城村水田湿”空间组合。主要分布于龙海、漳浦等沿海平原区域，该区域存在城乡建设用地逐渐迫近滨海湿地的现象，生态用地被挤占，且城镇生活污水、工业废水和农村面源污染问题相对突出，入海口和湾区水环境存在污染问题（图 2-4）。

③“城村水田”空间组合。主要分布于区内河流下游河谷地区，该区域开发强度较高，沿河、沿湖生态空间被挤占，造成江河湖库连通性受阻，水文调节受限，生态系统稳定性趋差，珍稀濒危物种和特有物种生存安全受到威胁，影响九龙江等重要河流行洪和水资源供给（图 2-4）。

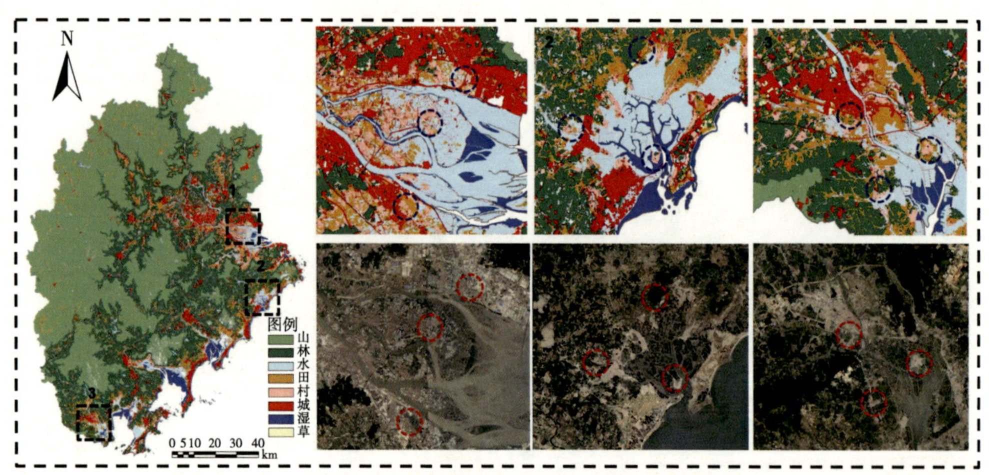

图 2-4　漳州市东部地区生态系统空间组合特征

（2）中部地区

①“城村水田林山”空间组合。主要分布在芗城区和南靖县交界处，该区域村镇建设与农田开发强度较大，区域森林植被破坏较严重，生物多样性降低，水土保持功能退化，水土流失加剧且易诱发水文地质灾害，威胁人类生命财产安全。同时森林植被破坏导致生境破碎化加剧，生物栖息地丧失严重，生物多样性持续下降，特有珍稀野生动植物濒危程度加剧（图 2-5）。

②“城村水林山”空间组合。主要分布于云霄县与平和县交界处，以及长泰区与华安县交界处。区域内尤其是长泰区废弃矿区较多，土地损毁、生态破坏、地质

灾害隐患等问题频出。同时中部村落的种植业较为发达，田地大量侵占林地、山地等重要生态空间，造成景观破碎度加剧（图 2-5）。

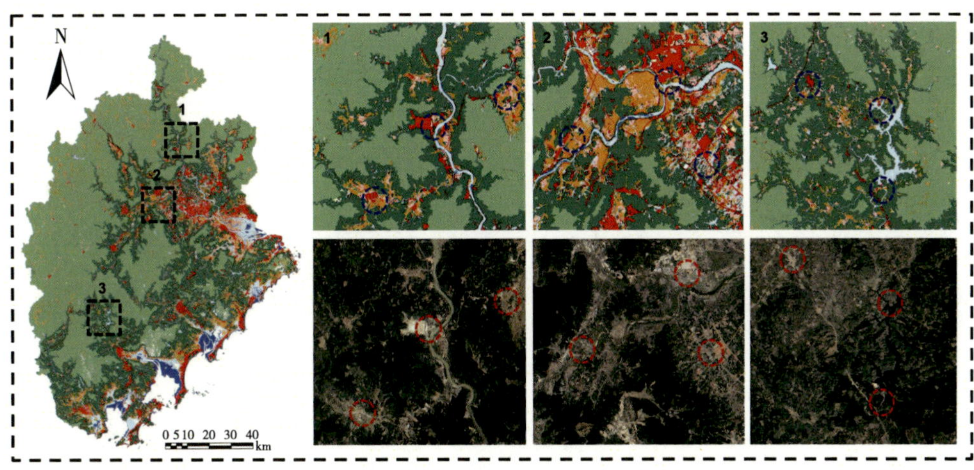

图 2-5　漳州市中部地区生态系统空间组合特征

（3）西部地区

①“水村田山林”空间组合。主要分布在平和县与诏安县等区域。该区域存在大量农村居民点，邻近区域存有大量茶园、耕地，其无序开发导致局部地区水土流失严重。局部区域特别是闽中大山带东坡茶果园集中分布地区，如诏安、平和等县水土流失仍较严重，毁林种茶整治尚不到位，近一半的茶园存在水土流失问题（图 2-6）。

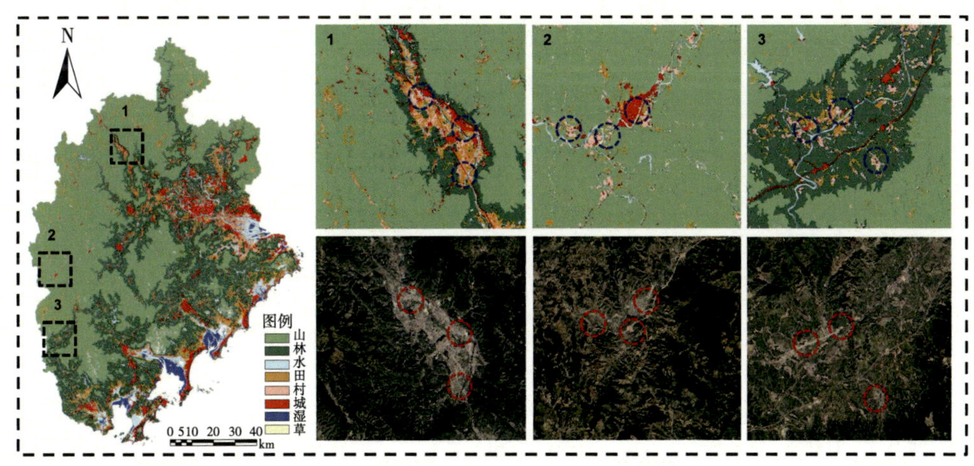

图 2-6　漳州市西部地区生态系统空间组合特征

②“城村水田林山”空间组合。主要分布在华安县、南靖县等区域，该区域存有少量城镇建设空间且存在侵占部分生态空间的现象。这降低了区域生态系统的多

样性，使植被覆盖减少、水土保持功能退化，加剧了水土流失（图 2-6）。

2.2 生态功能定位

在全国和福建省主体功能区划中，华安县被划为国家级重点生态功能区，是以提供生态服务为主、保障区域生态安全的重要区域。同时，漳浦县的官浔镇、赤土乡、长桥镇、石榴镇、盘陀镇、赤岭乡、湖西乡、南浦乡，云霄县的和平乡、火田镇、马铺乡、下河乡，诏安县的桥东镇、太平镇、霞葛镇、官陂镇、秀篆镇、西潭乡、建设乡、红星乡，东山县的前楼镇、陈城镇被划定为生态乡镇。

在福建省生态功能区划中，漳州市地跨以中亚热带气候为基带的闽东、闽中和闽北、闽西生态区和以南亚热带气候为基带的闽东南生态区。其中南靖县、平和县的部分乡镇属闽北、闽西山地盆谷地生态亚区，平和县、华安县、南靖县的部分乡镇属闽东、闽中中低山山原地生态亚区，长泰区、诏安县、云霄县、漳浦县、平和县、南靖县、华安县、龙海区、芗城区的部分乡镇属闽东南西部低山丘陵盆谷地生态亚区，龙文区、东山县、芗城区、龙海区、漳浦县、云霄县、诏安县的部分乡镇属闽东南沿海台丘平原与近岸海域生态亚区。全市共分为九龙江下游茶果生产和土壤保持生态功能区、漳浦—云霄—诏安中部城镇和集约化高优农业生态功能区、漳浦—云霄—诏安—东山滨海风沙与石漠化控制和旅游生态功能区、漳州滨海自然遗迹保护和渔业生产功能区、东山湾典型海洋生态系统保护生产功能区、南靖树海河源水源涵养和生物多样性保护生态功能区、九龙江北溪上游水源涵养和林业生态功能区、九龙江西溪上游山地自然生态恢复与维护和水源涵养生态功能区、永定—南靖土楼文化遗产保护和旅游生态功能区、永定—平和界山区域山地自然生态恢复与维护和水源涵养生态功能区等生态功能区，生态功能以生物多样性保护、水源涵养和土壤保持为主。

漳州市拥有典型的中亚热带森林生态系统，以及河口、海湾、海岛、湿地、红树林、珊瑚礁等多种典型生态系统，是海洋生物关键的洄游通道和鸟类迁徙的中间驿站，是海峡西岸生物多样性的重要保护区域，也是海西城市群的重要生态屏障。

（1）保护海峡西岸的重要生态空间

漳州市沿海岛屿与沿海湿地在减轻我国东南沿海地区台风灾害、防治海水倒灌、海洋生物多样性保护和维护沿海经济建设成果等方面发挥着重要作用，是维护海峡西岸生态系统、物种及基因多样性的重要生态屏障区域。

（2）维护福建省山海生态屏障的组成部分

漳州市是福建省戴云山—博平岭生态屏障、“五江一溪”生态廊道的重要组成部分，在全省生物多样性保护中发挥着重要作用。九龙江、漳江等河流为海域带来丰富的营养盐，为海洋生物的繁衍和生长提供了丰富多样的栖息环境，成为了海洋生物的产卵场、索饵场、越冬场和洄游通道，而大面积的滩涂湿地也成为迁徙鸟类的重要驿站和越冬场。九龙江口、漳江口湿地拥有典型的白骨壤、桐花树、秋茄、木榄、老鼠簕、厦门老鼠簕、海漆等红树林植物群落，全市有15种柳珊瑚组成的亚热带造礁珊瑚群落，以及中华白海豚、江豚、宽吻海豚、伪虎鲸等国家一级、二级保护动物等珍稀濒危海洋动物。

（3）厦漳泉（厦门、漳州、泉州）生态产品与生态服务的重要供给区

漳州市地形地貌复杂，海蚀柱、海蚀穴、海蚀平台等海蚀地貌形态各异，漳浦、龙海滨海地带形成了罕见的火山地质地貌，已被列入首批国家地质公园。漳州市森林覆盖率为64.78%，在厦门、漳州、泉州三地中占比最高，生物资源丰富。虎伯寮国家级自然保护区有我国沿海唯一的低海拔原始植物群落，被植物学家誉为“小西双版纳”。漳江口红树林国家级自然保护区是北回归线北侧种类最多、生长最好的红树林天然群落。漳州盛产荔枝、龙眼、香蕉、菠萝、柑橘等亚热带水果以及水仙花、兰花、茉莉花等花卉，是“鱼米花果之乡”，许多乡镇已成为厦门市的主要蔬菜供应基地。

2.3 生态保护重要性评价

2.3.1 评价方法

从区域生态安全底线出发，对漳州市陆域国土空间水源涵养、水土保持、生物多样性维护、防风固沙、海岸防护等生态系统服务功能重要性进行评价，以及对水土流失、土地沙化等生态脆弱性进行评价，综合集成生态保护重要性等级分区。

从海洋生物多样性维护、生态脆弱性等方面，对海洋生态保护重要性进行评价，识别海洋生态保护极重要区域范围。

（1）生态系统服务功能重要性

漳州市陆域生态系统服务功能重要性通过水源涵养、水土保持、生物多样性维护、防风固沙、海岸防护 5 项生态系统服务功能重要性集成得到。

①水源涵养功能重要性。

采用水源涵养量计算模型法，主要考虑河流源区、河流供水功能、地表覆盖、地形等因子，通过降水量减去蒸散发量和地表径流量得到水源涵养量，评价生态系统水源涵养功能的相对重要程度。计算公式如下：

$$\mathrm{TQ}=\sum_{i}^{j}(P_i-R_i-\mathrm{ET}_i)\times A_i\times 10^3 \tag{2-1}$$

式中，TQ——水源涵养量；

P_i——降水量，mm；

R_i——地表径流量，mm；

ET_i——蒸散发量，mm；

A_i——i 类生态系统面积，km^2；

i——研究区第 i 类生态系统类型；

j——研究区生态系统类型数。

其中，降水量 P_i 和蒸散发量 ET_i 根据实测数据通过空间插值求得，地表径流量 R_i 通过公式计算求得：

$$R_i=P_i\times\alpha \tag{2-2}$$

式中，R_i——地表径流量，mm；

α——平均地表径流系数，按地表生态系统类型计算。

根据水源涵养量测算结果划分水源涵养功能重要性等级。

②水土保持功能重要性。

采用修正的水土流失方程（RUSLE），主要考虑土壤可蚀性、地形、降水等因子，将潜在土壤侵蚀量与实际土壤侵蚀量的差值作为水土保持量，用以识别现状和未来承担水土保持功能的重点区域。计算公式如下：

$$A=R\times K\times L\times S\times(1-C) \tag{2-3}$$

式中，A——水土保持量，t/（hm^2·a）；

R——降雨侵蚀力因子，MJ·mm/（hm^2·h·a）；

K——土壤可蚀性因子，t·hm^2·h/（hm^2·MJ·mm）；

L——坡长因子；

S——坡度因子；

C——植被因子。

其中，降雨侵蚀力因子 R 是指降雨引发土壤侵蚀的潜在能力，通过多年平均年降雨侵蚀力因子反映，计算公式如下：

$$R=\sum_{k=1}^{24}\bar{R}_{半月k}=\frac{1}{n}\sum_{i=1}^{n}\sum_{i=0}^{m}\alpha P_{i,j,k}^{1.7265} \tag{2-4}$$

式中，$\bar{R}_{半月k}$——第 k 个半月的降雨侵蚀力，MJ·mm/（hm^2·h·a）；

k——同一年的 24 个半月；

i——所用降雨资料的年份；

j——第 i 年第 k 个半月侵蚀性降雨日的天数，j=1, 2, …, m；

$P_{i,j,k}$——第 i 年第 k 个半月第 j 个侵蚀性日降水量，mm；

α——参数，暖季时 α=0.393 7，冷季时 α=0.310 1。

土壤可蚀性因子 K 指土壤颗粒被水力分离和搬运的难易程度，计算公式如下：

$$K=[-0.01383+0.51575K_{epic}]\times 0.1317 \tag{2-5}$$

$$K_{epic}=\{0.2+0.3\exp[-0.0256m_s(1-m_{silt}/100)]\}\times[m_{silt}/(m_c+m_{silt})]^{0.3}\times \{1-0.25orgC/[orgC+\exp(3.72-2.95orgC)]\}\times\{1-0.7(1-m_s/100)/\{(1-m_s/100)+\exp[-5.51+22.9(1-m_s/100)]\}\} \tag{2-6}$$

式中，m_c、m_{silt}、m_s、org$C$——黏粒、粉粒、砂粒和有机碳的百分比含量。

将全市水土保持量累计前 50% 区域划分为极重要区，将水土保持量累计前 50%～75% 的区域划分为重要区，将其余的划分为一般重要区。在此基础上，结合水土保持相关规划和专项成果对结果进行适当修正。

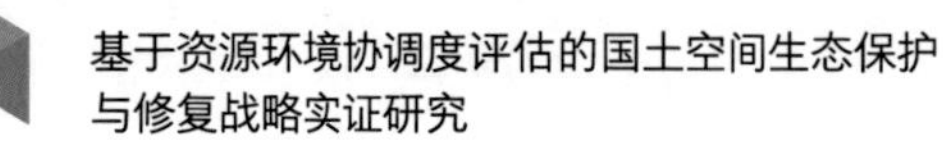

③生物多样性维护功能重要性。

生物多样性维护功能重要性评价在生态系统、物种和遗传资源三个层次上开展，主要考虑现状物种及其保护地、物种生境等因素，识别现状和未来可以承担区域生物多样性维护功能的重点区域。

在生态系统层次上，将原真性和完整性高且需优先保护的森林、灌丛、草地、湿地评定为生物多样性维护极重要区，其他需保护的生态系统评定为生物多样性维护重要区。

在物种层次上，以具有重要保护价值的物种为保护目标，将国家重点保护野生动植物和列入 IUCN 红色名录中的极危、濒危物种的集中分布区，极小种群野生动植物的主要分布区评定为生物多样性维护极重要区，将省级重点保护物种等其他具有重要保护价值物种的集中分布区评定为生物多样性维护重要区。

在遗传资源层次上，将重要的野生农作物、水产、畜牧重要种质资源的主要天然分布区评定为生物多样性维护极重要区。

按优先保护原则，将福建省内生态系统、物种和遗传资源多样性维护的极重要区划分为生物多样性维护功能极重要区，将生态系统和物种多样性维护的重要区划分为生物多样性维护功能重要区，将其余的划分为一般重要区。

④防风固沙功能重要性。

采用修正的风蚀方程，主要考虑风速、降雨、温度、土壤、地形和植被等因子，将潜在风蚀量与实际风侵蚀量的差值作为防风固沙量，用以识别现状和未来承担防风固沙功能的重点区。计算公式如下：

$$\mathrm{SR}=S_1-S_p \tag{2-7}$$

式中，SR——防风固沙量，t/（$\mathrm{hm}^2\cdot\mathrm{a}$）；

S_1——潜在风蚀量，t/（$\mathrm{hm}^2\cdot\mathrm{a}$）；

S_p——实际风蚀量，t/（$\mathrm{hm}^2\cdot\mathrm{a}$）。

其中，S_1 和 S_p 计算公式如下：

$$S_1=\frac{2z}{Q_1^2}Q_{1\max}\mathrm{e}^{-(z/Q_1)^2} \tag{2-8}$$

$$S_p = \frac{2z}{Q_p^2} Q_{pmax} e^{-(z/Q_p)^2} \tag{2-9}$$

式中，Q_l、Q_{lmax}——潜在风沙转移量和最大转移量，kg/m；

Q_p、Q_{pmax}——实际风沙转移量和最大转移量，kg/m；

z——最大风蚀出现距离，m。

将全市防风固沙量低于50%区域划分为极重要区，防风固沙量达到50%～75%的区域划分为重要区，将其余的划分为一般重要区。在此基础上，结合防沙治沙相关规划和专项成果对结果进行适当修正。

⑤海岸防护功能重要性。

海岸防护是红树林、盐沼、滩涂等滨海生态系统通过其结构与过程减少海浪、水流的侵袭和淘刷，防止风暴潮的泛滥淹没，保护沿海城镇、农田和岸滩等，是滨海生态系统提供的重要生态功能。海岸防护功能重要性评价的目的是识别承载海岸防护功能的重点区域，主要考虑因素有植被覆盖度、植被高度、潮间带宽度及坡度等。

⑥生态系统服务功能重要性。

在水源涵养、水土保持、生物多样性维护、防风固沙、海岸防护功能重要性评价结果的基础上，取各项结果的最高等级作为生态系统服务功能重要性评价结果。

（2）生态脆弱性

漳州市陆域生态脆弱性由水土流失脆弱性、土地沙化脆弱性两项评价集成得到。

①水土流失脆弱性。

利用水土流失专项调查监测的最新成果，将水力侵蚀强度为剧烈和极强烈等级的区域划分为水土流失极脆弱区，将水力侵蚀强度为强烈和中度等级的区域划分为水土流失脆弱区，将其余的划分为一般脆弱区。

②土地沙化脆弱性。

根据土地沙化专项调查监测的最新成果，将风力侵蚀强度为剧烈和极强烈等级的区域划分为土地沙化极脆弱区，将风力侵蚀强度为强烈和中度等级的区域划分为土地沙化脆弱区，将其余的划分为一般脆弱区。

③生态脆弱性。

在水土流失和土地沙化脆弱性评价结果的基础上，取各项结果的最高等级作为

生态脆弱性评价结果。

（3）生态保护重要性

将生态系统服务功能重要性和生态脆弱性评价结果的较高等级作为陆域生态保护重要性等级的初判结果。将生态系统服务功能极重要或者生态极脆弱区划分为生态保护极重要区，将生态系统服务功能重要或者生态脆弱区划分为生态保护重要区，将其余的划分为一般重要区。在初判结果的基础上，调低破碎细小斑块的重要性级别，划定生态保护重要性等级。

从海洋生物多样性维护、生态脆弱性等方面，对海洋生态保护重要性进行评价。通过对重要的海洋保护功能区域、海域自然保护地以及重要的海洋生态系统进行识别，划定海洋生态保护极重要区。

2.3.2 生态系统服务功能重要性

分别评价漳州市生物多样性维护、水源涵养、水土保持、防风固沙、海岸防护5项生态功能重要性等级，将各单项要素重要程度最高值作为集成结果，得到生态系统服务功能重要性等级，统计结果如表2-2所示。

表2-2 生态系统服务功能重要性评价结果统计

功能类型	极重要区		重要区		一般重要区	
	面积/km^2	占比/%	面积/km^2	占比/%	面积/km^2	占比/%
生物多样性维护	2 590.1	20.1	4 802.0	37.3	5 496.3	42.6
水源涵养	1 822.5	14.2	4 701.8	36.5	6 346.3	49.3
水土保持	875.6	6.8	3 289.7	25.5	8 723.2	67.7
防风固沙	76.6	0.6	254.2	2.0	12 557.6	97.4
海岸防护	25.9	0.2	221.0	1.7	12 641.6	98.1
生态系统服务功能重要性	3 484.6	27.0	4 703.4	36.5	4 700.5	36.5

评价结果显示，漳州市生态系统服务功能极重要区、重要区、一般重要区面积分别为3 484.6 km^2、4 703.4 km^2和4 700.5 km^2，分别占漳州市陆域土地总面积（“三调”图斑统计面积，下同）的27.0%、36.5%和36.5%。各单项要素中，极重要区面积从大到小分别为生物多样性维护、水源涵养、水土保持、防风固沙和海岸防护，体现了漳州市生态系统服务功能以生物多样性维护、水源涵养和水土保持为主

的特征。

生物多样性维护功能极重要区、重要区、一般重要区面积分别为 2 590.1 km^2、4 802.0 km^2 和 5 496.3 km^2，分别占漳州市陆域土地总面积的 20.1%、37.3% 和 42.6%。其中，极重要区主要分布在中西部山区和沿海地带，山区主要集中在中高山区，沿海地区主要集中在河口三角洲与滩涂湿地，其在空间上较为集聚，以森林和湿地生态系统为主，是漳州市野生动植物资源保护最重要的区域；重要区主要分布在极重要区周边，空间分布相对零散（图 2-7）。

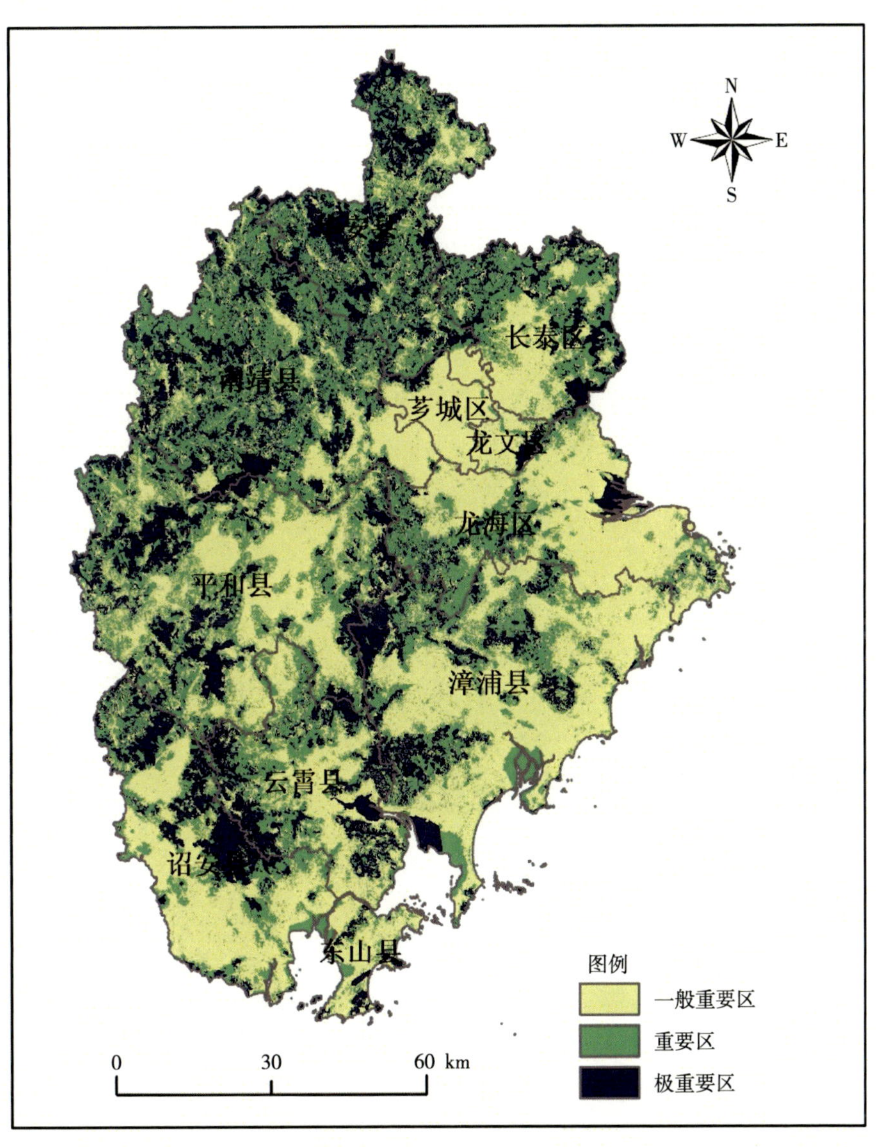

图 2-7 漳州市生物多样性维护功能重要性

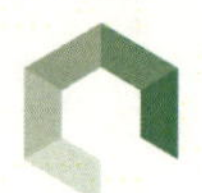

水源涵养功能极重要区、重要区、一般重要区面积分别为 1 822.5 km²、4 701.8 km² 和 6 346.3 km²，分别占漳州市陆域土地总面积的 14.2%、36.5% 和 49.3%。其中，极重要区主要集中在中高山区，是市域内降水资源最丰富的地区，且多为河流源头区域，发挥着重要的水源涵养功能；重要区主要分布在中低山区，土地利用类型以森林为主。在空间上，水源涵养功能极重要区和生物多样性维护功能极重要区重叠较多，凸显了这些区域生态保护的重要性（图 2-8）。

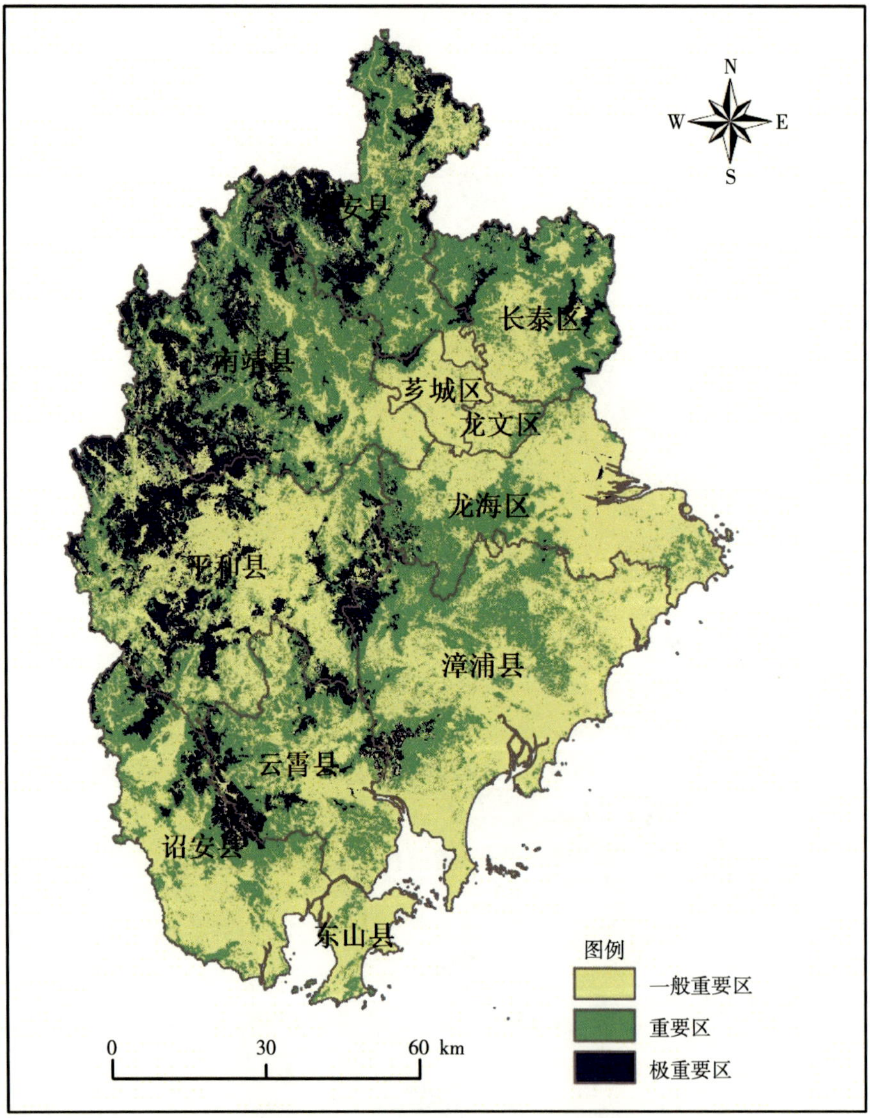

图 2-8　漳州市水源涵养功能重要性

水土保持功能极重要区、重要区、一般重要区面积分别为 875.6 km^2、3 289.7 km^2 和 8 723.2 km^2，分别占漳州市陆域土地总面积的 6.8%、25.5% 和 67.7%。由于漳州市地形较为复杂、破碎，水土保持功能极重要区、重要区域分布较为零散，高值区主要集中在山区坡度较大的区域，在西部县区相对集中（图 2-9）。

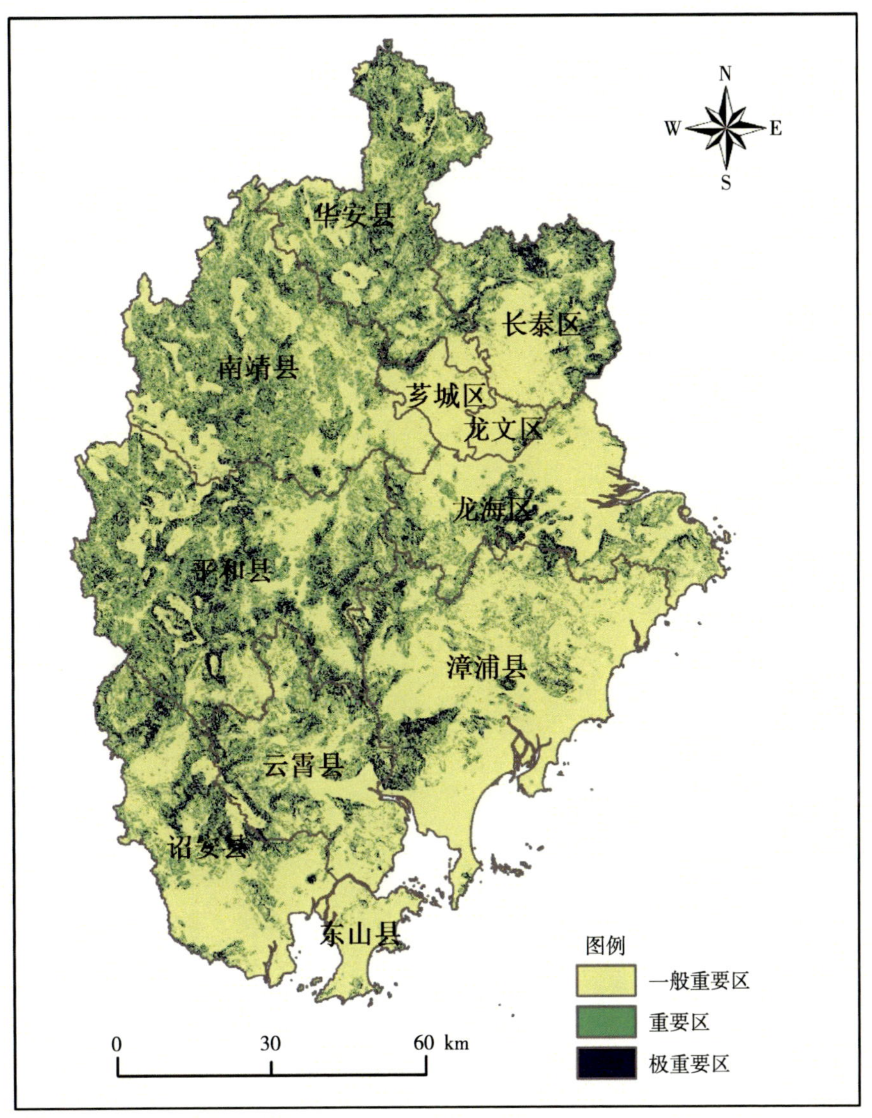

图 2-9 漳州市水土保持功能重要性

防风固沙功能极重要区、重要区、一般重要区面积分别为 76.6 km^2、254.2 km^2 和 12 557.6 km^2，分别占漳州市陆域土地总面积的 0.6%、2.0% 和 97.4%。漳州市东南沿海地区风力等级最高，防风固沙重要区、极重要区主要集中在东山、诏安、云

霄和漳浦等沿海县区（图 2-10）。

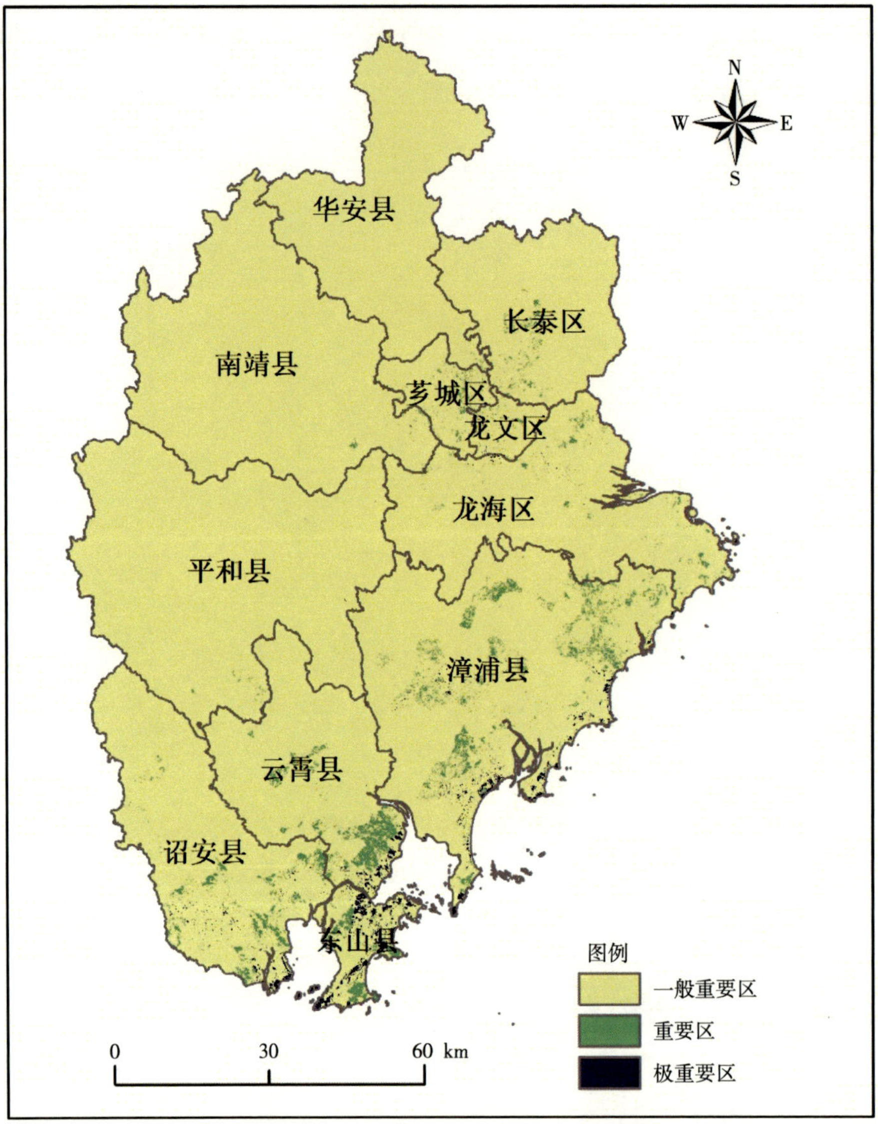

图 2-10　漳州市防风固沙功能重要性

海岸防护功能极重要区、重要区、一般重要区面积分别为 25.9 km^2、221.0 km^2 和 12 641.6 km^2，分别占漳州市陆域土地总面积的 0.2%、1.7% 和 98.1%。海岸防护功能高值区主要集中在海岸以及滩涂湿地，对保护自然岸线资源以及陆域生态安全具有重要生态作用（图 2-11）。

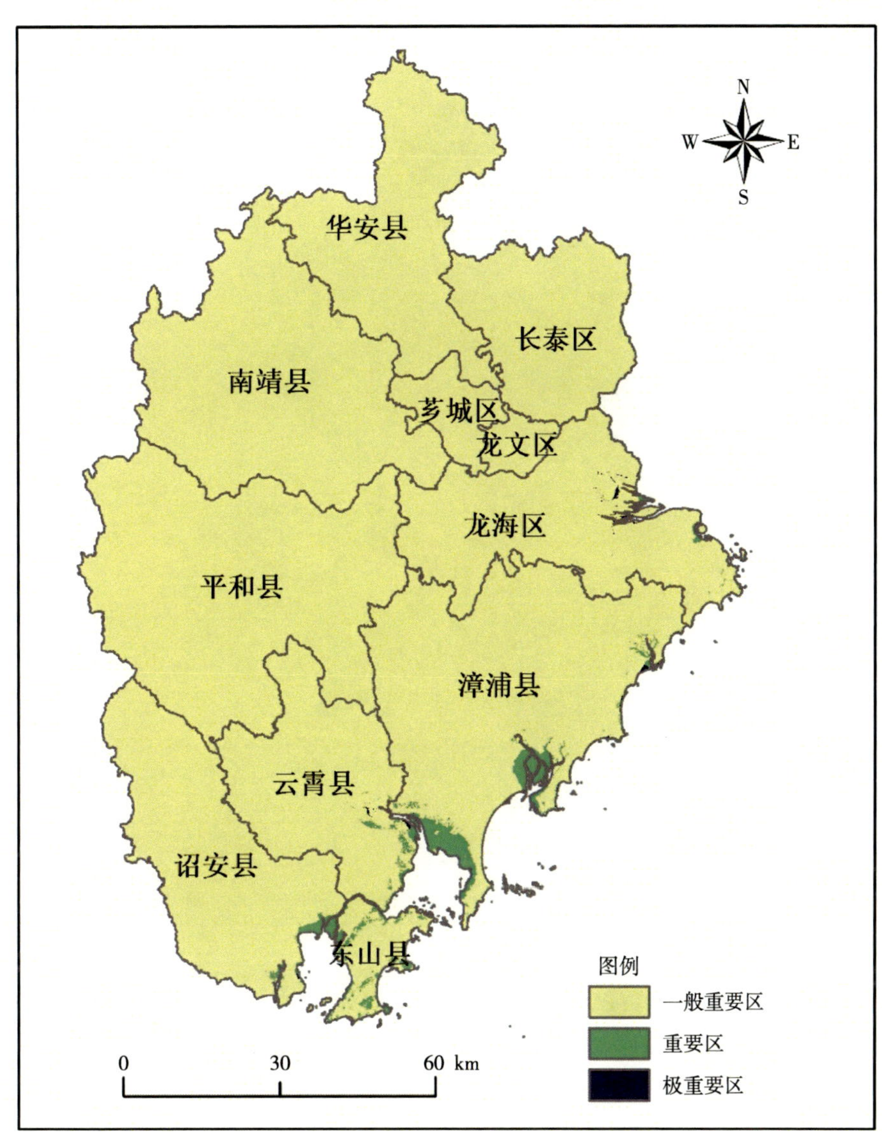

图 2-11 漳州市海岸防护功能重要性

集成生物多样性维护、水源涵养、水土保持、防风固沙、海岸防护等功能重要性，得到漳州市生态系统服务功能重要性等级，如图 2-12 所示。生态系统服务功能极重要区主要集中在中西部山区与滨海湿地，山区以生物多样性维护、水源涵养和水土保持功能为主；滨海湿地则多为生物多样性维护、海岸防护功能极重要区。

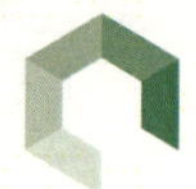

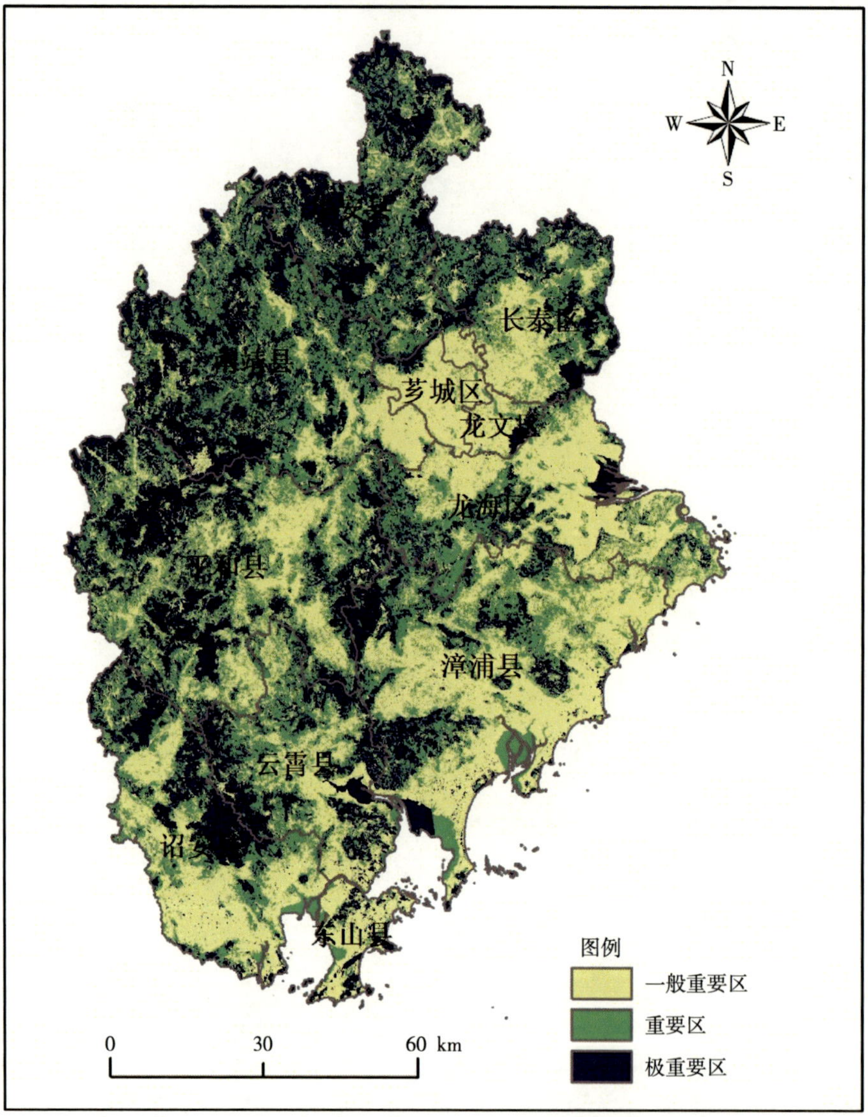

图 2-12　漳州市生态系统服务功能重要性

漳州市各县区生态系统服务功能重要性等级统计如表 2-3 所示，其中，华安县、南靖县、平和县生态系统服务功能极重要区面积占比较高，均在 30% 以上；芗城区、龙海区、龙文区、漳浦县生态系统服务功能极重要区面积占比较低，均在 20% 以下；其他县区生态系统服务功能极重要区面积占比为 20%～30%。

表 2-3 漳州市各县区生态系统服务功能重要性评价结果统计

行政区	极重要区		重要区		一般重要区	
	面积 /km²	占比 /%	面积 /km²	占比 /%	面积 /km²	占比 /%
芗城区	17.9	7.1	30.4	12.1	202.6	80.7
龙文区	18.8	15.0	23.5	18.7	83.5	66.4
云霄县	299.3	28.5	403.4	38.4	348.1	33.1
漳浦县	382.0	17.8	681.8	31.7	1 085.8	50.5
诏安县	310.8	24.0	407.5	31.5	575.6	44.5
长泰区	225.0	25.0	379.8	42.2	295.5	32.8
东山县	57.2	23.0	48.0	19.3	143.7	57.7
南靖县	708.6	36.1	848.8	43.3	404.7	20.6
平和县	760.1	32.9	882.4	38.2	667.0	28.9
华安县	535.8	41.9	537.9	42.1	203.9	16.0
龙海区	169.0	12.8	459.8	34.9	690.1	52.3
合计	3 484.6	27.0	4 703.4	36.5	4 700.5	36.5

2.3.3 生态系统脆弱性

选择水土流失脆弱性和土地沙化脆弱性 2 项指标评价漳州市陆域生态系统脆弱性，采用各单要素脆弱程度最高值作为集成结果，得到生态脆弱性等级。评价结果显示（表 2-4），全市生态脆弱程度整体较低，极脆弱区、脆弱区面积分别为 67.8 km² 和 148.3 km²，占比分别为 0.53% 和 1.15%，空间分布较为分散。

表 2-4 漳州市生态脆弱性评价结果统计

功能类型	极脆弱区		脆弱区		一般脆弱区	
	面积 /km²	占比 /%	面积 /km²	占比 /%	面积 /km²	占比 /%
水土流失	62.2	0.48	149.5	1.16	12 676.7	98.36
土地沙化	6.2	0.05	25.1	0.19	12 857.2	99.76
脆弱性	67.8	0.53	148.3	1.15	12 672.3	98.32

漳州市水土流失极脆弱区、脆弱区面积分别为 62.2 km² 和 149.5 km²，分别占全市陆域土地总面积的 0.48% 和 1.16%，见图 2-13。水土流失极脆弱区主要零散分布在坡度较陡的丘陵山区，空间分布较为破碎，以农用地面蚀为主要表现形式，侵

蚀状况相对严重。

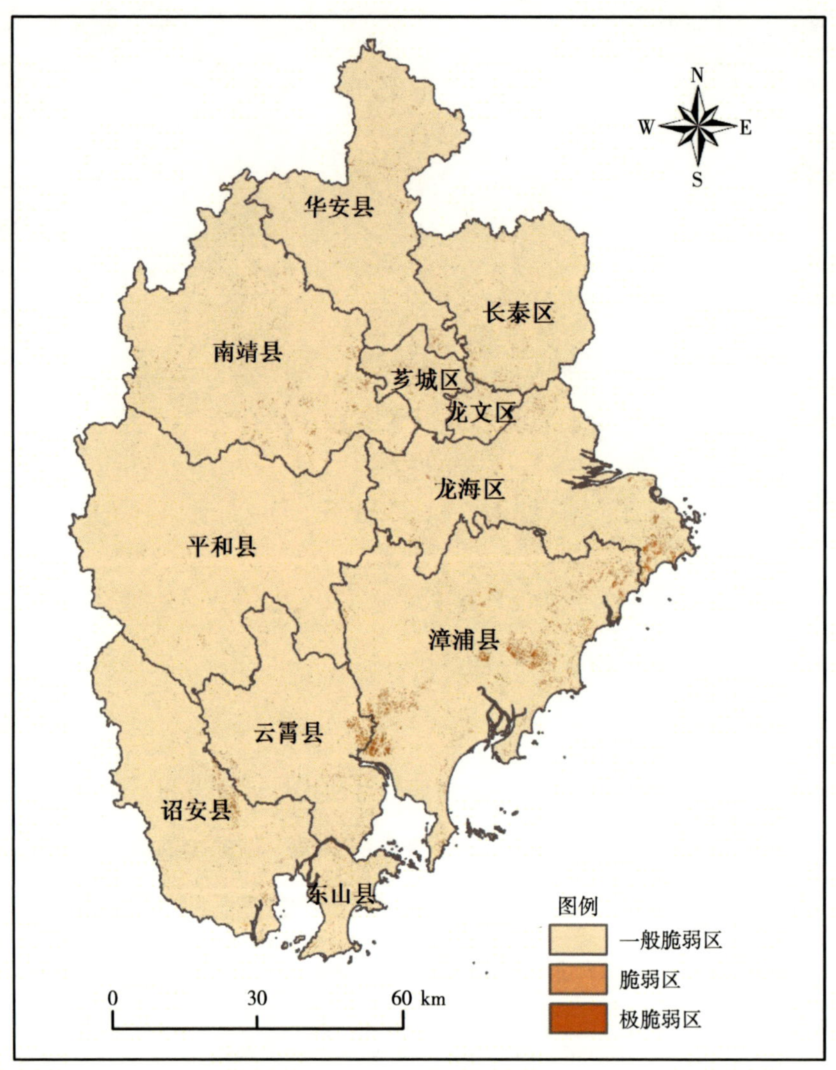

图 2-13　漳州市水土流失脆弱性分布

漳州市土地沙化极脆弱区、脆弱区面积分别为 6.2 km^2、25.1 km^2，分别占全市陆域土地总面积的 0.05% 和 0.19%，见图 2-14。土地沙化极脆弱区主要分布在东南沿海地区，该区域风沙侵蚀强度较大，是漳州市乃至福建省重要的防风固沙功能区域。

漳州市各县区中，漳浦县、东山县、云霄县和龙海区生态极脆弱区面积占比较高，高于全市平均水平，全部为沿海县区；其他县区生态极脆弱区面积占比低于全市平均水平，见表 2-5 和图 2-15。

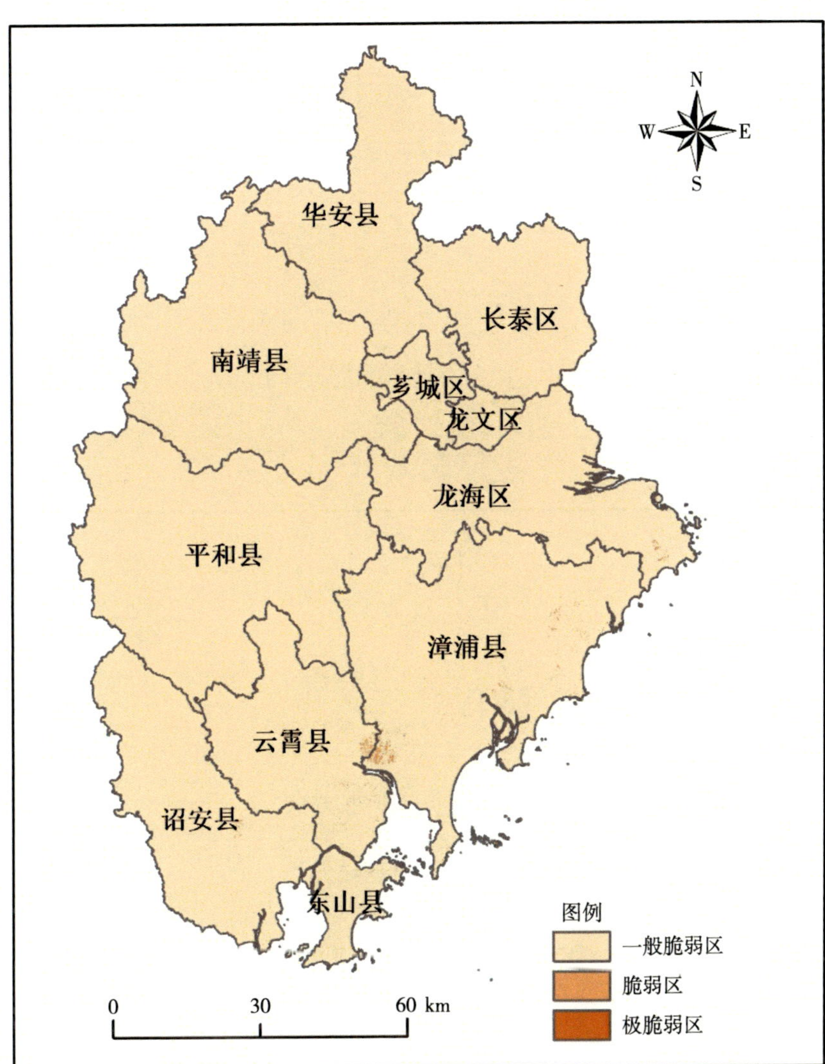

图 2-14 漳州市土地沙化脆弱性分布

表 2-5 漳州市各县区生态脆弱性评价结果统计

行政区	极脆弱区		脆弱区		一般脆弱区	
	面积 /km^2	占比 /%	面积 /km^2	占比 /%	面积 /km^2	占比 /%
芗城区	0.3	0.1	4.6	1.8	245.9	98.0
龙文区	0.5	0.4	2.4	1.9	122.9	97.7
云霄县	7.1	0.7	10.9	1.0	1 032.8	98.3
漳浦县	33.2	1.5	46.7	2.2	2 069.7	96.3
诏安县	5.3	0.4	13.4	1.0	1 275.3	98.6
长泰区	1.8	0.2	9.3	1.0	889.1	98.8

续表

行政区	极脆弱区		脆弱区		一般脆弱区	
	面积 /km^2	占比 /%	面积 /km^2	占比 /%	面积 /km^2	占比 /%
东山县	2.1	0.8	7.9	3.2	238.9	96.0
南靖县	6.1	0.3	15.0	0.8	1 941.0	98.9
平和县	0.9	0.0	7.4	0.3	2 301.2	99.6
华安县	2.2	0.2	7.3	0.6	1 268.2	99.3
龙海区	8.3	0.6	23.4	1.8	1 287.2	97.6
合计	67.8	0.5	148.3	1.2	12 672.3	98.3

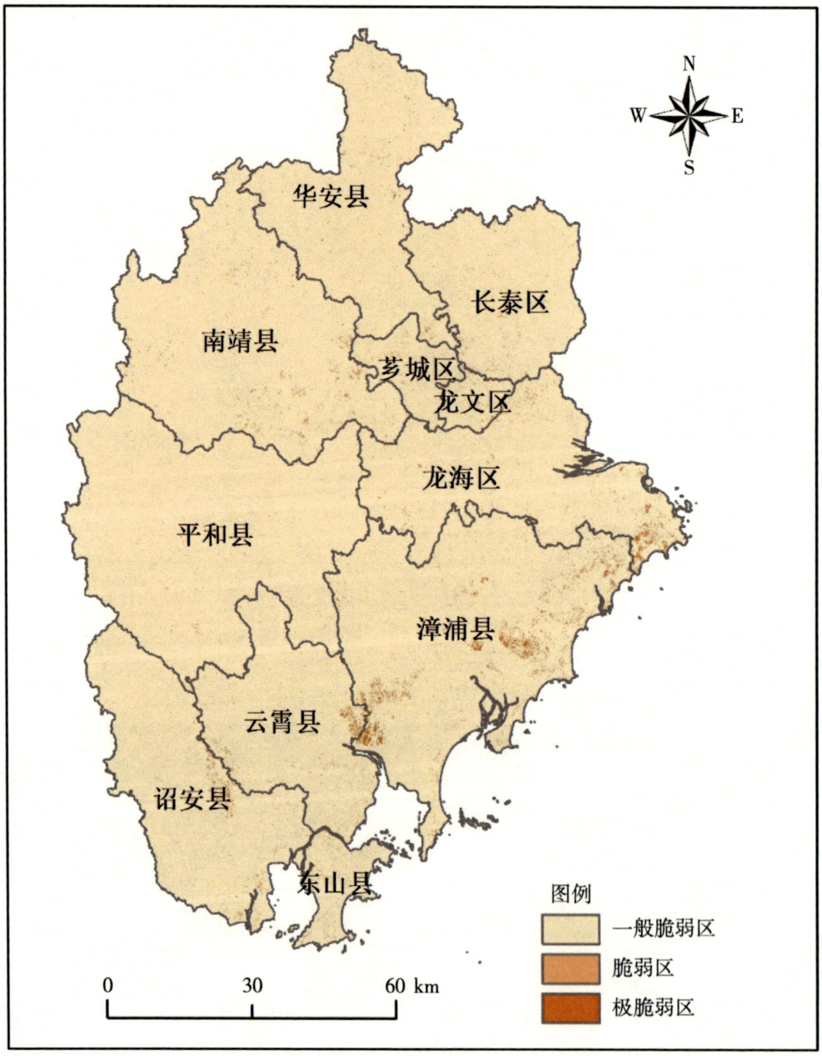

图 2-15 漳州市生态脆弱性分布

2.3.4 生态保护重要性

（1）陆域评价

在生态系统服务功能重要性和脆弱性评价的基础上，集成生态保护重要性等级，将漳州市划分为生态保护极重要区、重要区和一般重要区，评价结果如图 2-16 所示。漳州市生态保护极重要区面积为 3 384.2 km^2，占全市陆域土地总面积的 26.3%，主要分布在中西部山区和滨海湿地；重要区面积为 4 936.9 km^2，占全市陆域土地总面积的 38.3%，主要分布在中西部丘陵区和滨海湾区、滩涂湿地；一般重要区面积为 4 567.4 km^2，占全市陆域土地总面积的 35.4%。

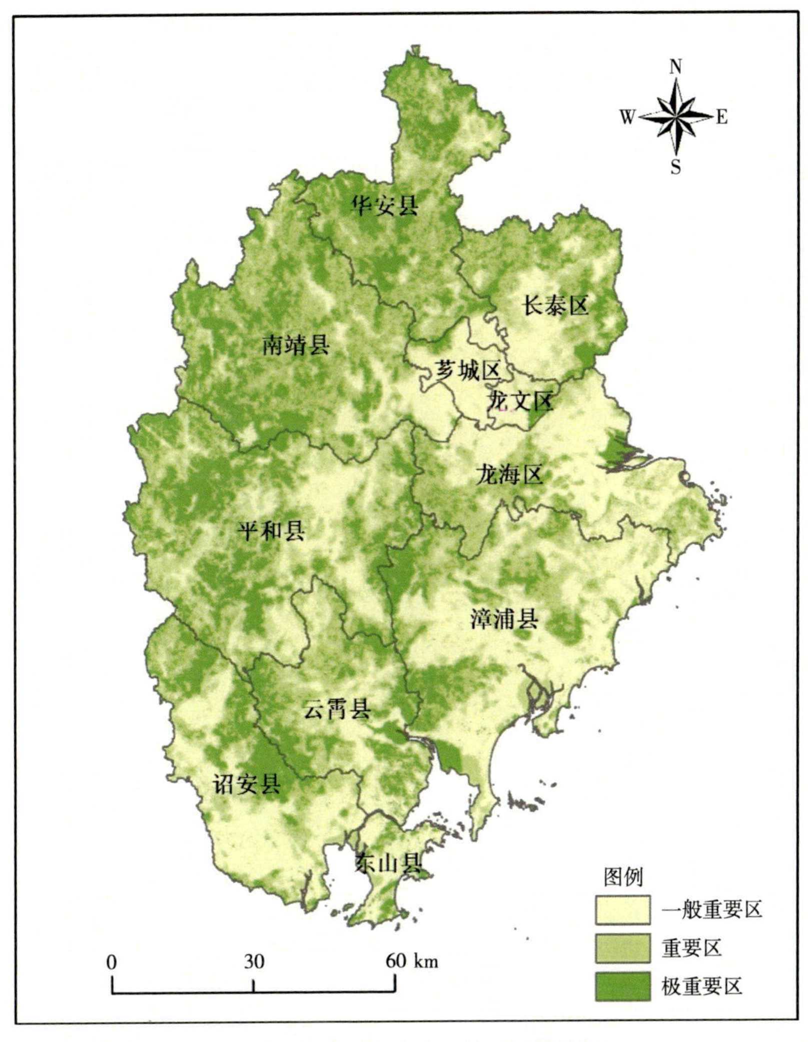

图 2-16 漳州市生态保护重要性等级

漳州市生态系统本底条件优越，脆弱性问题并不突出，生态系统服务功能重要性几乎主导了全市生态保护重要性区域的基本格局。全市生态保护极重要区在中西部山区呈现集聚分布形态，极重要—重要区呈现明显的核心—边缘圈层结构，共同构筑了全市生态安全屏障，发挥着重要的生物多样性维护、水源涵养与水土保持功能。沿海岸带、沿河区域的生态保护极重要区呈不连续的条带状分布，是全市生态保护的重要廊道与关键节点。

漳州市各县区生态保护重要性等级统计如表 2-6 所示。其中，华安县、平和县、南靖县生态保护极重要区面积占比较高，均在 30% 以上；芗城区、龙文区、东山县和龙海区生态保护一般重要区面积占比较高，均在 50% 以上。

表 2-6 漳州市各县区生态保护重要性等级统计

行政区	极重要区		重要区		一般重要区	
	面积 /km^2	占比 /%	面积 /km^2	占比 /%	面积 /km^2	占比 /%
芗城区	17.7	7.0	35.5	14.2	197.7	78.8
龙文区	17.6	14.0	27.2	21.6	81.0	64.4
云霄县	293.3	27.9	418.0	39.8	339.5	32.3
漳浦县	378.1	17.6	731.5	34.0	1 039.9	48.4
诏安县	302.5	23.4	425.4	32.9	566.0	43.7
长泰区	217.1	24.1	396.4	44.0	286.7	31.9
东山县	52.8	21.2	61.0	24.5	135.1	54.3
南靖县	690.4	35.2	883.1	45.0	388.5	19.8
平和县	732.6	31.7	912.6	39.5	664.4	28.8
华安县	519.2	40.6	559.2	43.8	199.3	15.6
龙海区	162.9	12.4	486.9	36.9	669.1	50.7
合计	3 384.2	26.3	4 936.9	38.3	4 567.4	35.4

（2）海域评价

从海洋生物多样性维护、生态脆弱性等方面，对漳州市海洋生态保护重要性进行评价。将海洋功能区划中的海洋保护区，以及自然保护区、海洋自然公园等自然保护地和重要的红树林、珊瑚等海洋生态系统划入生态保护极重要区，如图 2-17 所示。

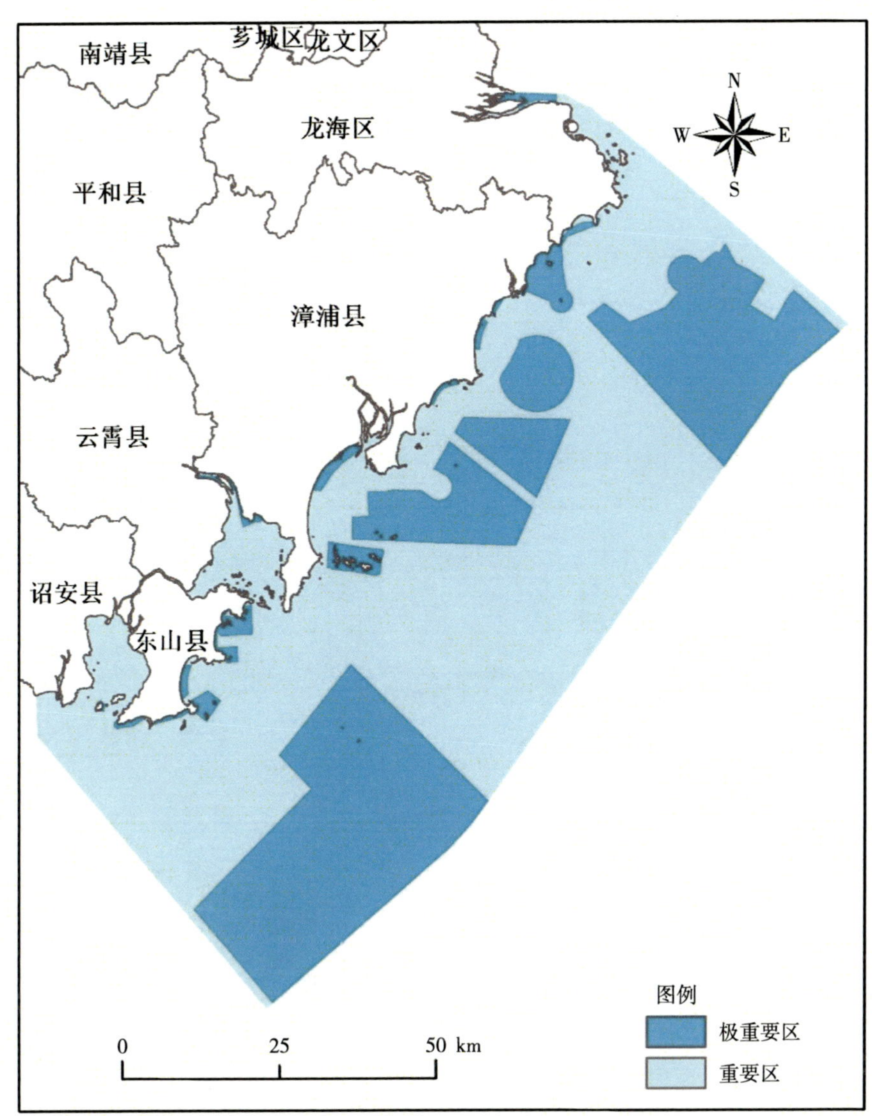

图 2-17 漳州市海域生态保护重要性等级

（3）陆海集成

漳州市生态保护重要性评价结果如图 2-18 和表 2-7 所示。评价结果表明，漳州市陆域生态保护极重要区面积为 3 384.2 km^2，占全市陆域土地总面积的 26.3%，主要分布在中西部山区和滨海湿地；重要区面积为 9 504.3 km^2，占全市陆域土地总面积的 73.7%。其中，华安县、平和县、南靖县生态保护极重要区面积占比较高，均在 30% 以上。海域生态保护极重要区面积为 2 418.9 km^2，占全市海域面积的 35.9%。

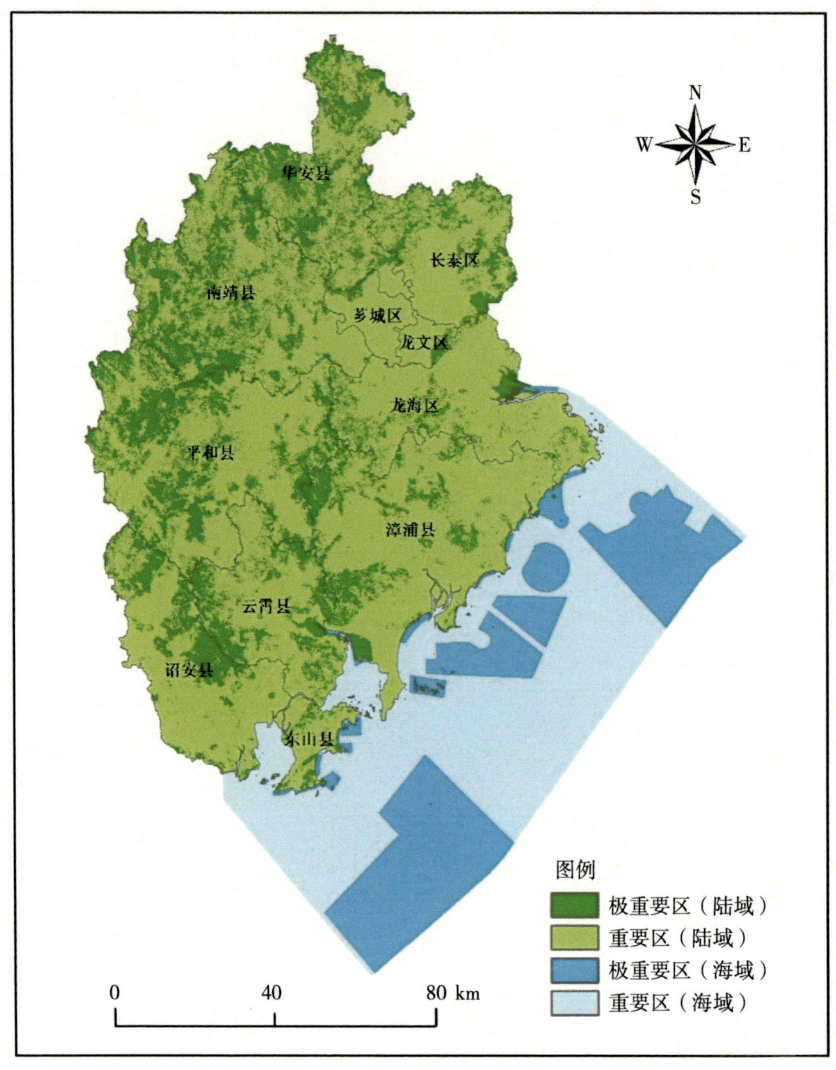

图 2-18　漳州市生态保护重要性评价结果

表 2-7　漳州市各县区生态保护重要性评价结果统计

行政区	极重要区（陆域）		重要区（陆域）		极重要区（海域）		重要区（海域）	
	面积 /km²	占比 /%	面积 /km²	占比 /%	面积 /km²	占比 /%	面积 /km²	占比 /%
芗城区	17.7	7.0	233.2	93.0	—	—	—	—
龙文区	17.6	14.0	108.2	86.0	—	—	—	—
云霄县	293.3	27.9	757.6	72.1	4.4	6.7	62.0	93.3
漳浦县	378.1	17.6	1 771.5	82.4	850.5	25.4	2 496.3	74.6
诏安县	302.5	23.4	991.4	76.6	138.7	24.7	423.6	75.3

续表

行政区	极重要区（陆域）		重要区（陆域）		极重要区（海域）		重要区（海域）	
	面积 /km²	占比 /%	面积 /km²	占比 /%	面积 /km²	占比 /%	面积 /km²	占比 /%
长泰区	217.1	24.1	683.1	75.9	—	—	—	—
东山县	52.8	21.2	196.1	78.8	983.5	55.1	801.0	44.9
南靖县	690.4	35.2	1 271.6	64.8	—	—	—	—
平和县	732.6	31.7	1 577.0	68.3	—	—	—	—
华安县	519.2	40.6	758.5	59.4	—	—	—	—
龙海区	162.9	12.4	1 156.0	87.6	441.6	45.0	540.9	55.0
合计	3 384.2	26.3	9 504.3	73.7	2 418.9	35.9	4 323.7	64.1

第 3 章

发展导向的承载力与适宜性评估

3.1 农业生产适宜性评价

3.1.1 评价方法

（1）种植业生产适宜性

基于漳州市种植业发展现状，适宜性评价考虑的要素包括农业耕作条件、农业供水条件、土壤环境条件与气象灾害因素。由于漳州市光热资源丰富，所有地区均能很好满足种植业发展需要，因此本书不作光热条件评价。

①农业耕作条件。

农业耕作条件评价，主要考虑地形坡度与土壤条件。按照坡度≤2°、2°～6°、6°～15°、15°～25°、＞25° 将其划分为平地、平坡地、缓坡地、缓陡坡地、陡坡地5 个等级。在此基础上，砂土含量大于 80% 的区域，降两级；对于土壤肥力较差及砂土含量介于 60%～80% 的区域，降一级，得到农业耕作条件的 5 级分类评价结果。

②农业供水条件。

漳州市水资源丰富，自然降水条件能够满足雨养农业发展需要，水资源对种植业生产的制约主要表现在灌溉供水条件的便利程度上。因此，主要评估灌溉供水条件，具体包括灌溉水源可靠性和灌溉供水便利性。灌溉水源可靠性主要与灌溉水源、水量和供水保障率有关，水量越大、保障率越高，可靠性越强；灌溉供水便利性主要与水源距离和提水高度有关，距离越近、提水高度越小，则灌溉供水便利性越好。本研究据此构建了种植业生产水资源适宜性指标，用于评估水资源条件对漳州市农业发展的支撑保障能力，测算方法如下：

$$\mathrm{WRS_a}=f_{\mathrm{a1}}(\mathrm{RI}_i,\ C_i) \tag{3-1}$$

$$C_i=\frac{D_{\mathrm{a}}}{D_{\mathrm{amax}}}+\frac{H_{\mathrm{a}}}{H_{\mathrm{amax}}} \tag{3-2}$$

式中，$\mathrm{WRS_a}$——农业供水条件；

f_{a1}——灌溉水源可靠性和灌溉供水便利性对农业供水条件的支撑关系；

RI_i——灌溉水源可靠性，根据漳州市水资源利用实际情况，灌溉水源分为主要河流与水库、一般河流与塘坝水源两种类型；

C_i——灌溉供水便利性指数；

D_{a}、H_{a}——在最优供水路径下，评价地块与供水水源的距离和提水高度；

D_{amax}、H_{amax}——灌溉农业发展所能承受的最大调水距离和提水高度，根据漳州市水利工程基础与经济社会发展状况确定。

选取不同可靠性等级的供水水源，分别测算栅格尺度农业灌溉供水便利性指标，并按照表 3-1 所示的判别矩阵，将农业供水条件划分为好、较好、一般 3 种类型。

表 3-1 农业供水条件判别矩阵

灌溉水源	灌溉供水便利性		
	0～0.5	0.5～1	>1
主要河流与水库	好	较好	一般
一般河流与塘坝	较好	一般	一般

③土壤环境容量。

用土壤污染风险等级高低反映土壤环境容量，具体根据省级国土空间规划“双评价”中漳州市土壤污染调查点位资料进行空间插值成果进行划定。

④气象灾害。

气象灾害评价，主要考虑干旱、洪涝和寒潮对种植业生产的影响，根据气象灾害的历史频次与强度进行测算。

⑤种植业资源环境承载能力评价。

在资源环境单要素评价的基础上，集成种植业生产功能指向的资源环境承载力 5 级评价结果。将农业耕作条件与农业供水条件叠加，按照表 3-2 所示的判别矩阵，得到种植业生产功能指向的水土资源基础评价结果。

表 3-2 种植业生产功能指向的水土资源基础参考判别矩阵

农业耕作条件 / 农业供水条件	低	较低	中等	较高	高
一般	1	2	3	4	4
较好	1	3	4	4	5
好	1	3	4	5	5

在此基础上，初评结果为好、较好的区域中，将土壤环境容量低或气象灾害风险等级高的地区调整为种植业生产条件一般区；初评结果为好的区域中，将土壤环境容量较低或气象灾害风险等级较高的地区调整为种植业生产条件较好区。

⑥种植业生产适宜性评价。

参考《资源环境承载能力和国土空间开发适宜性评价技术指南（试行）》，在种植业生产条件 5 级评价结果基础上，初选一般适宜区和适宜区备选区域，进一步根据耕地集中连片程度等因素，划分种植业生产适宜区、一般适宜区和不适宜区。其中，适宜区与一般适宜区均为适宜种植业生产的区域，只是适宜程度有所不同。

（2）渔业生产适宜性

渔业生产适宜性评价只评估陆地水域与海洋区域，并将其划分为适宜区和不适宜区两种类型。其中，不适宜区是指由于水环境严重污染或者保护程度较高等原因禁止渔业生产的区域。漳州市河流与海洋存在一定水环境污染问题，但程度相对较轻，除厦门湾（九龙江口）外，水环境污染问题不构成渔业捕捞和渔业养殖的限制条件。不适宜区主要是受到自然保护区等保护性政策的限制。

3.1.2 种植业生产适宜性

（1）承载力评价

选取了农业耕作条件、农业供水条件、土壤环境容量、农业气象灾害指标对漳州市种植业生产承载力等级开展评价。首先，根据农业耕作条件、农业供水条件组合关系划分种植业生产水土资源基础，将其作为承载力等级初评结果；其次，根据土壤环境容量、农业气象灾害等级对初评结果进行修正。

漳州市地形条件较为复杂，陡坡区域不适宜种植业发展，农业耕作条件整体不高，其中，沿海平原区耕作条件高值区面积占比相对较高，西部山区耕作低值区更为集中。漳州市降水丰富，灌溉供水条件总体较好，均在一般等级以上。统计漳州市各县区种植业生产功能指向的水土资源条件等级面积占比，结果如表3-3所示。

表3-3 漳州市各县区种植业生产功能指向的水土资源条件等级面积占比 单位：%

行政区	农业耕作条件					农业供水条件		
	高	较高	一般	较低	低	高	较高	一般
芗城区	39.1	25.8	20.9	8.5	5.8	44.2	32.4	23.4
龙文区	52.6	16.4	15.7	11.5	3.8	61.4	20.1	18.6
云霄县	12.7	10.6	23.3	32.6	20.8	29.9	20.7	49.4
漳浦县	19.2	27.4	21.4	19.7	12.4	35.9	25.2	38.9
诏安县	17.8	15.6	21.6	27.3	17.7	27.6	20.0	52.3
长泰区	11.9	9.6	23.9	31.1	23.5	18.0	15.4	66.6
东山县	10.8	54.1	14.7	11.7	8.7	65.4	19.4	15.2
南靖县	8.2	6.0	17.4	35.5	32.9	13.3	6.8	79.9
平和县	5.5	5.7	17.0	34.1	37.7	11.0	8.3	80.7
华安县	2.6	4.5	17.2	36.4	39.3	6.6	6.2	87.1
龙海区	34.4	11.8	19.0	22.3	12.5	41.9	18.4	39.7
全市平均	14.3	13.0	19.5	28.8	24.4	24.1	15.2	60.7

由表3-3可知，漳州市农业耕作条件高、较高、一般、较低、低值区面积占全市陆域总面积的比例分别为14.3%、13.0%、19.5%、28.8%和24.4%（表3-3）。农

业耕作条件高、较高值区主要分布在九龙江下游及滨海平原地带，所以，沿海县区耕作条件高值区面积占比相对较高，龙文区、芗城区、龙海区面积占比超过 30%，华安县、平和县与南靖县面积占比则不足 10%。农业耕作条件低、较低值区主要分布在中西部山区，华安县、平和县与南靖县低值区面积占比超过 30%（图 3-1）。

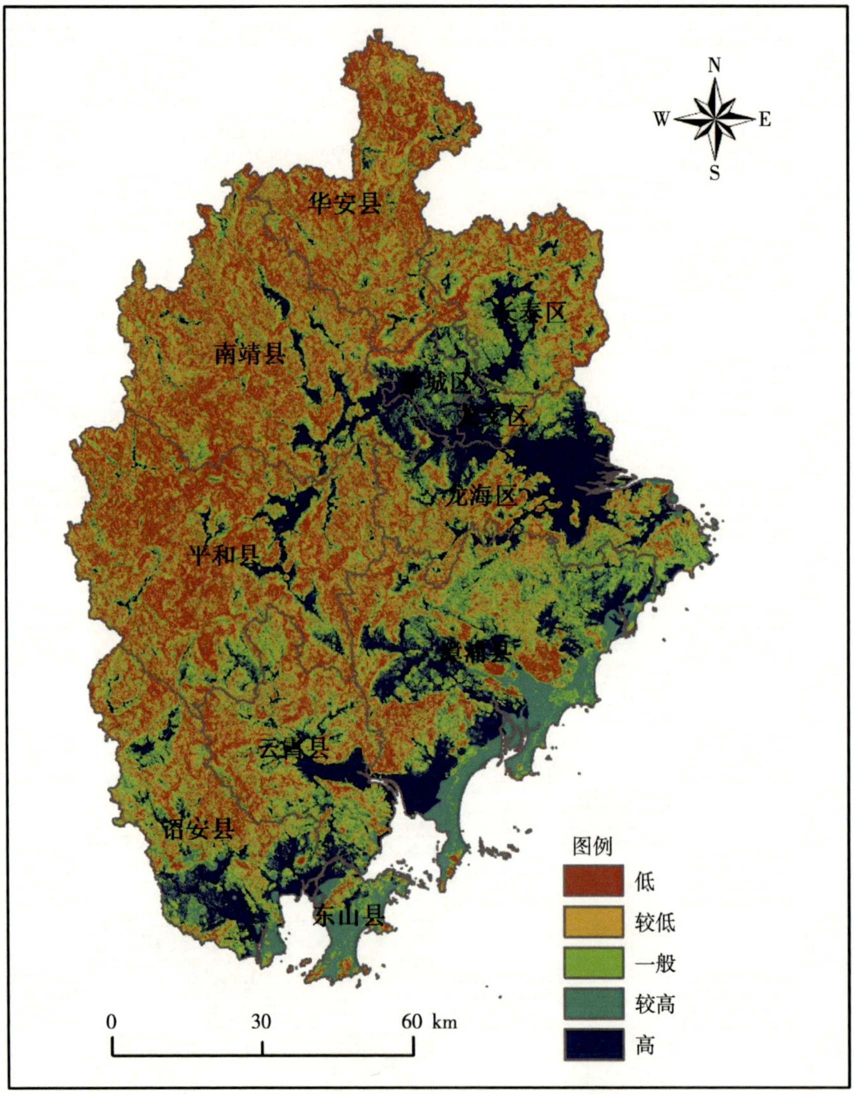

图 3-1　漳州市农业耕作条件分布

由表 3-3 可知，漳州市农业供水条件高、较高、一般值区面积分别占全市陆域总面积的比例分别为 24.1%、15.2% 和 60.7%（表 3-3）。农业供水条件高值区主要分布在九龙江下游及滨海平原地带，与土地资源条件空间匹配性较好，各县区中，东山县、龙文区、芗城区、龙海区、漳浦县面积占比超过 35%，华安县、平和县与南靖县面积占比则不足 15%。受工程建设条件的影响，西部山区农业供水条件偏差，如图 3-2 所示。

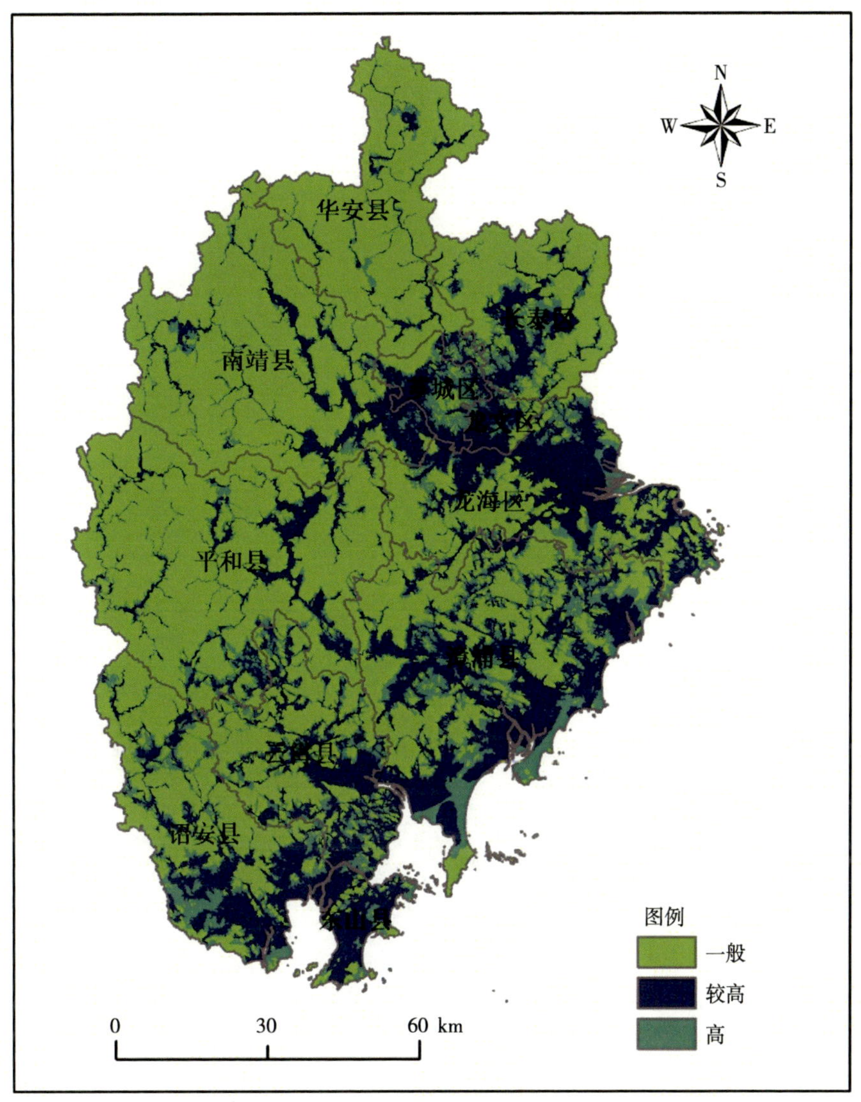

图 3-2　漳州市农业供水条件分布

土壤环境容量与气象灾害危险性评价结果如图 3-3、图 3-4 所示。总体上漳州市土壤污染面积较小，旱涝等农业气象灾害可控，对种植业生产基本无影响，对集成结果的影响较小。

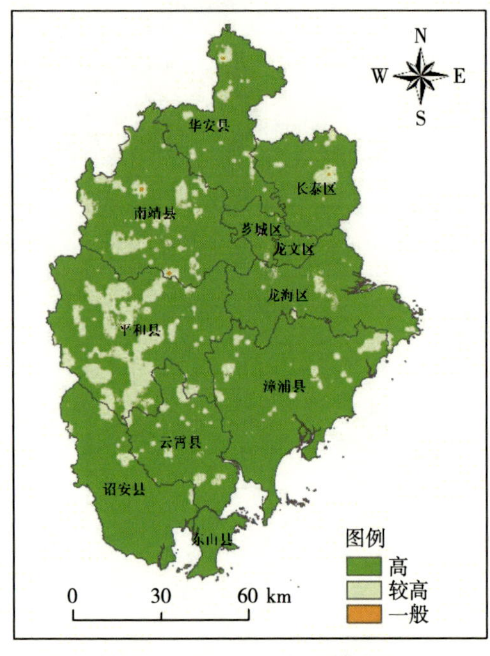

图 3-3　漳州市土壤环境容量

图 3-4　漳州市气象灾害危险性

在单要素评价结果的基础上，集成漳州市种植业生产功能指向的资源环境承载力等级，如表 3-4 和图 3-5 所示。

表 3-4　漳州市各县区种植业生产功能指向的资源环境承载力等级统计

行政区	高		较高		一般		较低		低	
	面积 / km^2	占比 / %	面积 / km^2	占比 / %	面积 / km^2	占比 / %	面积 / km^2	占比 / %	面积 / km^2	占比 / %
芗城区	113.9	45.4	83.2	33.2	22.8	9.1	16.6	6.6	14.4	5.8
龙文区	74.7	59.3	25.2	20.0	10.2	8.1	11.0	8.7	4.8	3.8
云霄县	184.3	17.5	203.5	19.4	216.5	20.6	227.8	21.7	218.9	20.8
漳浦县	704.7	32.8	548.1	25.5	301.4	14.0	329.3	15.3	266.0	12.4
诏安县	323.3	25.0	237.5	18.4	212.8	16.4	291.4	22.5	229.0	17.7
长泰区	130.7	14.5	151.1	16.8	160.5	17.8	246.4	27.4	211.6	23.5
东山县	143.7	57.7	49.7	20.0	20.2	8.1	13.5	5.4	21.7	8.7
南靖县	198.0	10.1	162.7	8.3	313.9	16.0	641.3	32.7	646.1	32.9
平和县	149.8	6.5	225.3	9.8	353.5	15.3	710.8	30.8	870.2	37.7
华安县	46.5	3.6	92.6	7.3	203.3	15.9	432.6	33.9	502.7	39.3
龙海区	483.7	36.7	260.0	19.7	178.2	13.5	231.9	17.6	165.2	12.5
合计	2 553.3	19.8	2 038.9	15.8	1 993.3	15.5	3 152.6	24.5	3 150.6	24.4

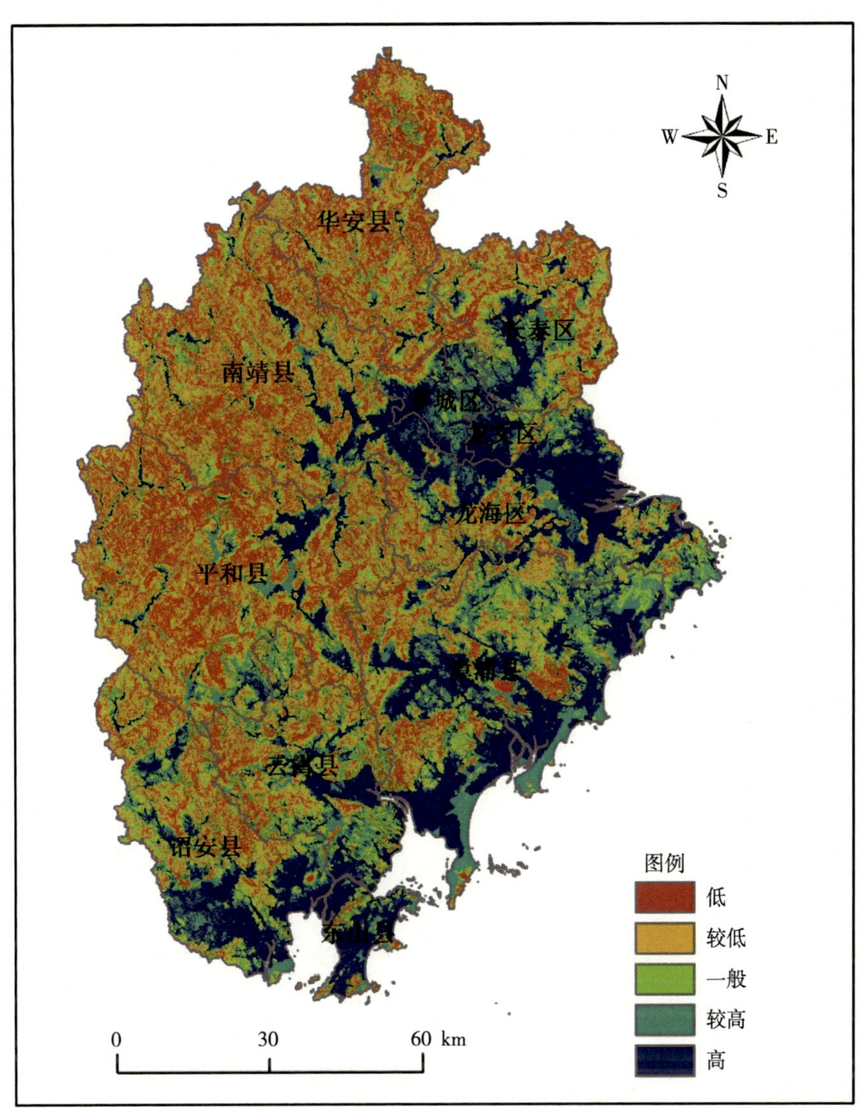

图 3-5 漳州市种植业生产承载力等级

结果显示，承载力等级高、较高、一般、较低和低值区面积分别为 2 553.3 km^2、2 038.9 km^2、1 993.3 km^2、3 152.6 km^2 和 3 150.6 km^2，占陆域土地总面积的比例分别为 19.8%、15.8%、15.5%、24.5% 和 24.4%。土地资源与水资源条件是决定漳州市种植业生产承载力的主要因素，水土资源条件更优越的江河下游与滨海平原地区承载力较强，而受地形条件和供水条件制约的西部山区承载力相对较差。各县区中，东山县、龙文区、芗城区、龙海区、漳浦县高值区面积占比最高，在 30% 以上；华安县、平和县与南靖县低值区面积占比最高，均大于 30%。

（2）适宜性评价

在种植业生产承载力等级评价结果的基础上，遴选种植业生产适宜区和一般适宜区的备选区域，扣除不可利用的河流、水库等水面，根据地块集中程度指标，集成种植业生产适宜性等级，结果如图 3-6 所示，各县区种植业生产适宜性等级统计如表 3-5 所示。漳州市种植业生产适宜区面积为 4 100.9 km^2，占陆域土地总面积的 31.8%，主要分布在九龙江下游平原区、东南滨海平原区和山地河谷地区；一般适宜区面积为 5 309.7 km^2，占陆域土地总面积的 41.2%，主要分布在东部低丘和西部中低山区；不适宜区面积为 3 478.2 km^2，占陆域土地总面积的 27.0%，主要分布在西部山区。

漳州市种植业生产的主要约束因素是土地资源条件，全市坡度＞25° 的区域占比高达 23.8%，构成了种植业生产不适宜区的主体部分。漳州市种植业生产适宜区呈相对连续的块状分布，是种植业发展的有利条件。如表 3-5 所示，华安县、平和县、南靖县种植业生产不适宜区面积占比最高，均在 30% 以上。

表 3-5　漳州市各县区种植业生产适宜性等级统计

行政区	适宜区		一般适宜区		不适宜区	
	面积 /km^2	占比 /%	面积 /km^2	占比 /%	面积 /km^2	占比 /%
芗城区	187.4	74.7	39.3	15.7	24.3	9.7
龙文区	90.8	72.2	21.8	17.3	13.3	10.5
云霄县	333.6	31.7	458.6	43.6	258.7	24.6
漳浦县	1 193.0	55.5	644.2	30.0	312.4	14.5
诏安县	511.6	39.5	522.2	40.4	260.1	20.1
长泰区	256.3	28.5	415.5	46.1	228.5	25.4
东山县	187.5	75.3	35.3	14.2	26.1	10.5
南靖县	288.7	14.7	997.2	50.8	676.1	34.5
平和县	301.8	13.1	1 098.7	47.6	909.1	39.4
华安县	92.8	7.3	654.0	51.2	530.9	41.5
龙海区	657.4	49.8	422.9	32.1	238.7	18.1
合计	4 100.9	31.8	5 309.7	41.2	3 478.2	27.0

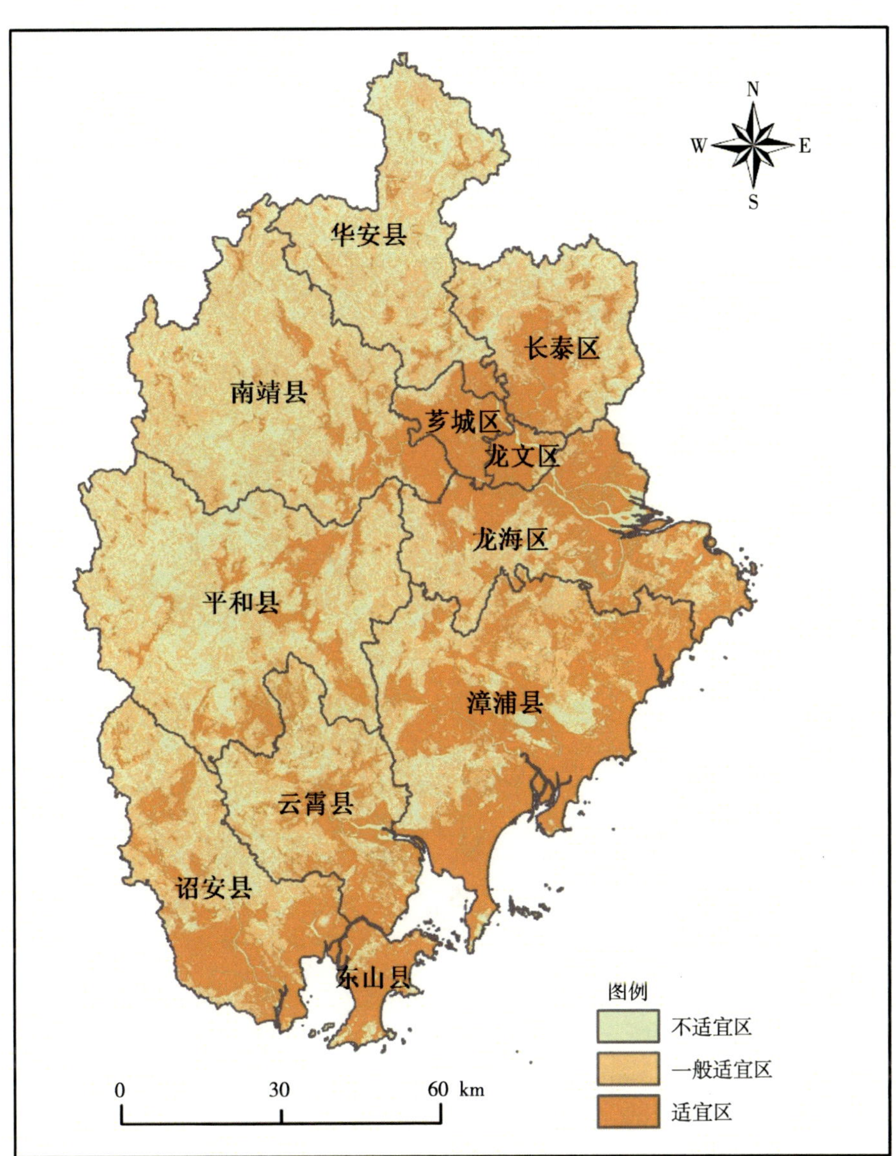

图 3-6 漳州市种植业生产适宜性等级

3.1.3 渔业生产适宜性

漳州市河流与海洋存在一定水环境污染问题，但程度相对较轻，除厦门湾（九龙江口）环境容量较低外，水环境污染问题不作为渔业捕捞和渔业养殖的限制条件。渔业生产不适宜区主要是受到自然保护区等保护性政策的限制，据此评价渔业生产适宜性等级，如图 3-7 所示。

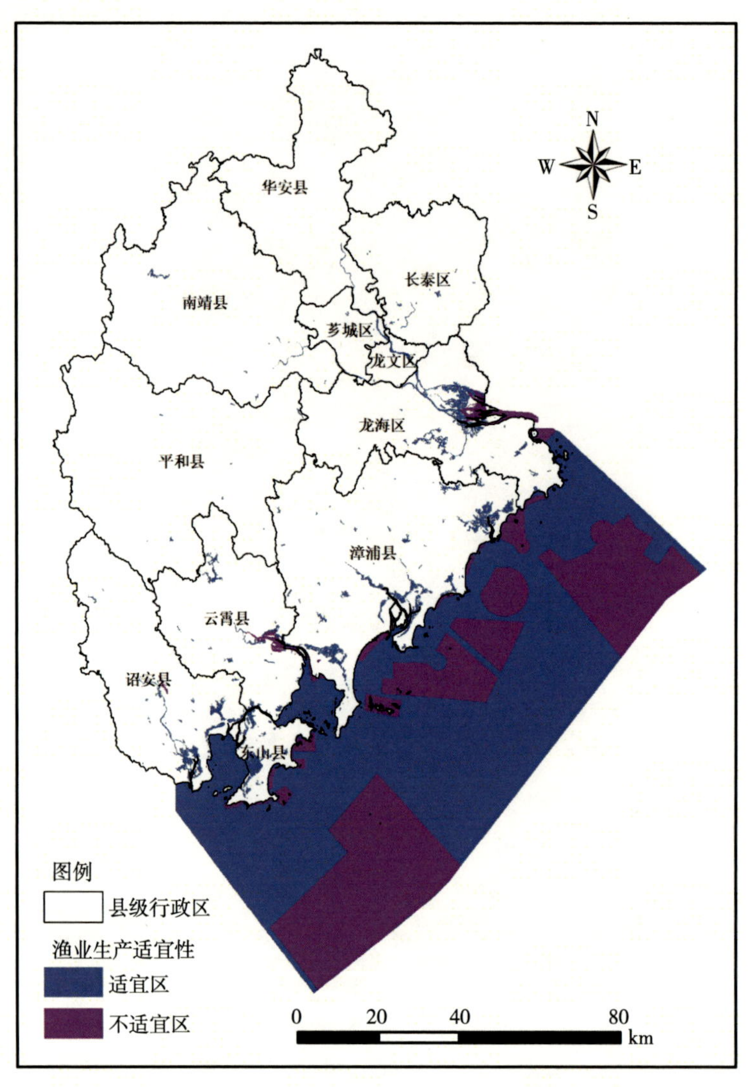

图 3-7 漳州市渔业生产适宜性等级

3.2 城镇建设适宜性评价

3.2.1 评价方法

（1）要素评价

开展城镇建设功能指向的土地资源、水资源、环境、灾害等单项评价以及港口建设条件、区位优势度评价，作为集成城镇建设资源环境承载力和适宜性评价的基础。

①土地资源评价。

城镇建设功能指向的土地资源评价采用适宜城镇建设的可利用土地资源作为评价指标，通过地形坡度、起伏度、海拔高度等子要素综合反映。

［城镇建设条件］=*f*（［地形坡度］,［海拔高度］,［地形起伏度］）

［城镇建设条件］是指城镇开发的土地资源可利用程度，需具备一定的地形坡度、起伏度等条件。其中，地形起伏度是针对山地丘陵区而设置的特殊指标。

②水资源评价。

城镇功能指向的水资源评价，采用城镇供水条件作为评价指标，通过水资源丰富程度与供水便利程度综合反映。

［城镇供水条件］=*f*（［水资源丰度］,［供水便利性］）

［城镇供水条件］是指城镇开发的水资源供给条件；［水资源丰度］是指区域水资源丰富程度；［供水便利性］是指城镇供水工程建设的基础条件，需满足一定的供水距离和提水高程条件。

③环境评价。

城镇建设功能指向的环境评价，采用环境纳污能力作为评价指标，通过大气环境容量和水环境容量综合表征。

［城镇开发环境条件］=*f*（［大气环境容量］,［水环境容量］）

a. 大气环境容量计算方法。

统计区域及周边地区气象台站多年静风日数（日最大风速低于 3 m/s 的日数）和多年平均风速，通过空间插值分别得到栅格精度的静风日数和平均风速图层，按静风日数占比≤5%、5%～10%、10%～20%、20%～30%、≥30% 生成静风日数分级图，按平均风速≥3.3 m/s、3.1～3.3 m/s、2.9～3.1 m/s、2.7～2.9 m/s、≤2.7 m/s 生成平均风速分级图。取静风日数、平均风速两项指标中相对较低的结果，将大气环境容量指数划分为高、较高、一般、较低、低共 5 级。

b. 水环境容量计算方法。

重点考虑地表水资源量、评价单元水质目标浓度，依据水环境污染特征，选取化学需氧量（COD）和氨氮开展评价。根据数据分布特征，将水环境容量各项评价指标划分为高、较高、一般、较低、低共 5 个等级，取各项评价指标中的最低值，作为评价单元水环境容量等级结果。

④灾害评价。

灾害评价主要表征区域灾害对城镇开发的影响。选择地质灾害风险作为城镇开发影响评价指标，通过地质灾害点分布密度、地质灾害点规模和地形坡度综合反映。

［灾害危险性］= max（［地震危险性］,［地质灾害危险性］),［洪涝灾害危险性］)

［地质灾害危险性］= f（［地质灾害点分布密度］,［地质灾害点规模］,［地形坡度］,［断裂带分布］)

［地质灾害危险性］是指城镇受到崩塌、滑坡、泥石流、地面塌陷等与地质作用有关的灾害的影响的大小和可能性，一般由地质灾害点分布密度、地质灾害点规模和地形坡度等条件共同决定。

⑤港口建设条件评价。

在省级“双评价”成果的基础上，综合考虑岸线资源利用条件、水深条件与海洋灾害风险以及邻近陆域开发建设条件，评估港口建设条件。沿海岸线向内陆延伸 2 km 作为港口建设区域的修正范围，根据港口建设条件评价结果对资源环境承载力等级进行修正；取陆域国土空间内资源环境承载力等级，对海域开发建设条件等级进行修正。

⑥区位优势度评价。

区位优势度主要表征区域的地理区位以及交通基础设施对城镇建设的影响，主要根据各评价单元与最近中心城市的交通距离远近进行分级。其中，交通距离采用时间里程反映，中心城市主要选取中心城区、周边重要城市及区内各县城。

（2）集成评价

基于土地资源和水资源评价结果，确定将城镇建设的水土资源基础作为城镇建设功能指向资源环境承载能力初评等级。地质灾害危险性评价结果为最高等级的，将初步评价结果调整为低等级；地质灾害危险性评价结果为较高等级的，将初步评价结果下降一个级别。初步评价结果为高和较高，同时水气环境容量为低的国土空间，将其调整为一般；对于初步评价结果为高，同时水气环境容量为较低的国土空间，将其调整为较高。对于港口建设条件为好、较好的岸线，取 2 km 范围提升其承载力等级。

在承载力等级评价结果基础上，进一步考虑区位优势度等因素，综合确定城镇建设适宜区、一般适宜区与不适宜区。将承载力等级为高、较高的初划为适宜区，将承载力等级为一般、较低的初划为一般适宜区，将承载力等级为低的初划为不适宜区。在初划结果的基础上，根据斑块集中度等因素进行专家校验，综合判断评价结果与实际状况的相符性，优化评价结果。

3.2.2 要素评价

（1）陆域承载力单要素评价

选取城镇建设条件、城镇供水条件、水气环境容量、地质灾害危险性指标，对漳州市城镇建设承载力等级开展评价。漳州市地形条件复杂，因此，选取地形起伏度指标对坡度评级结果进行修正，作为城镇建设条件评价结果。漳州市水资源丰富，数量条件并不构成城镇建设的限制因素。因此，城镇供水条件通过测算供水水源距离和提水高程集成得到，如图 3-8、图 3-9 所示。

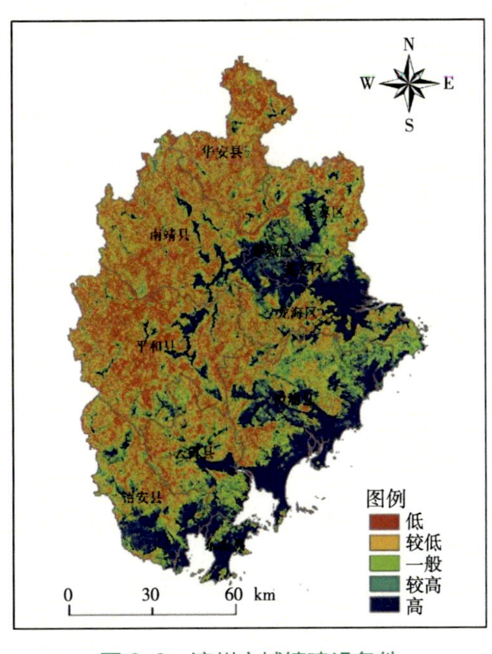

图 3-8　漳州市城镇建设条件

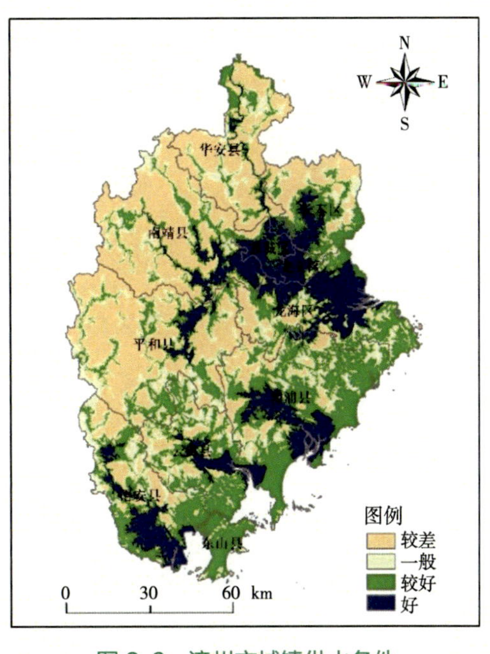

图 3-9　漳州市城镇供水条件

城镇建设功能指向的土地资源、水资源条件评价结果在空间格局上与种植业生产功能指向相近，因阈值选取以及供水水源选取存在差异，分级结果略有不同。总体上，城镇建设功能指向的水土资源条件在空间上耦合程度较高，在九龙江中下游与滨海平原区域分布有集中连片的高值区，山区除河谷地带外多为低值区。

漳州市风速、降水条件相对较好，水气环境容量相对较高，无低值、较低值区，在集成时并不发挥作用。由于地形条件较为复杂，山区局部区域地质灾害危险性较高，在承载力集成时可对这部分区域进行降级处理，如图 3-10、图 3-11 所示。

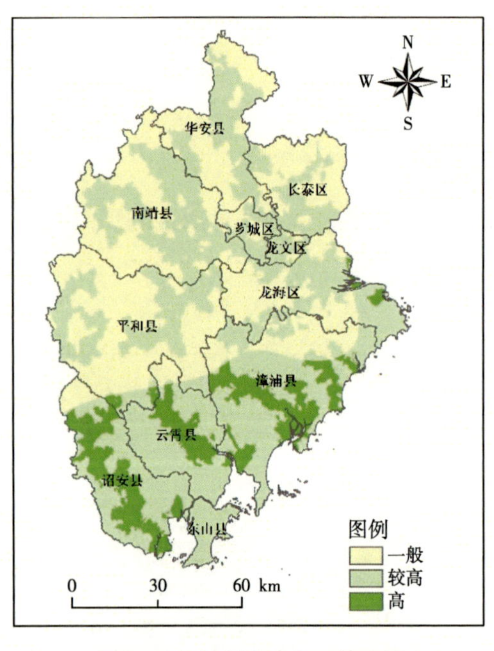

图 3-10　漳州市水气环境容量

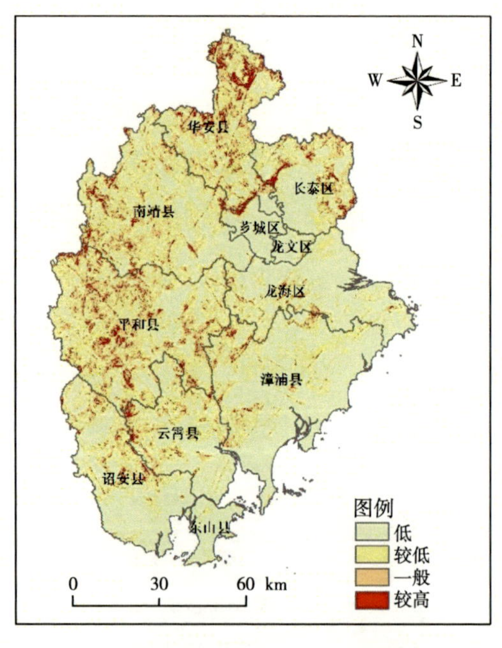

图 3-11　漳州市地质灾害危险性

（2）区位优势度与港口建设条件

综合评估中心城区距离、交通路网密度等要素，评价区位优势度指标，如图 3-12 所示。区位优势度评价结果为好的，可将初划城镇建设条件结果为较低、一般和较高的等级分别上调一个级别。

采用省级“双评价”成果，综合考虑岸线地质条件、水深条件、海洋灾害风险以及现状港口建设基础状况，评估岸线开发条件，将岸线开发的适宜程度划分为高、一般、低共 3 个等级，如图 3-13 所示。综合岸线邻近陆域区域的城镇建设承载力等级与区位优势条件，评价陆域建港条件，并集成港口建设条件，如图 3-14、图 3-15 所示。

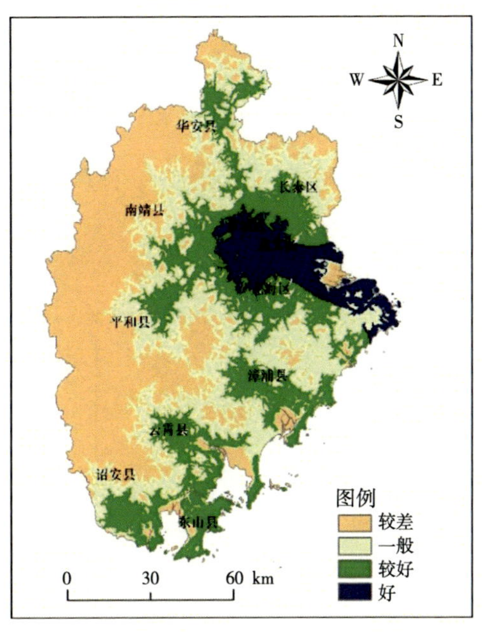

图 3-12 漳州市区位优势度

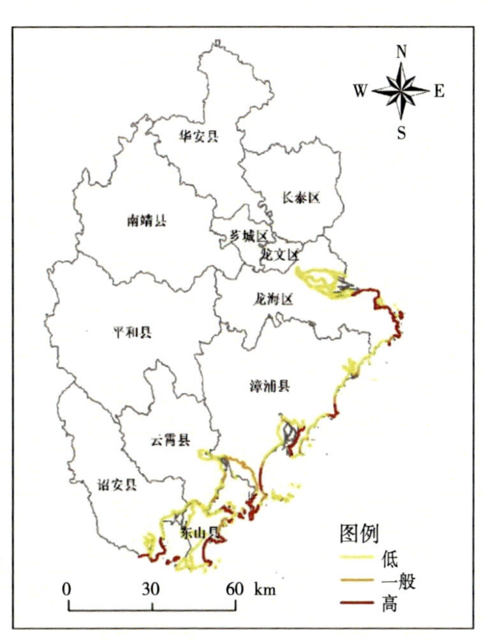

图 3-13 漳州市岸线开发条件

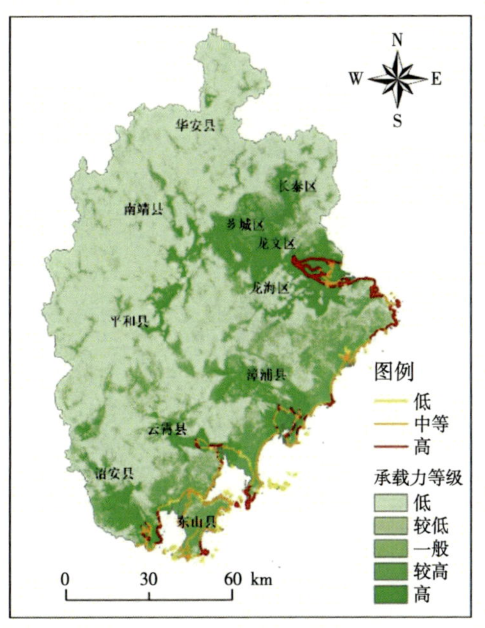

图 3-14 漳州市陆域建港条件

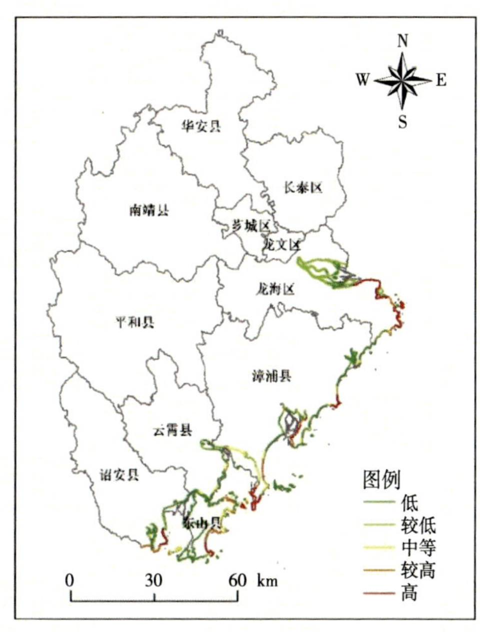

图 3-15 漳州市港口建设条件

3.2.3 集成评价

（1）陆域评价

根据城镇建设条件、城镇供水条件组合关系划分城镇建设水土资源基础，将其作为承载力等级初评结果；然后，根据水气环境容量、地质灾害危险性等级，对初评结果进行修正，得到城镇建设功能指向的资源环境承载力结果。漳州市港口建设条件优越，为满足临港产业发展需要，对港口建设条件好的区域及附近，适度提高承载力初评结果等级，修正结果如图 3-16 所示。

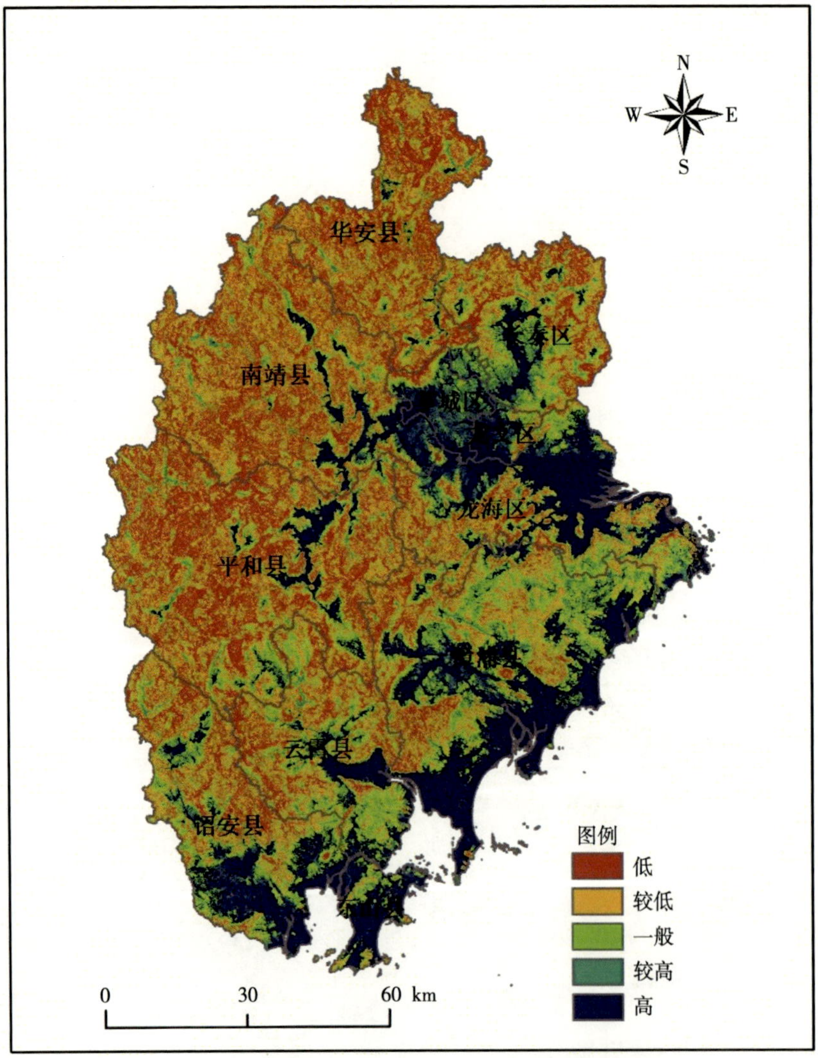

图 3-16 漳州市城镇建设功能指向的资源环境承载力

在承载力分级评价的基础上，集成区位优势度与地块集中度，确定城镇建设适宜区、一般适宜区和不适宜区，结果如图 3-17 所示。评价结果显示，漳州市城镇建设适宜区面积为 2 874.8 km^2，占陆域土地总面积的 22.3%，主要分布在九龙江下游平原区和东南滨海平原区；一般适宜区面积为 6 730.2 km^2，占陆域土地总面积的 52.2%，主要分布在适宜区的周边区域及内陆河谷地带；不适宜区面积为 3 283.4 km^2，占陆域土地总面积的 25.5%，主要分布在中西部山区，如表 3-6 所示。其中，适宜区与一般适宜区均为适宜城镇建设的国土空间类型，只是适宜程度有所不同。

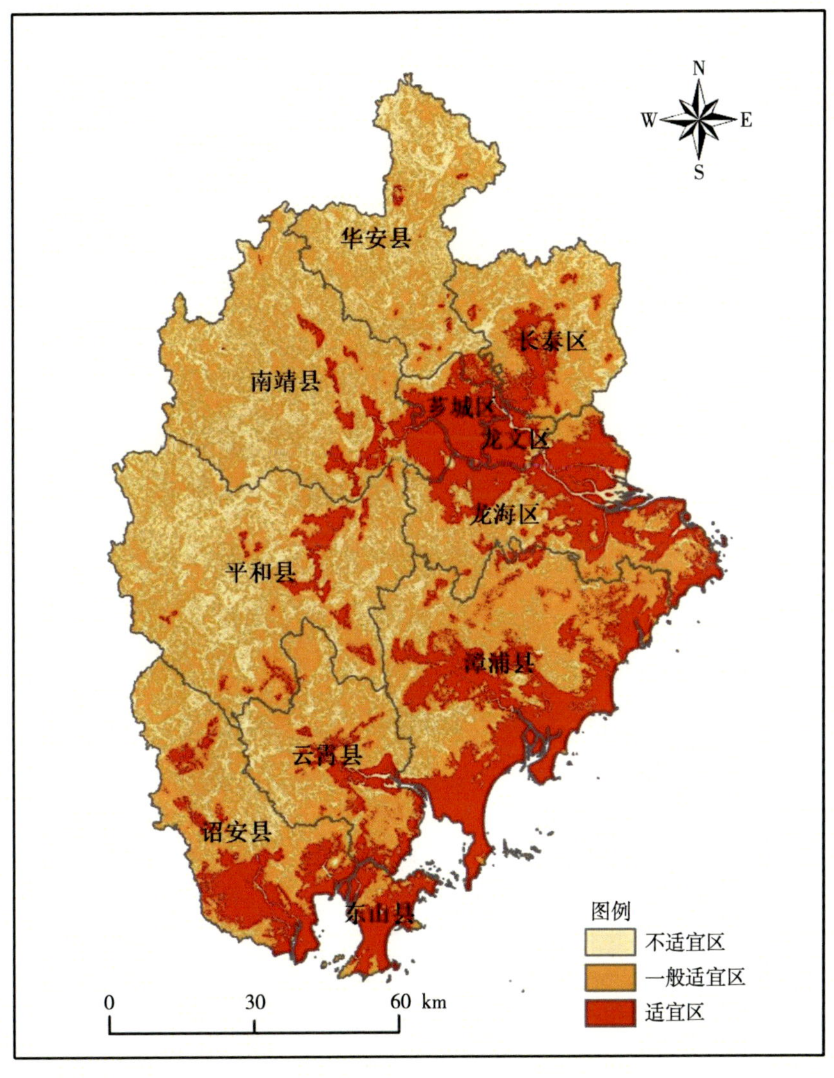

图 3-17 漳州市陆域城镇建设适宜性等级

表 3-6 漳州市各县区陆域城镇建设适宜性等级统计

行政区	适宜区		一般适宜区		不适宜区	
	面积 /km²	占比 /%	面积 /km²	占比 /%	面积 /km²	占比 /%
芗城区	186.2	74.2	40.0	15.9	24.7	9.8
龙文区	89.9	71.4	24.2	19.2	11.7	9.3
云霄县	157.6	15.0	657.2	62.5	236.0	22.5
漳浦县	847.7	39.4	1 064.1	49.5	237.9	11.1
诏安县	360.2	27.8	694.7	53.7	239.0	18.5
长泰区	134.3	14.9	540.3	60.0	225.6	25.1
东山县	176.9	71.1	66.8	26.8	5.2	2.1
南靖县	191.3	9.8	1 101.0	56.1	669.7	34.1
平和县	125.6	5.4	1 295.3	56.1	888.7	38.5
华安县	33.6	2.6	703.0	55.0	541.1	42.4
龙海区	571.5	43.3	543.6	41.2	203.8	15.5
合计	2 874.8	22.3	6 730.2	52.2	3 283.4	25.5

各县区城镇建设适宜性有较大差异，滨海县区城镇建设适宜程度较高，西部山区城镇发展受到自然条件的制约。其中，华安县、平和县和南靖县城镇建设不适宜区面积占比最高，均在 30% 以上。芗城区、龙文区、东山县城镇建设适宜区面积占比最高，均在 70% 以上。

（2）海域评价

将海洋生态保护极重要区划为海洋开发利用不适宜区，将其他区域划为海洋开发利用适宜区。在海洋开发利用适宜区类型中，综合岸线周边海陆国土空间建设条件，将水深条件好、灾害风险低、陆上地形平坦的区域，作为漳州市海域开发建设与临港产业发展的优先建设区域，结果如图 3-18 所示。

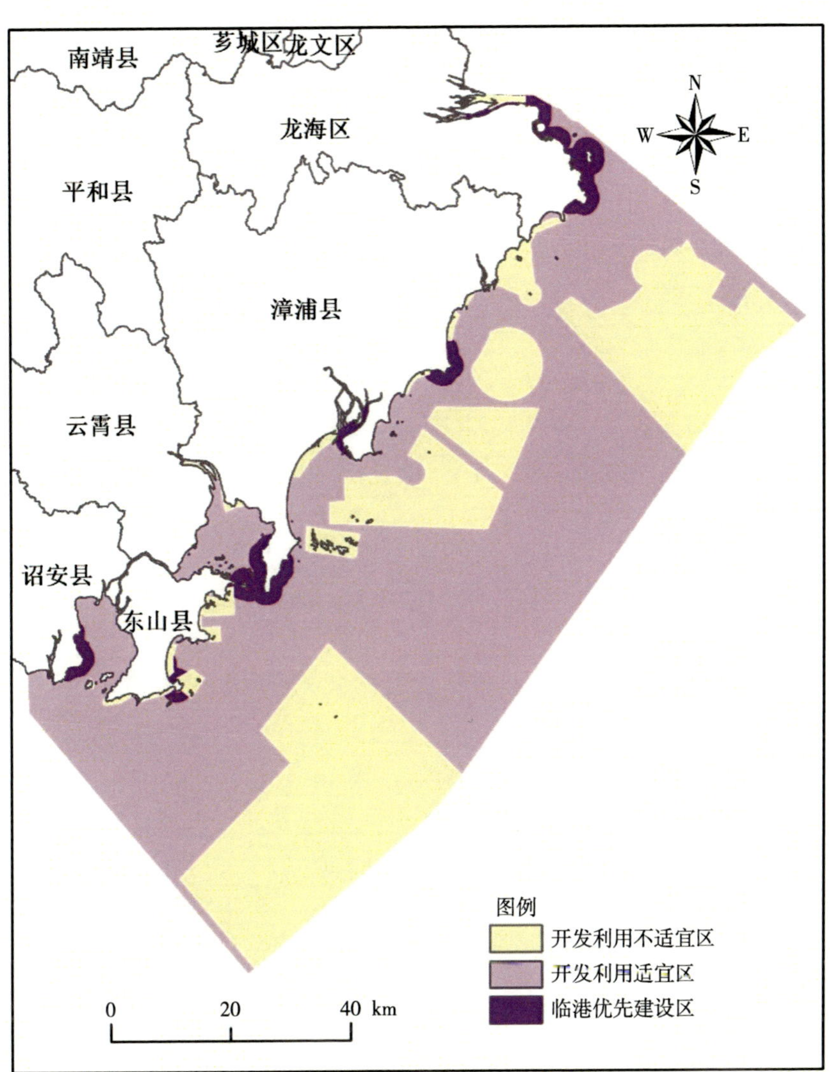

图 3-18 漳州市海洋开发利用适宜性等级

3.3 承载规模评价

3.3.1 农业承载规模

（1）土地资源约束

将生态保护重要性评价、种植业生产适宜性评价结果叠加，统计扣除生态保护极重要区和种植业生产不适宜区后的土地面积，作为上地资源约束下耕地的最大承载规模，结果如表 3-7、表 3-8 所示。结果表明，土地资源约束下漳州市可承载的耕地面积为 1 164.2 万亩，远高于现状耕地面积，且各县区可承载的耕地规模均大于现状耕地面积，土地资源条件对耕地发展的支撑能力较强。

表 3-7　漳州市各县区耕地承载面积的土地资源约束及其结构

行政区	土地面积 /km²	生态保护极重要区面积 /km²	种植业生产不适宜区面积 /km²	土地资源约束总面积 /km²	面积占比 /%
芗城区	250.9	17.7	13.9	31.6	12.6
龙文区	125.8	17.6	9.7	27.3	21.7
云霄县	1 050.9	293.3	132.4	425.7	40.5
漳浦县	2 149.6	378.1	164.9	543.0	25.3
诏安县	1 293.9	302.5	124.9	427.4	33.0
长泰区	900.2	217.1	118.7	335.8	37.3
东山县	248.9	52.8	9.3	62.1	24.9
南靖县	1 962.0	690.4	338.4	1 028.8	52.4
平和县	2 309.6	732.6	438.0	1 170.6	50.7
华安县	1 277.7	519.2	235.9	755.1	59.1
龙海区	1 318.9	162.9	158.1	321.0	24.3
合计	12 888.4	3 384.2	1 744.2	5 128.4	39.8

表 3-8　漳州市土地资源约束下可承载耕地规模评价结果汇总

行政区	可承载耕地面积		现状耕地面积	
	km²	万亩	km²	万亩
芗城区	219.3	32.9	13.7	2.1
龙文区	98.5	14.8	8.4	1.3
云霄县	625.2	93.8	51.3	7.7
漳浦县	1 606.5	241.0	219.8	33
诏安县	866.5	130.0	106.3	15.9
长泰区	564.4	84.7	60.6	9.1
东山县	186.8	28.0	28.1	4.2
南靖县	933.2	140.0	138.9	20.8
平和县	1 139.0	170.9	46.4	7
华安县	522.6	78.4	57	8.6
龙海区	997.9	149.7	118	17.7
合计	7 759.9	1 164.2	848.5	127.4

（2）水资源约束

①总体判断。

水资源承载力主要受三方面条件的限制，即水资源数量、工程供水能力、管理要求。漳州市水资源较为丰富，多年平均水资源量为125亿 m^3，2019年水资源开发利用量为21.21亿 m^3，开发利用率不足20%，加上有九龙江过境水资源，水资源数量并不成为区域经济社会发展的制约条件。漳州市经济较发达，人口产业主要集中在沿海平原区域，水利工程建设条件较好，供水能力也非限制条件。漳州市水资源条件对区域发展的约束，主要来自水资源管理“三条红线”取用水总量控制规模。

2012年1月，国务院发布了《关于实行最严格水资源管理制度的意见》（国发〔2012〕3号），提出了水资源管理“三条红线”；2013年印发《实行最严格水资源管理制度考核办法》（国办发〔2013〕2号），提出各省、自治区、直辖市用水总量控制目标；2013年，漳州市印发《漳州市人民政府关于下达水资源管理“三条红线”各地控制目标的通知》（漳政综〔2013〕158号），将用水总量控制目标分解到县区单元。漳州市2030年用水总量控制目标为24.87亿 m^3，相比2019年用水总量多3.66亿 m^3，增量空间有限，这是制约区域用水的关键问题。

制定各县区用水配额时，对经济社会发展变化考虑有所不足，特别是中心城区和部分产业园区近年来人口、产业聚集呈加速态势，用水配额相对紧缺，可能出现水资源承载规模不能支撑未来发展需要的情况。未来根据发展的需要，各县区之间用水配额存在相对灵活的动态调整空间，漳州市也具备相应的水网联通条件。因此，本研究以24.87亿 m^3 的用水总量控制规模作为漳州市水资源承载规模的测算基础，各县区则根据水资源本底条件进行测算。

②承载规模测算。

水资源条件对漳州市农业承载规模的约束包括旱作农业和灌溉农业两部分。漳州市多年平均降水量在800 mm以上，自然降水条件能够支撑旱作农业的发展，本书对此不予评价，只评估水资源可承载的灌溉耕地面积。

近年来，漳州市农业用水量呈下降趋势，考虑到未来城镇用水需求，将2035年农业灌溉用水量压缩至7.95亿 m^3。漳州市灌溉农业以种植水稻为主，参考《福建省用水定额标准》以及有关研究成果，取 75% 保证率下的灌溉定额作为标准，测算全市水资源条件可承载的农业发展规模。评价结果表明，在将农田灌溉水有效利用系数提高至 0.59 的情景下，2035 年漳州市水资源可承载的灌溉耕地面积为 791.4 km^2，高于现状灌溉耕地面积；在农田灌溉水有效利用系数提高至 0.65 的情景下，可承载的灌溉耕地面积为 871.9 km^2。

取各县区水资源总量的 40% 作为最大可用水量，根据各县区农业发展状况，取最大可用水量中的 10%～40% 作为农业灌溉可用水量，测算常规情景下的农业承载规模；九龙江下游芗城区、龙文区、龙海区，以及已建、在建跨县区调水的东山县、漳浦县，根据其调水规模，适度增加农业灌溉可用水量，作为跨县区调剂使用水资源情景的测算标准。评价结果如表 3-9、表 3-10 所示，结果表明，在跨县区调剂使用水资源且加强农业节水的情境下，各县区均能满足现状农业发展规模下的灌溉用水需求。

表 3-9　漳州市水资源约束下可承载耕地规模评价结果（常规情景）

行政区	农业灌溉可用水量 / 亿 m^3	农田灌溉水有效利用系数	亩均耕地灌溉用水量 /m^3	可承载的灌溉耕地面积 /km^2	现状灌溉耕地面积 /km^2
芗城区	0.10	0.59	683	9.3	4.8
龙文区	0.04	0.59	683	3.9	5.1
云霄县	1.27	0.59	683	124.2	43.1
漳浦县	2.06	0.59	683	200.9	191.6
诏安县	1.50	0.59	683	146.4	89.2
长泰区	1.06	0.59	683	103.8	53.3
东山县	0.16	0.59	683	15.8	7.8
南靖县	3.50	0.59	644	362.2	133.3
平和县	4.27	0.59	644	441.6	44.6
华安县	2.04	0.59	644	211.7	52.6
龙海区	0.79	0.59	683	77.2	101.7
漳州市	7.95	0.59	670	791.4	727.1

注：全市耕地规模受水资源管理“三条红线”的约束，各县区农业发展受当地水资源条件的约束，因约束条件不同，全市总体规模小于各县区规模之和，下同。

表 3-10 漳州市水资源约束下可承载耕地规模评价结果（跨县区调剂 + 节水情景）

行政区	农业灌溉可用水量 / 亿 m^3	农田灌溉水有效利用系数	亩均耕地灌溉用水量 /（m^3/ 亩）	可承载的灌溉耕地面积 /km^2	现状灌溉耕地面积 /km^2
芗城区	0.25	0.65	620	26.4	4.8
龙文区	0.19	0.65	620	20.4	5.1
云霄县	1.27	0.65	620	136.8	43.1
漳浦县	2.39	0.65	620	256.6	191.6
诏安县	1.50	0.65	620	161.3	89.2
长泰区	1.06	0.65	620	114.3	53.3
东山县	0.51	0.65	620	55.1	7.8
南靖县	3.50	0.65	585	398.8	133.3
平和县	4.27	0.65	585	486.1	44.6
华安县	2.04	0.65	585	233.0	52.6
龙海区	1.59	0.65	620	171.1	101.7
漳州市	7.95	0.65	608	871.9	727.1

3.3.2 城镇承载规模

（1）土地资源约束

将生态保护重要性评价、城镇建设适宜性评价结果叠加，统计扣除生态保护极重要区和城镇建设不适宜区后的土地面积，作为土地资源约束下城镇建设的最大承载规模，结果如表 3-11 所示。评价结果表明，全市土地资源约束下可承载的建设用地规模为 7 930.3 km^2，远高于现状建设用地面积，且各县区均有较大的开发利用潜力。可见，土地资源条件能够较好地支撑漳州市城镇建设需要。

表 3-11 漳州市各县区城镇承载规模的土地资源约束及其结构　　单位：km^2

行政区	国土面积	生态保护极重要区面积	城镇建设不适宜区面积	土地资源约束面积	可承载的建设用地规模	现状建设用地面积
芗城区	250.9	17.7	13.1	30.8	220.1	74.2
龙文区	125.8	17.6	8.2	25.8	100.0	52.2
云霄县	1 050.9	293.3	112.5	405.7	645.1	69.8
漳浦县	2 149.6	378.1	108.8	486.9	1 662.7	226.7
诏安县	1 293.9	302.5	103.4	405.9	888.0	84.3

续表

行政区	国土面积	生态保护极重要区面积	城镇建设不适宜区面积	土地资源约束面积	可承载的建设用地规模	现状建设用地面积
长泰区	900.2	217.1	112.8	329.9	570.3	93.4
东山县	248.9	52.8	3.2	56.0	192.9	60.0
南靖县	1 962.0	690.4	327.3	1 017.7	944.3	108.7
平和县	2 309.6	732.6	419.3	1 151.9	1 157.7	84.4
华安县	1 277.7	519.2	239.7	758.8	518.9	49.9
龙海区	1 318.9	162.9	125.7	288.7	1 030.3	251.8
合计	12 888.4	3 384.2	1 574.0	4 958.1	7 930.3	1 155.4

（2）水资源约束

与农业承载规模评价类似，取水资源红线约束下的可用水量作为全市城镇承载规模的测算依据，各县区则根据当地水资源进行评价。从水资源的角度，用区域城镇可用水量除以城镇人均需水量来确定可承载的城镇人口规模，可承载的城镇人口乘以人均城镇建设用地面积，确定可承载的建设用地规模。

综合考虑漳州市用水现状水平与未来发展需要，确定漳州市 2035 年城镇可用水资源量。参考《城市综合用水量标准》，2035 年城镇人口综合用水标准为 110 m^3，人均工业用水量取城镇生活和公共用水量的 1.3 倍，据此核算工业用水量，并确定城镇人口综合用水定额。评价结果表明，常规情景下漳州市水资源可承载的城镇人口规模为 645.6 万人，高于现状全市人口总规模。可见，水资源不是漳州市人口城镇发展的制约条件。常规情境下，中心城区和东山县等地水资源承载力较差，不过这些地区具有利用九龙江以及外调水的条件，在综合考虑跨县区用水和加强城镇节水的情景下，各县区均能满足未来城镇化发展的需要，如表 3-12、表 3-13 所示。

表 3-12 漳州市水资源约束下城镇承载规模（常规情景）

行政区	城镇可用水量 / 亿 m^3	城镇人均需水量 /（m^3/a）	可承载城镇人口规模 / 万人	人均城镇建设用地面积 /（m^3/ 人）	可承载城镇建设用地规模 /km^2
芗城区	0.76	276	27.7	110	30.5
龙文区	0.32	276	11.6	110	12.8
云霄县	2.54	230	110.6	110	121.7
漳浦县	4.12	230	179.0	110	196.9

续表

行政区	城镇可用水量 / 亿 m^3	城镇人均需水量 / (m^3/a)	可承载城镇人口规模 / 万人	人均城镇建设用地面积 / (m^3/ 人)	可承载城镇建设用地规模 /km^2
诏安县	3.00	230	130.4	110	143.5
长泰区	2.13	230	92.5	110	101.7
东山县	0.32	230	14.1	110	15.5
南靖县	4.37	230	190.2	110	209.2
平和县	5.33	230	231.8	110	255.0
华安县	2.56	230	111.1	110	122.2
龙海区	2.77	252	109.9	110	120.9
漳州市	16.27	252	645.6	110	710.2

表 3-13 漳州市水资源约束下城镇承载规模（跨县区调剂 + 节水情景）

行政区	城镇可用水量 / 亿 m^3	城镇人均需水量 / (m^3/a)	可承载城镇人口规模 / 万人	人均城镇建设用地面积 / (m^3/ 人)	可承载城镇建设用地规模 /km^2
芗城区	1.96	230	85.4	110	94.0
龙文区	1.52	230	66.1	110	72.7
云霄县	2.54	207	122.9	110	135.2
漳浦县	4.77	207	230.6	110	253.6
诏安县	3.00	207	144.9	110	159.4
长泰区	2.13	207	102.7	110	113.0
东山县	1.02	207	49.5	110	54.5
南靖县	4.37	207	211.3	110	232.4
平和县	5.33	207	257.6	110	283.3
华安县	2.56	207	123.5	110	135.8
龙海区	5.57	218.5	254.9	110	280.4
漳州市	16.27	218.5	744.6	110	819.1

第 4 章

资源环境协调度评估

4.1 漳州市县区单元发展保护关系解析

4.1.1 芗城区

芗城区地处九龙江西溪、北溪夹峙的漳州平原，区内地势西北高、东南低。西北系博平岭东翼余脉，属侏罗系南园组火山岩组成的山地丘陵，东南地势平坦，全区整体海拔高度较低（图 4-1）。

芗城区生态保护重要性等级整体不高。极重要区主要分布在天宝镇西北部丘陵山区；重要区分为两种类型，一种分布在极重要区外围，构成核心—边缘圈层结构，另一种零星分布于较为零散的陡坡区域，主要集中在天宝镇、浦南镇、石亭镇等乡镇；一般重要区面积较大，占全区土地总面积的 78.8%（图 4-2）。

芗城区地形平坦、供水条件优越、灾害风险较低，种植业生产和城镇建设适宜性等级整体较高，并呈现相似的空间分布特征。地形条件是芗城区种植业生产和城镇建设的主要制约因素，因此，不适宜区主要分布在天宝镇、浦南镇等乡镇的丘陵地带，与生态保护极重要区高度重合；在适合种植业和城镇发展的国土空间中，以适宜程度相对较高的适宜区类型为主，如图 4-3、图 4-4 所示。

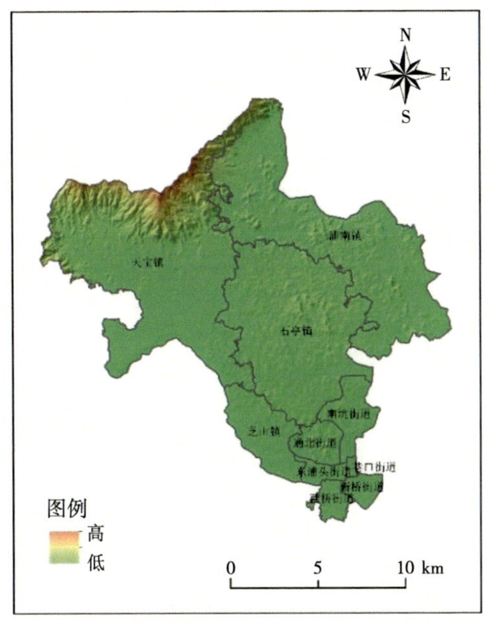

图 4-1　芗城区地形

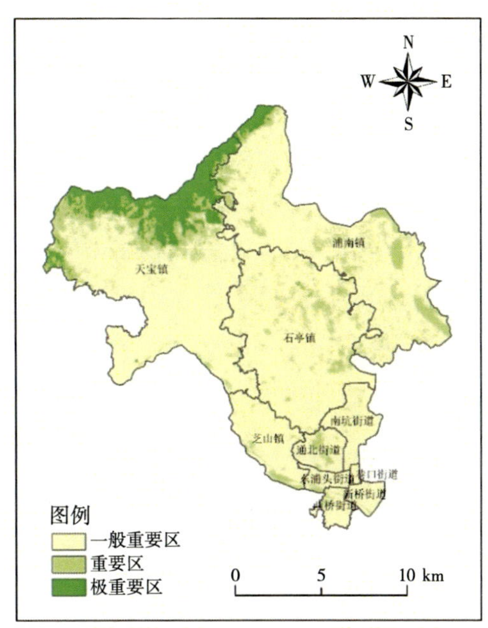

图 4-2　芗城区生态保护重要性

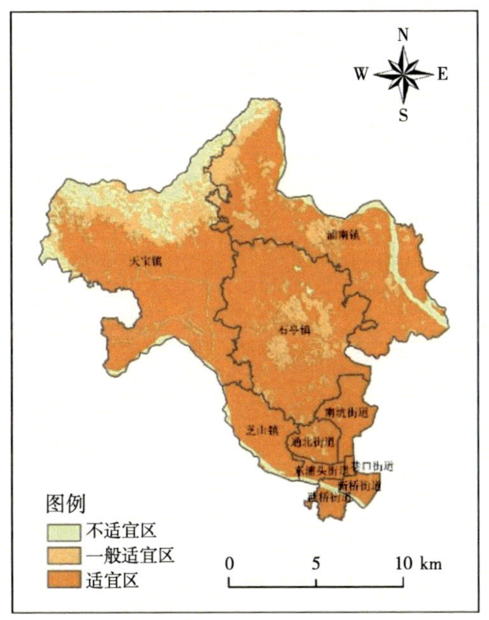

图 4-3　芗城区种植业生产适宜性

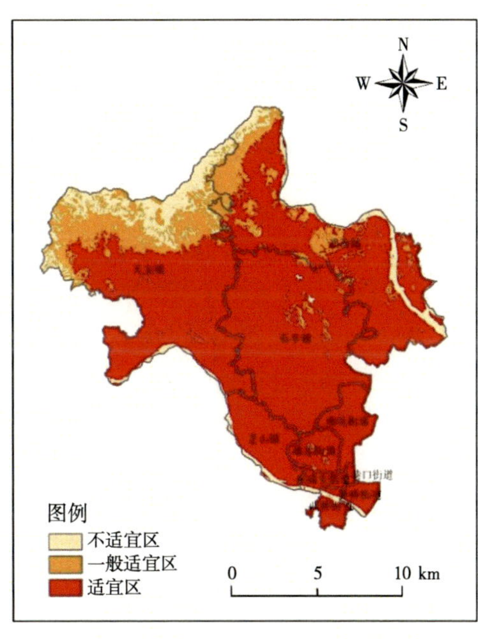

图 4-4　芗城区城镇建设适宜性

表 4-1“双评价”结果表明，芗城区种植业生产适宜性与城镇建设适宜性等级较高，适合城镇集中建设和种植业集中布局。生态保护重要性等级较高的区域主要集中在天宝镇西北部丘陵山区，在划定城镇开发边界与永久基本农田时应加以规

避，优化划入生态保护红线，作为全区生态保护的优先区域。

表 4-1　芗城区乡镇单元各功能指向适宜性（重要性）等级面积　　单位：km²

行政区	生态保护重要性			种植业生产适宜性			城镇建设适宜性		
	极重要	重要	一般重要	适宜	一般适宜	不适宜	适宜	一般适宜	不适宜
东铺头街道	0.00	0.21	2.53	2.51	0.00	0.23	2.51	0.00	0.23
西桥街道	0.00	0.33	3.20	3.08	0.01	0.44	3.08	0.01	0.44
新桥街道	0.00	0.07	2.93	2.70	0.00	0.30	2.70	0.01	0.29
巷口街道	0.00	0.00	0.61	0.61	0.00	0.00	0.61	0.00	0.00
南坑街道	0.00	0.28	7.84	8.01	0.10	0.00	8.11	0.00	0.00
通北街道	0.00	0.83	4.82	5.08	0.55	0.03	5.33	0.30	0.02
浦南镇	1.65	11.82	54.99	49.51	12.07	6.88	46.83	14.83	6.79
天宝镇	15.97	14.22	56.55	54.17	17.66	14.90	48.52	22.74	15.47
芝山镇	0.00	1.27	12.17	12.06	0.11	1.27	12.15	0.03	1.26
石亭镇	0.06	6.50	52.06	49.62	8.78	0.22	56.40	2.03	0.18

注：乡（镇、街道）行政分区名称与空间范围来源于“三调”图层，与行政管理分区可能存在一定差异，本表数据仅作为分析说明使用。

4.1.2　龙文区

龙文区地处漳州平原中部，属九龙江冲积平原，区内地势平坦，三面临江，水网稠密，水陆交通便捷，适宜城镇集中建设与种植业生产布局，如图 4-5 所示。

龙文区生态保护重要性等级整体不高。极重要区主要分布在郭坑镇、朝阳镇、蓝田镇东部的云洞岩、金鸡山丘陵山区，地理上较为集中；重要区分为两种类型，一种分布在郭坑镇东部极重要区外围，构成核心—边缘圈层结构，另一种零星分布于较为零散的陡坡区域以及河流水系，空间分布较为分散；一般重要区面积较大，占全区土地总面积的 64.4%，如图 4-6 所示。

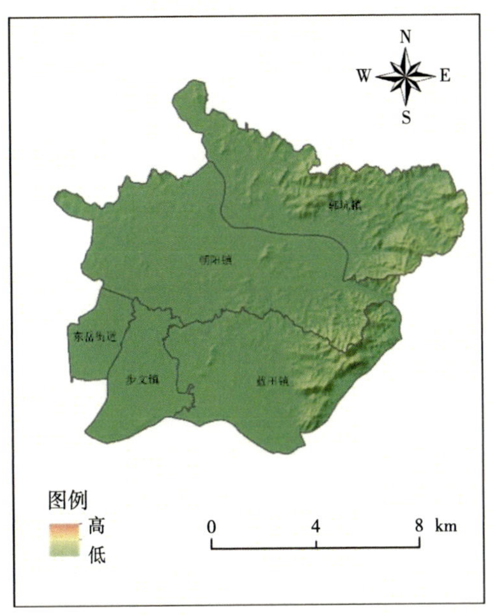

图 4-5　龙文区地形

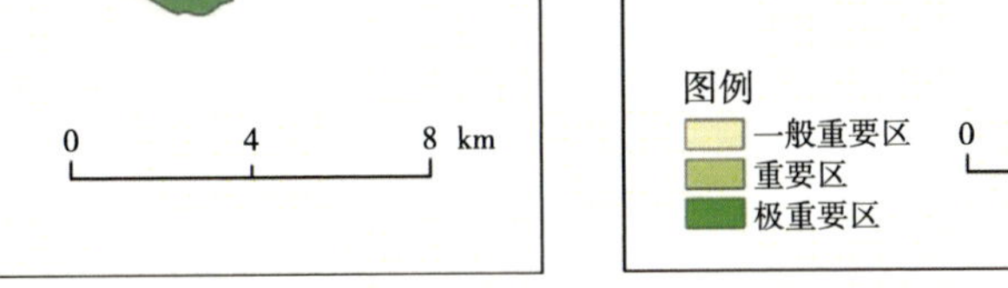

图 4-6　龙文区生态保护重要性

龙文区地形平坦、供水条件优越、灾害风险较低，种植业生产和城镇建设适宜性等级整体较高，并呈现相似的空间分布特征。地形条件是龙文区种植业生产和城镇建设的主要制约因素，不适宜区主要分布在云洞岩、金鸡山等丘陵山区以及九龙江水系，与生态保护极重要区分布相对一致；在适合种植业和城镇发展的国土空间中，以适宜程度相对较高的适宜区类型为主，如图 4-7、图 4-8 所示。

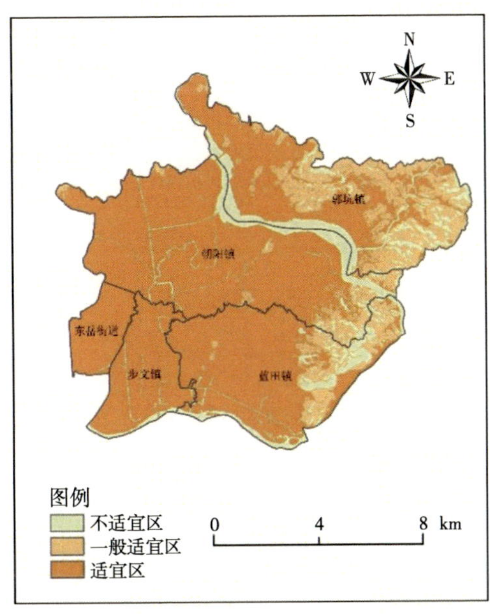

图 4-7　龙文区种植业生产适宜性

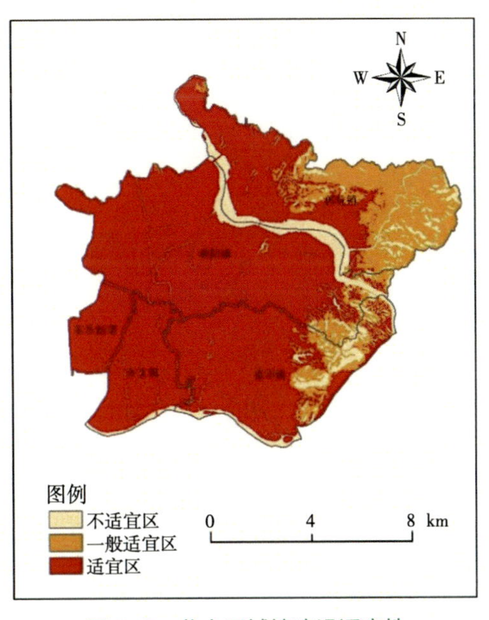

图 4-8　龙文区城镇建设适宜性

表 4-2 “双评价”结果表明，龙文区种植业生产适宜性与城镇建设适宜性等级较高，适合城镇集中建设和种植业集中布局。生态保护重要性等级较高的区域主要集中在东部云洞岩、金鸡山等丘陵山区，在划定城镇开发边界与永久基本农田时应加以规避，优化划入生态保护红线，作为全区生态保护的优先区域。

表 4-2　龙文区乡镇单元各功能指向适宜性（重要性）等级面积　　单位：km^2

行政区	生态保护重要性			种植业生产适宜性			城镇建设适宜性		
	极重要	重要	一般重要	适宜	一般适宜	不适宜	适宜	一般适宜	不适宜
东岳街道	0.00	0.16	5.66	5.79	0.00	0.02	5.79	0.02	0.00
蓝田镇	7.75	3.56	18.30	21.19	4.89	3.54	21.60	4.86	3.15
步文镇	0.16	1.53	9.82	10.73	0.00	0.78	10.73	0.32	0.46
朝阳镇	5.16	8.57	30.13	36.65	3.46	3.76	37.31	3.44	3.11
郭坑镇	4.51	13.38	17.13	16.45	13.41	5.15	14.43	15.57	5.02

注：乡（镇、街道）行政分区名称与空间范围来源于“三调”图层，与行政管理分区可能存在一定差异，本表数据仅作为分析说明使用。

4.1.3　云霄县

云霄县位于漳州市东南部，地势从西北向东南倾斜，东北、西南边沿均为山地，中部至东南部为沿海平原。漳江流经云霄县县境，是县内主要河流，如图 4-9 所示。

云霄县生态保护重要性等级相对较高。极重要区占陆域土地总面积的 27.9%，主要分布在东北、西南部丘陵山地，除县城所在的云陵镇外，其他各乡镇均有较大规模分布；重要区主要集中在极重要区周边，构成核心—边缘圈层结构；一般重要区主要分布在河流谷地与沿海平原地区，如图 4-10 所示。

云霄县地形坡度整体较陡，丘陵山区面积占比较高，制约种植业生产和城镇建设布局。种植业生产适宜区和城镇建设适宜区在地理空间上重叠程度极高，主要集中在河谷与沿海平原区域，且在空间上集中连片，这有利于县域城镇建设与种植业发展布局。一般适宜区主要分布在适宜区周边，此外，丘陵地区有较为分散的种植业生产一般适宜区分布，如图 4-11、图 4-12 所示。

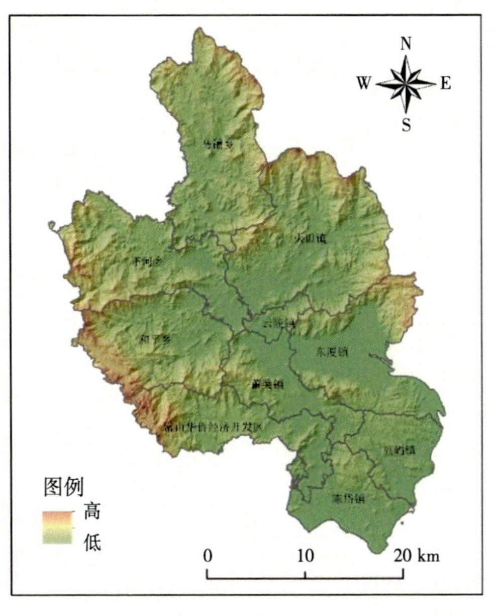

图 4-9　云霄县地形

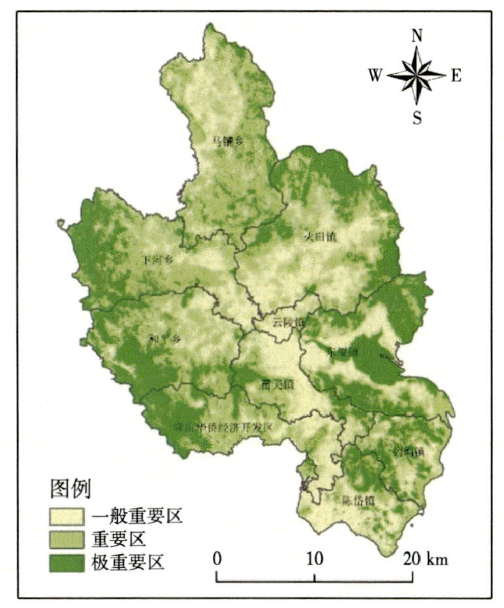

图 4-10　云霄县生态保护重要性

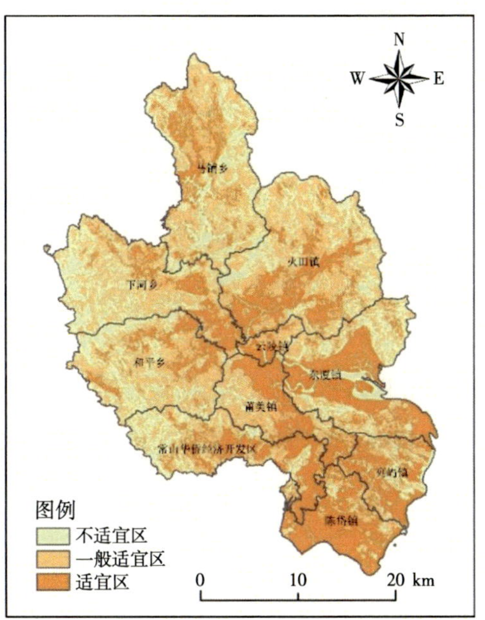

图 4-11　云霄县种植业生产适宜性

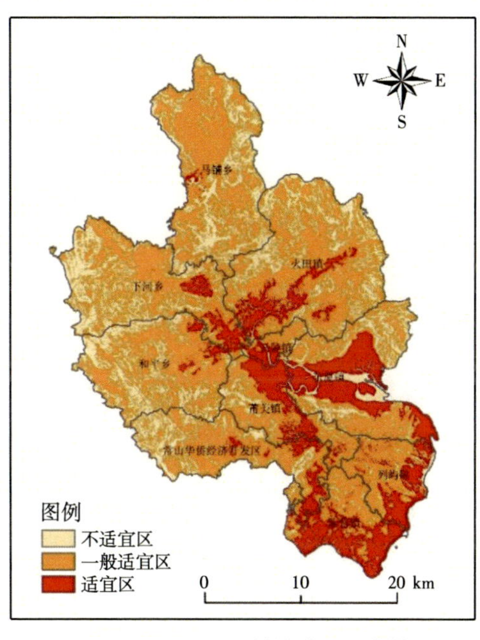

图 4-12　云霄县城镇建设适宜性

表 4-3“双评价”结果表明，云霄县生态保护重要性整体较高，种植业生产不适宜区与城镇建设不适宜区面积占比相对较高。生态保护极重要区、种植业生产适宜区和城镇建设适宜区在空间分布上均较为集中，且有明显的空间错位，前者主要分布在东北和西南部丘陵山区，后者主要分布在河谷与沿海平原，且在空间上都呈

集聚分布的形态，有利于生态保护、种植业生产和城镇建设的空间布局。

表 4-3　云霄县乡镇单元各功能指向适宜性（重要性）等级面积　　单位：km²

行政区	生态保护重要性			种植业生产适宜性			城镇建设适宜性		
	极重要	重要	一般重要	适宜	一般适宜	不适宜	适宜	一般适宜	不适宜
马铺乡	23.74	95.80	46.43	27.99	87.69	50.30	0.82	117.48	47.67
下河乡	42.08	63.86	31.41	26.75	67.79	42.81	10.00	85.07	42.27
火田镇	50.90	73.99	66.24	48.04	95.71	47.37	17.98	129.52	43.62
和平乡	43.59	51.35	27.64	22.46	63.05	37.08	3.82	82.84	35.92
云陵镇	0.57	4.07	10.60	6.42	7.09	1.73	4.78	8.85	1.61
莆美镇	11.65	21.70	35.27	31.25	28.42	8.94	19.34	40.90	8.37
东厦镇	60.36	30.58	37.18	56.78	36.22	35.13	43.72	55.11	29.30
列屿镇	16.54	20.53	17.58	26.94	19.09	8.61	16.13	34.95	3.56
陈岱镇	13.68	16.81	37.08	49.26	14.09	4.23	30.22	35.35	2.00
常山华侨经济开发区	30.17	39.36	30.11	37.66	39.48	22.50	10.81	67.16	21.67

注：乡（镇、街道）行政分区名称与空间范围来源于“三调”图层，与行政管理分区可能存在一定差异，本表数据仅作为分析说明使用。

4.1.4　漳浦县

漳浦县位于漳州市东部，县内背山面海，地势西北高、东南低，呈阶状展延，地貌依次为低山—丘陵台地—河谷盆地—滨海小平原—滩涂岛礁，山脉河流与地势同一走向。海岸线连绵曲折，海湾众多，是福建省的海洋大县，如图 4-13 所示。

漳浦县生态保护重要性等级总体不高。极重要区在空间上较为集中，主要分布在西部的石榴镇、盘陀镇、杜浔镇、沙西镇，以及中部的赤土乡、长桥镇、深土镇、赤湖镇；重要区主要集中在极重要区周边，构成核心—边缘圈层结构；其他地区为一般重要区，如图 4-14 所示。

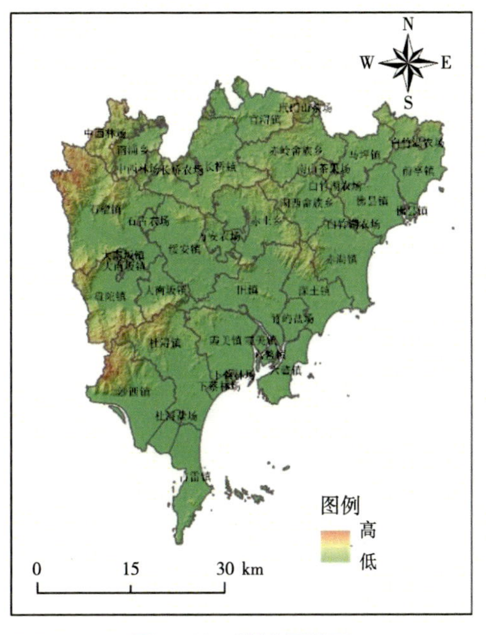

图 4-13 漳浦县地形

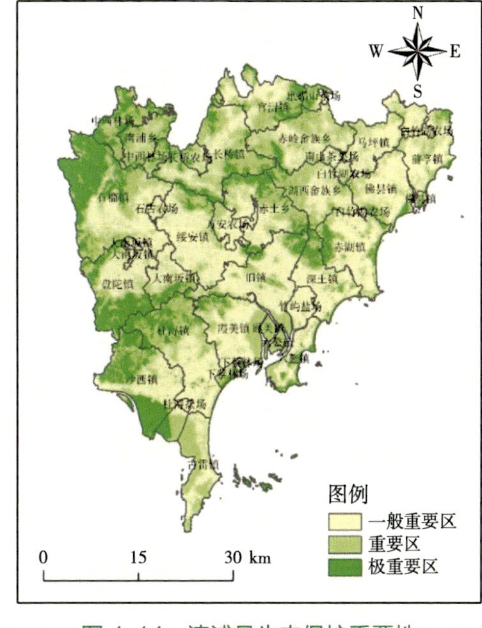

图 4-14 漳浦县生态保护重要性

漳浦县丘陵山地在空间分布上较为集中，西部、中部部分地区地形条件成为制约种植业生产和城镇建设布局的因素，其他地区地势相对平坦，多为适宜性等级相对较高的适宜区，且在沿海地区集中连片分布，有利于人口产业集聚布局与临港产业发展，如图 4-15、图 4-16 所示。

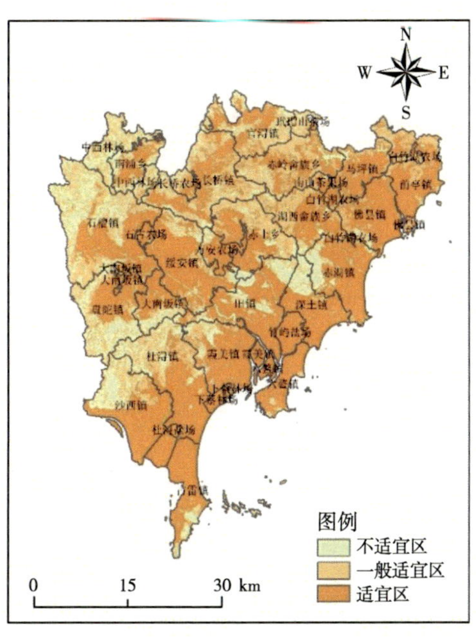

图 4-15 漳浦县种植业生产适宜性

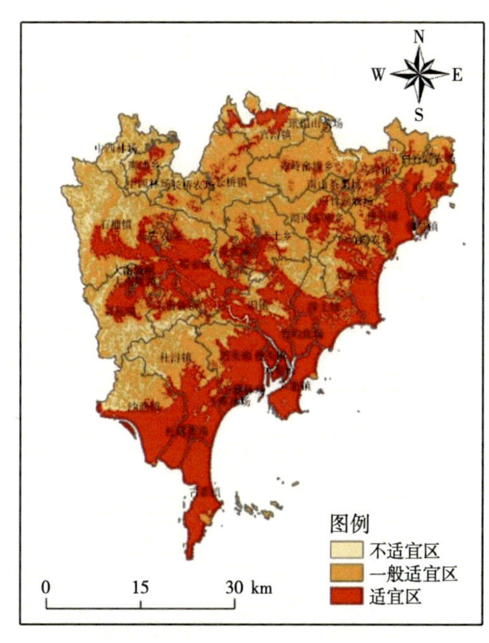

图 4-16 漳浦县城镇建设适宜性

表 4-4“双评价”结果表明，漳浦县生态保护、种植业生产、城镇建设 3 种功能指向的重要性（适宜性）高值区在空间上分布较为集中，都呈集聚分布的形态，有利于生态保护、种植业生产和城镇建设的空间布局。

表 4-4 漳浦县乡镇单元各功能指向适宜性（重要性）等级面积　单位：km^2

行政区	生态保护重要性			种植业生产适宜性			城镇建设适宜性		
	极重要	重要	一般重要	适宜	一般适宜	不适宜	适宜	一般适宜	不适宜
官浔镇	12.61	31.51	33.00	29.66	34.95	12.51	18.61	45.79	12.72
前亭镇	5.49	24.54	57.00	56.47	28.83	1.74	34.54	51.36	1.13
马坪镇	0.60	15.11	36.95	38.06	11.33	3.26	11.55	38.41	2.69
佛昙镇	6.07	21.34	52.95	63.81	13.68	2.87	48.27	31.48	0.62
赤土乡	18.97	35.63	39.77	43.07	38.87	12.42	19.76	65.41	9.19
长桥镇	24.04	62.54	40.28	50.27	59.35	17.23	7.86	104.64	14.35
石榴镇	68.90	59.99	70.08	65.93	83.04	50.00	42.59	108.61	47.77
盘陀镇	35.56	28.84	41.95	41.51	37.40	27.43	30.09	50.99	25.26
绥安镇	7.98	23.96	85.33	83.07	22.10	12.09	68.92	40.90	7.44
深土镇	11.94	11.52	46.14	49.58	7.39	12.63	44.71	20.45	4.44
赤湖镇	12.45	20.33	59.34	67.03	12.63	12.46	54.08	32.80	5.25
六鳌镇	7.14	17.60	21.17	42.21	2.86	0.84	44.06	1.85	0.00
旧镇	11.87	28.65	75.68	72.39	19.76	24.04	63.60	41.26	11.34
霞美镇	6.94	38.11	52.95	73.56	16.15	8.31	66.33	29.03	2.65
杜浔镇	32.51	52.84	67.10	85.63	43.03	23.79	69.48	64.16	18.80
沙西镇	47.42	28.50	43.46	68.23	28.98	22.16	59.77	42.81	16.79
古雷镇	4.99	36.93	25.00	51.17	10.27	5.47	59.23	7.43	0.26
赤岭畲族乡	6.90	48.34	44.08	40.64	48.26	10.42	5.09	85.65	8.57
湖西畲族乡	5.71	38.42	34.94	40.88	31.27	6.92	18.57	55.39	5.12
南浦乡	7.41	26.01	8.52	17.50	15.91	8.54	7.12	26.54	8.28
南山茶果场	0.01	2.22	5.45	4.50	2.84	0.34	0.62	6.86	0.20
玳瑁山茶场	3.98	6.70	2.42	1.47	9.46	2.17	0.07	10.77	2.27
白竹湖农场	0.36	5.78	8.78	9.48	5.37	0.07	1.27	13.58	0.06
万安农场	0.28	6.77	19.71	20.03	3.52	3.21	14.19	11.36	1.20
长桥农场	1.63	7.83	5.08	5.16	7.70	1.68	0.53	12.54	1.47
中西林场	26.19	30.68	3.57	1.87	36.56	22.00	0.05	37.51	22.87
石古农场	0.01	1.57	6.10	6.67	0.90	0.11	2.23	5.43	0.02
大南坂镇	7.29	14.60	27.62	30.41	11.73	7.36	21.74	20.68	7.09
竹屿盐场	0.08	2.35	19.37	21.59	0.05	0.16	21.59	0.16	0.05

续表

行政区	生态保护重要性			种植业生产适宜性			城镇建设适宜性		
	极重要	重要	一般重要	适宜	一般适宜	不适宜	适宜	一般适宜	不适宜
下蔡林场	2.80	2.29	3.13	8.19	0.00	0.02	8.19	0.02	0.00
杜浔盐场	0.00	0.00	3.02	2.86	0.00	0.16	2.86	0.16	0.00

注：乡（镇、街道）行政分区名称与空间范围来源于“三调”图层，与行政管理分区可能存在一定差异，本表数据仅作为分析说明使用。

4.1.5 诏安县

诏安县位于漳州市东南部，地势由西北向东南倾斜。两侧以低山、丘陵为主，中部谷地，东南沿海系平原台地。海湾深入内陆，海岸曲折多岩岸。受地质构造影响，境内河流大多呈格子状水系网型式，大部分河流循北西及北东向断裂发育，如图 4-17 所示。

诏安县生态保护重要性等级相对较高。极重要区面积占全县陆域土地总面积的 23.4%，主要分布在北部和西北部丘陵山区，以官陂镇、秀篆镇、金星乡、红星乡最为集中；重要区主要集中在极重要区周边，构成核心—边缘圈层结构；其他地区为一般重要区，如图 4-18 所示。

图 4-17　诏安县地形

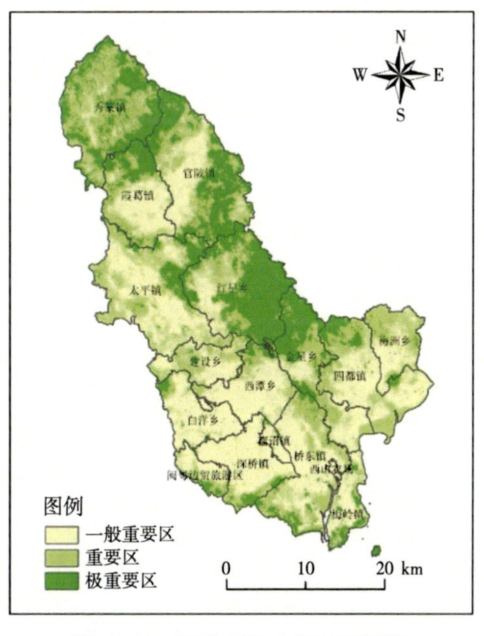

图 4-18　诏安县生态保护重要性

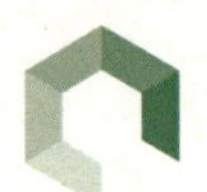

诏安县丘陵山地主要分布在西北部，东南沿海乡镇种植业生产适宜性和城镇建设适宜性等级明显高于西北部乡镇，形成相对显著的地理分异。适宜城镇建设发展的区域中以适宜程度相对较高的适宜区为主，一般适宜区比例较低且多集中在适宜区周边。西北部丘陵山区存在较多零散破碎的单元，适宜种植业生产，并以一般适宜区为主，如图 4-19、图 4-20 所示。

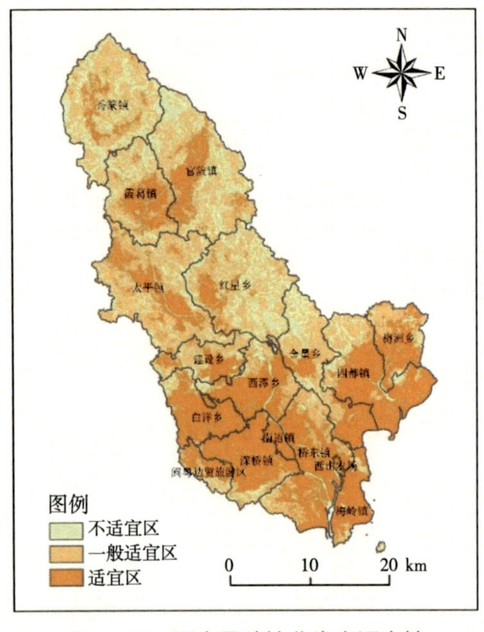

图 4-19　诏安县种植业生产适宜性

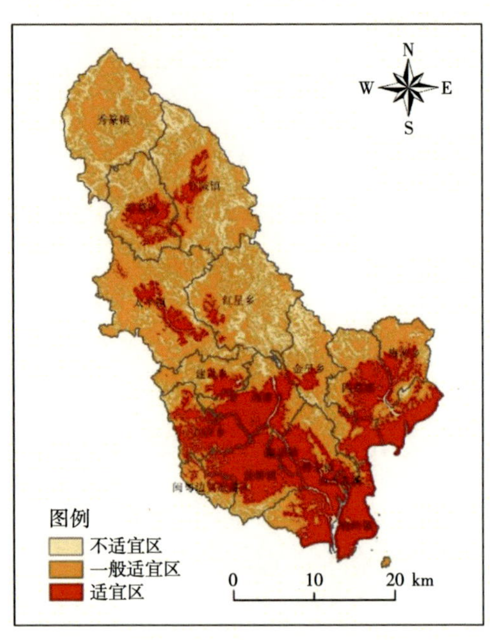

图 4-20　诏安县城镇建设适宜性

表 4-5“双评价”结果表明，诏安县生态保护极重要区主要分布在北部、西北部乡镇，种植业生产适宜区和城镇建设适宜区则主要集中在东南部沿海地区，且适宜程度高、空间分布连片，适合人口产业的集聚布局。

表 4-5　诏安县乡镇单元各功能指向适宜性（重要性）等级面积　　单位：km²

行政区	生态保护重要性			种植业生产适宜性			城镇建设适宜性		
	极重要	重要	一般重要	适宜	一般适宜	不适宜	适宜	一般适宜	不适宜
南诏镇	0.35	0.77	8.17	8.45	0.21	0.63	8.25	0.41	0.63
四都镇	10.68	38.43	54.15	64.97	25.03	13.26	47.98	45.29	9.99
梅岭镇	6.71	8.33	21.10	28.83	5.41	1.91	32.31	3.82	0.01
桥东镇	9.73	38.68	56.93	65.36	30.33	9.65	56.43	41.56	7.35

续表

行政区	生态保护重要性			种植业生产适宜性			城镇建设适宜性		
	极重要	重要	一般重要	适宜	一般适宜	不适宜	适宜	一般适宜	不适宜
深桥镇	4.26	9.04	54.43	55.12	8.39	4.24	48.33	15.85	3.56
太平镇	18.98	56.01	73.78	34.11	87.55	27.12	14.87	108.19	25.71
霞葛镇	18.34	25.30	36.90	26.12	36.54	17.88	17.23	46.27	17.04
官陂镇	57.21	49.45	42.55	29.40	73.44	46.37	10.31	94.33	44.57
秀篆镇	54.53	65.83	17.69	11.63	81.17	45.25	0.00	94.16	43.89
金星乡	30.90	27.87	25.58	28.65	35.64	20.06	20.59	45.04	18.72
西潭乡	5.30	13.82	47.22	41.54	16.51	8.30	37.45	23.30	5.60
白洋乡	2.66	7.51	43.37	43.96	6.43	3.15	33.17	18.44	1.94
建设乡	1.67	20.76	24.71	17.26	21.78	8.09	9.75	30.61	6.77
红星乡	76.66	30.77	22.22	13.76	68.69	47.20	3.60	78.90	47.15
梅洲乡	1.91	25.89	21.58	27.38	17.24	4.76	11.83	33.35	4.20
西山农场	0.00	0.03	1.99	1.77	0.01	0.24	1.77	0.23	0.02
闽粤边贸旅游区	2.58	6.93	13.60	13.29	7.86	1.96	6.35	14.91	1.85

注：乡（镇、街道）行政分区名称与空间范围来源于“三调”图层，与行政管理分区可能存在一定差异，本表数据仅作为分析说明使用。

4.1.6 长泰区

长泰区位于漳州市北部，东连厦门市同安区，西接华安县，北靠泉州市安溪县，东、西、北三面环山，中部、南部多平原，如图 4-21 所示。

长泰区生态保护极重要区和重要区主要分布在东、西、北部山区，坂里乡、枋洋镇、岩溪镇、岩溪果林场、长泰区马洋生态旅游区、亭下林场分布相对集中，重要区多分布在极重要区周边，构成核心—边缘圈层结构；中部、南部地区以平原为主，生态保护重要性等级以一般重要区类型为主，如图 4-22 所示。

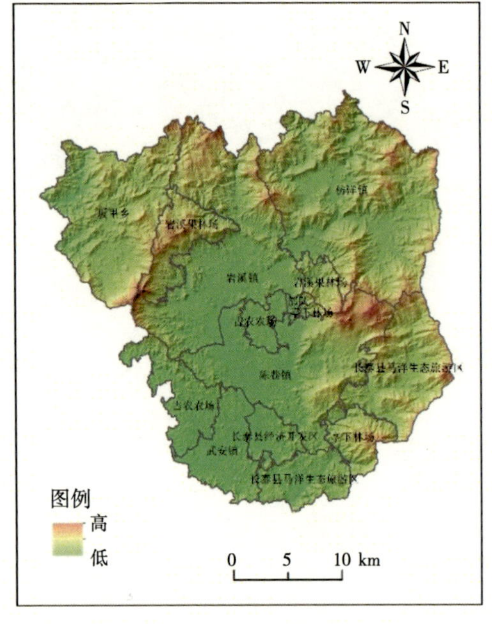

图 4-21　长泰区地形

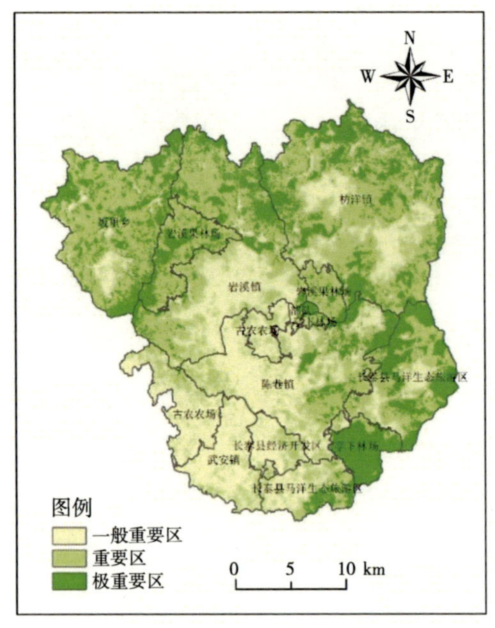

图 4-22　长泰区生态保护重要性

长泰区中部、南部地势相对平坦，种植业生产适宜区和城镇建设适宜区集中分布，主要分布在岩溪镇、陈巷镇、古农农场、长泰区经济开发区、武安镇等行政区，且在空间上相对集聚。东、西、北部丘陵山区内有较大规模的种植业生产一般适宜区，但分布相对破碎，如图 4-23、图 4-24 所示。

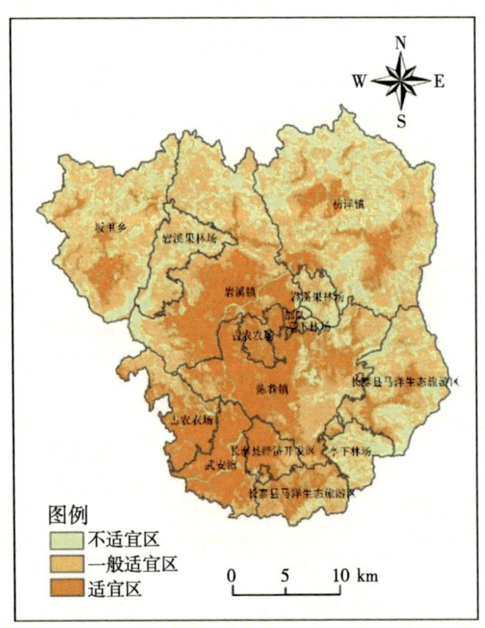

图 4-23　长泰区种植业生产适宜性

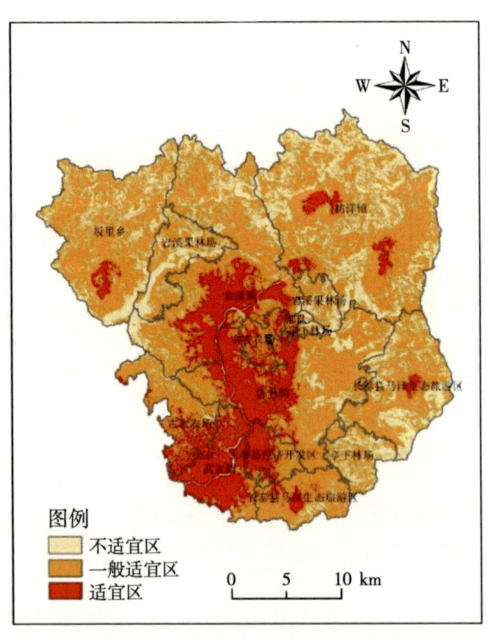

图 4-24　长泰区城镇建设适宜性

表 4-6 “双评价”结果表明，长泰区中南部地形条件优越，种植业生产和城镇建设功能指向的适宜区分布较为集中，且在地理上紧邻中心城区，是漳州市城镇发展的重要拓展区。在东部、西部和北部丘陵山区，生态保护重要性等级整体较高，也有部分河谷地带适合城镇集中建设，3 种功能指向的适宜区（极重要区）呈相互交织又相对集聚的分布形态，是人口产业布局与生态保护矛盾相对集中的地区，国土空间规划布局中应注意控制开发强度，避让生态保护极重要区。

表 4-6 长泰区乡镇单元各功能指向适宜性（重要性）等级面积 单位：km^2

行政区	生态保护重要性			种植业生产适宜性			城镇建设适宜性		
	极重要	重要	一般重要	适宜	一般适宜	不适宜	适宜	一般适宜	不适宜
坂里乡	37.49	65.54	13.06	13.39	66.03	36.66	3.05	77.71	35.32
枋洋镇	59.07	103.82	40.46	25.27	100.22	77.86	7.52	119.82	76.01
岩溪镇	29.99	71.50	51.41	51.87	68.01	33.02	30.95	89.79	32.15
陈巷镇	17.76	46.52	66.10	65.09	49.99	15.30	34.54	79.83	16.01
武安镇	0.07	8.02	35.12	34.27	6.78	2.16	30.04	11.36	1.81
古农农场	0.32	14.61	38.45	33.00	17.44	2.95	14.23	36.46	2.70
长泰区经济开发区	0.00	5.01	13.72	12.62	5.30	0.81	9.75	8.49	0.49
长泰区马洋生态旅游区	35.12	44.26	26.63	19.21	58.46	28.34	4.24	73.57	28.19
岩溪果林场	16.30	33.12	1.21	0.92	29.54	20.17	0.00	29.03	21.59
亭下林场	21.02	3.97	0.58	0.71	13.68	11.19	0.00	14.23	11.34

注：乡（镇、街道）行政分区名称与空间范围来源于“三调”图层，与行政管理分区可能存在一定差异，本表数据仅作为分析说明使用。

4.1.7 东山县

东山县位于漳州市东南沿海，是漳州市唯一的海岛县，东山全岛地势西北高、东南低。西北多低丘，东南有连片风沙地。地形切割破碎，岗峦起伏，港湾较多，滩涂海域面积大，如图 4-25 所示。

东山县生态保护极重要区主要分布在东部沿海以及中部地区，主要包括丘陵地区以及滩涂湿地，呈东北—西南走向的条带状分布；重要区主要集中在极重要区周边，构成核心—边缘圈层结构；一般重要区比例较高，占陆域土地总面积的 54.3%，如图 4-26 所示。

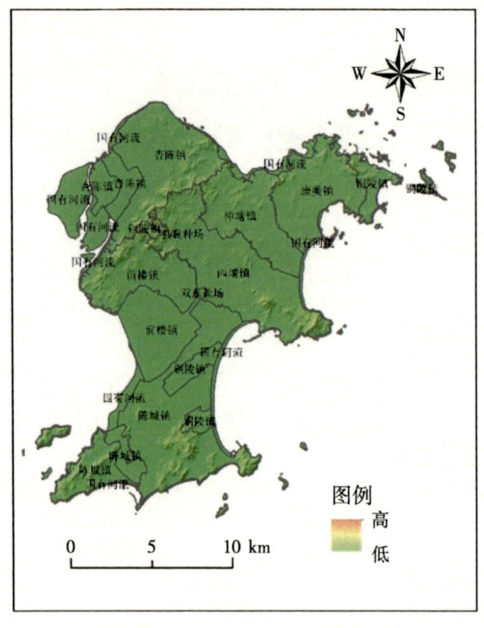

图 4-25　东山县地形

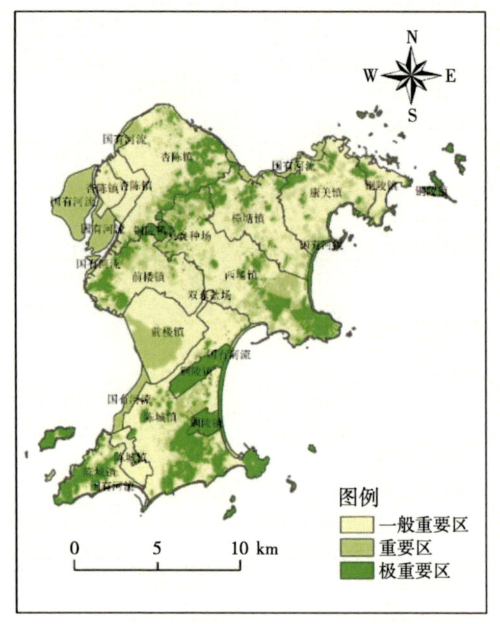

图 4-26　东山县生态保护重要性

东山县种植业生产不适宜区和城镇建设不适宜区空间分布与生态保护极重要区基本一致，其他地区均为适宜发展种植业和城镇的区域，面积占比相对较高，且以适宜程度相对较高的适宜区类型为主，一般适宜区类型占比相对较低，如图 4-27、图 4-28 所示。

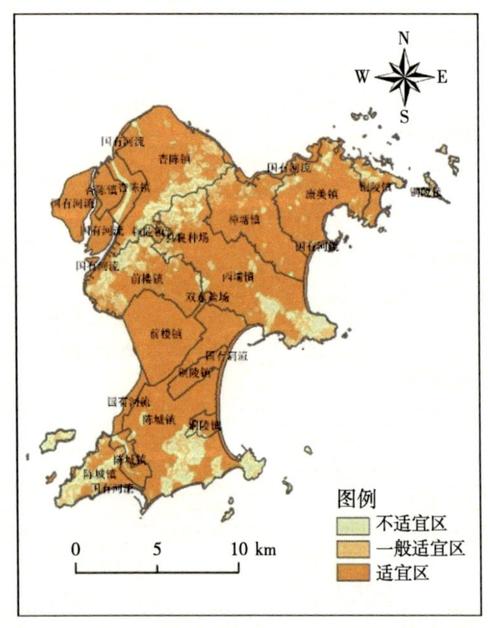

图 4-27　东山县种植业生产适宜性

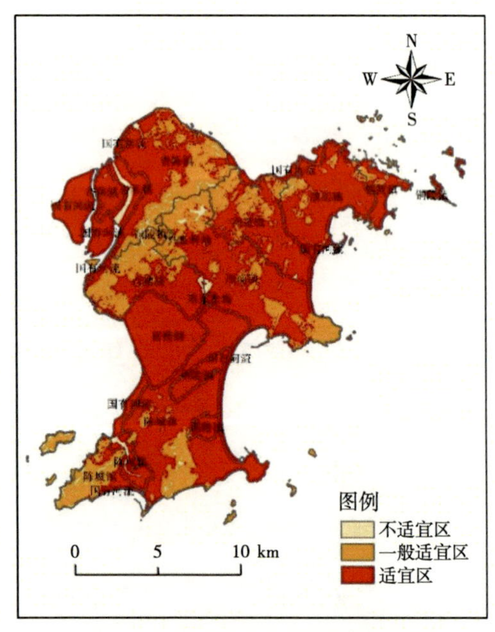

图 4-28　东山县城镇建设适宜性

表4-7“双评价”结果表明，东山县生态保护、种植业生产、城镇建设3种功能指向的重要性（适宜性）高值区在空间上分布较为集中，都呈集聚分布的形态，有利于生态保护、种植业生产和城镇建设的空间布局。东山县为海岛县，县域内无大溪流，人口产业的大规模布局需要外调水资源的支持，在规划中应基于已在建设和规划建设引调水工程调水数量，合理控制城镇规模。

表4-7 东山县乡镇单元各功能指向适宜性（重要性）等级面积 单位：km^2

行政区	生态保护重要性			种植业生产适宜性			城镇建设适宜性		
	极重要	重要	一般重要	适宜	一般适宜	不适宜	适宜	一般适宜	不适宜
西埔镇	8.48	10.19	20.51	26.60	7.16	5.41	24.53	13.84	0.81
铜陵镇	2.12	0.68	3.55	3.23	2.10	1.02	5.04	1.28	0.03
杏陈镇	0.00	0.31	4.30	3.56	0.00	1.05	3.56	0.07	0.98
陈城镇	0.11	0.21	3.38	3.18	0.00	0.51	3.17	0.02	0.51
前楼镇	0.00	6.01	10.97	16.75	0.00	0.22	16.75	0.23	0.00
铜陵镇	7.19	0.02	0.14	5.65	1.21	0.49	5.97	1.35	0.03
县良种场	0.03	0.03	0.04	0.10	0.00	0.00	0.05	0.06	0.00
双东盐场	0.00	0.02	0.26	0.28	0.00	0.00	0.28	0.00	0.00
陈城镇	15.48	7.44	27.37	33.04	8.21	9.05	34.86	14.44	0.99
前楼镇	3.17	4.18	13.01	12.83	4.50	3.03	10.29	9.56	0.51
樟塘镇	3.23	3.48	14.42	17.83	2.75	0.56	13.23	7.80	0.11
康美镇	2.59	3.84	15.12	18.24	2.33	0.98	18.16	3.22	0.18
杏陈镇	5.58	5.54	21.65	24.27	4.87	3.63	19.08	12.64	1.05
国有河流	4.80	19.02	0.40	21.91	2.17	0.14	21.86	2.33	0.03

注：乡（镇、街道）行政分区名称与空间范围来源于“三调”图层，与行政管理分区可能存在一定差异，本表数据仅作为分析说明使用。

4.1.8 南靖县

南靖县位于漳州市西部，是山区丘陵县，地势由西北向东南倾斜，依次分为中低山、丘陵、台地和河谷平原4个地貌类型区，地形起伏度较大。南靖县地处九龙江西溪上游，降水量较大，河流发育，主要有船场溪、龙山溪、永丰溪等，如图 4-29 所示。

南靖县生态保护重要性等级整体较高，极重要区和重要区主要分布在丘陵山地，除东部的丰田镇和靖城镇外，均有较大规模分布。极重要区分布相对分散，与重要区呈交织分布形态，主要原因是地形条件相对破碎，山体相对独立，如图 4-30 所示。

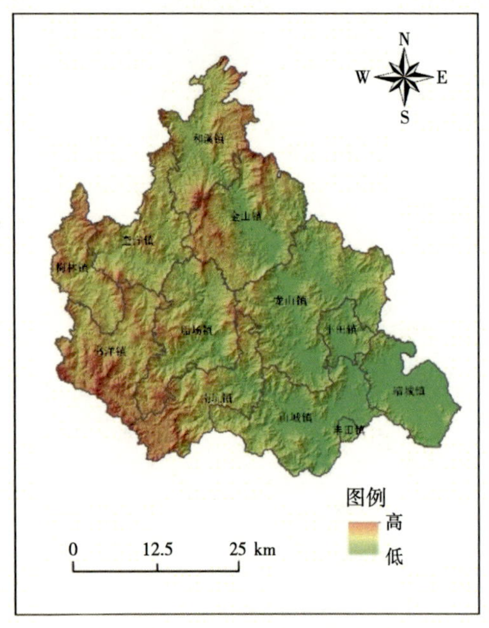

图 4-29　南靖县地形

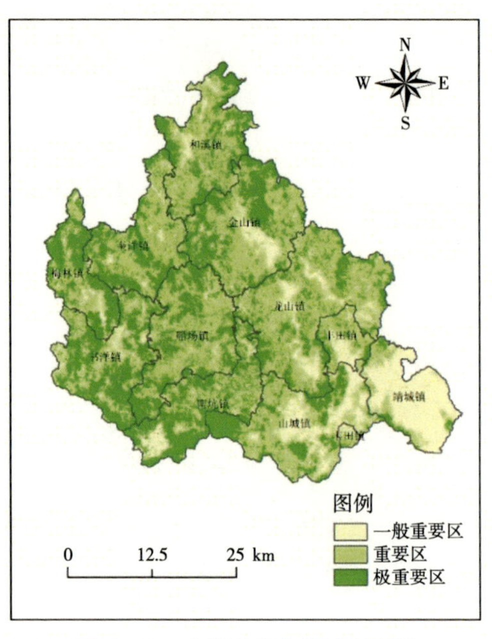

图 4-30　南靖县生态保护重要性

南靖县地形条件相对较差，对种植业生产和城镇建设制约作用明显。集中连片、适宜程度较高的适宜区主要分布在东部的河谷地带，以靖城镇、山城镇、龙山镇、丰田镇和金山镇为主，其他乡镇适宜程度相对较低且分布较为零散破碎，如图 4-31、图 4-32 所示。

表 4-8“双评价”结果表明，南靖县生态保护重要性等级相对较高，特别是中西部的龙山镇、金山镇、和溪镇、奎洋镇、梅林镇、书洋镇、船场镇、南坑镇均有较大规模分布；城镇建设适宜区则主要分布在东部的山城镇、丰田镇、靖城镇、龙山镇和金山镇。在国土空间规划布局中，应遵循县域自然地理条件与资源环境承载力，引导人口产业向东部河谷地带集聚发展。

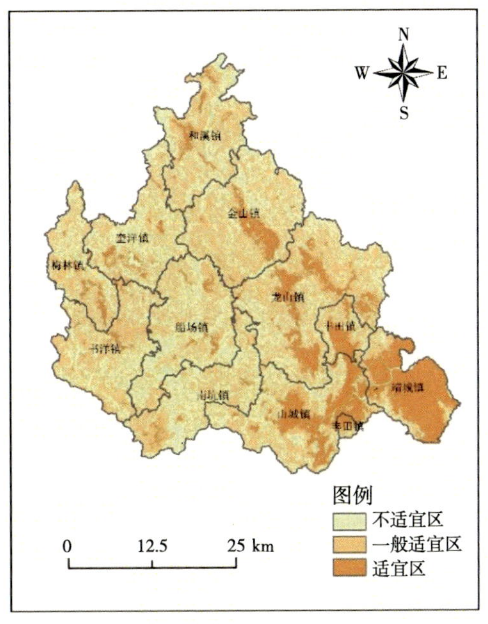

图 4-31　南靖县种植业生产适宜性

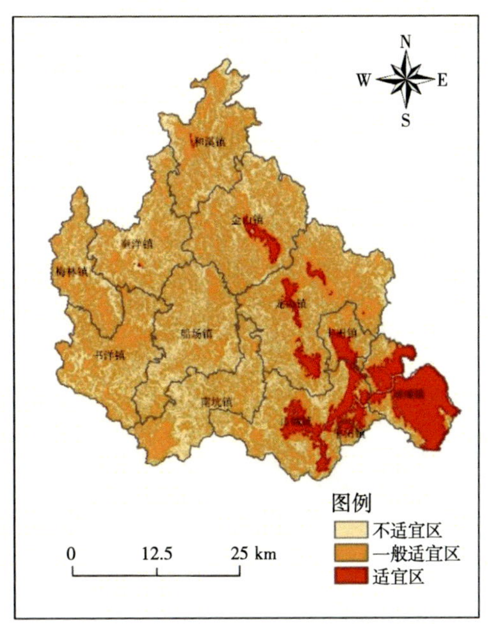

图 4-32　南靖县城镇建设适宜性

表 4-8　南靖县乡镇单元各功能指向适宜性（重要性）等级面积　　单位：km^2

行政区	生态保护重要性			种植业生产适宜性			城镇建设适宜性		
	极重要	重要	一般重要	适宜	一般适宜	不适宜	适宜	一般适宜	不适宜
山城镇	60.19	97.29	67.17	63.76	96.71	64.18	48.76	112.18	63.71
丰田镇	9.66	31.38	17.23	18.41	26.10	13.75	13.45	31.82	12.99
靖城镇	7.40	25.77	106.88	101.18	25.34	13.54	96.76	30.51	12.78
龙山镇	78.02	177.18	49.69	46.71	162.47	95.72	21.05	190.08	93.77
金山镇	89.29	114.18	30.75	20.62	128.20	85.41	10.61	140.78	82.83
和溪镇	63.95	91.78	20.55	9.46	99.69	67.14	0.46	111.19	64.64
奎洋镇	64.25	84.63	12.19	8.31	84.67	68.10	0.24	91.65	69.19
梅林镇	57.32	38.61	13.13	6.54	66.88	35.64	0.00	71.47	37.59
书洋镇	91.27	62.07	28.33	4.95	113.31	63.41	0.00	115.46	66.21
船场镇	83.68	105.13	15.99	5.13	104.89	94.78	0.00	111.80	93.00
南坑镇	85.37	55.10	26.59	3.65	88.93	74.48	0.00	94.06	73.00

注：乡（镇、街道）行政分区名称与空间范围来源于“三调”图层，与行政管理分区可能存在一定差异，本表数据仅作为分析说明使用。

4.1.9　平和县

平和县地处漳州市西南部，境内的大芹山和双尖山纵贯南北，把全县分为东南、西北两大部分，地势中部、西部高，向东南和西北倾斜。地貌主要有中山、低山和丘陵三个类型，中山主要分布于境内中部和西北部，低山主要分布在中部和东南部陡坡地外围，丘陵多分布于东南部花山溪畔两侧河谷地带和山间盆地。平和县河流众多，是漳江、韩江、南溪、东溪、鹿溪的重要发源地，素有“五江源头”之称，如图 4-33 所示。

平和县生态保护重要性等级整体较高，极重要区在空间上较为集中，在各乡镇均有较大规模的分布；重要区主要集中在极重要区周边，构成核心—边缘圈层结构；其他地区为一般重要区，主要分布在山间河谷地带，如图 4-34 所示。

图 4-33　平和县地形

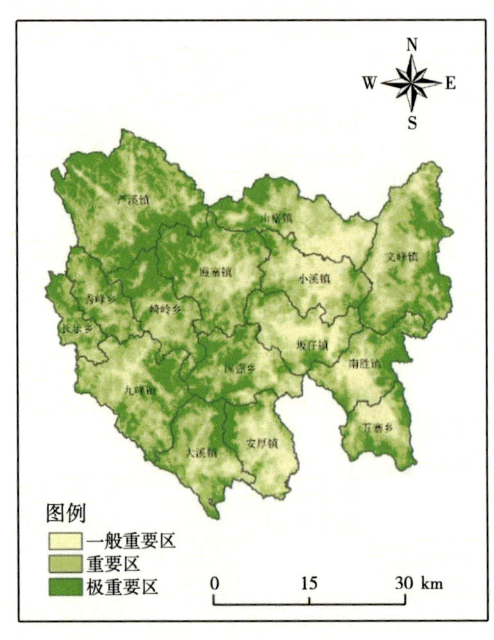

图 4-34　平和县生态保护重要性

平和县以丘陵山地地形为主，河谷平原区域面积较小，且分布相对分散，地形条件对种植业生产和城镇建设的制约作用较大。城镇建设适宜区在花山溪中游河谷小溪镇、山格镇、坂仔镇有相对集中的分布，其他乡镇的适宜区规模相对较小且分散。种植业生产适宜区空间分布与城镇建设适宜区基本一致，此外，丘陵山区内有大量的零散斑块为种植业生产一般适宜区，如图 4-35、图 4-36 所示。

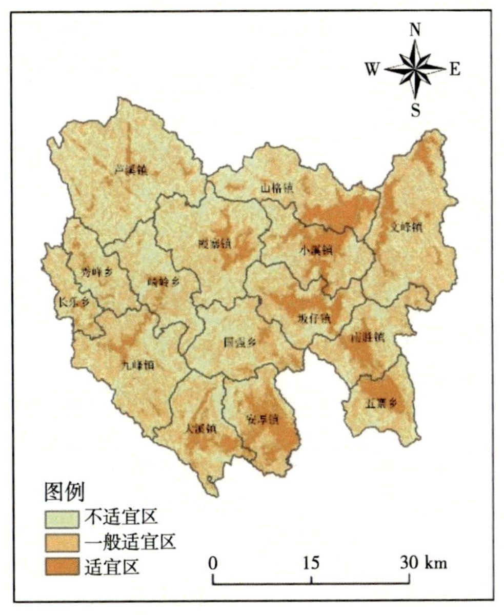

图 4-35 平和县种植业生产适宜性

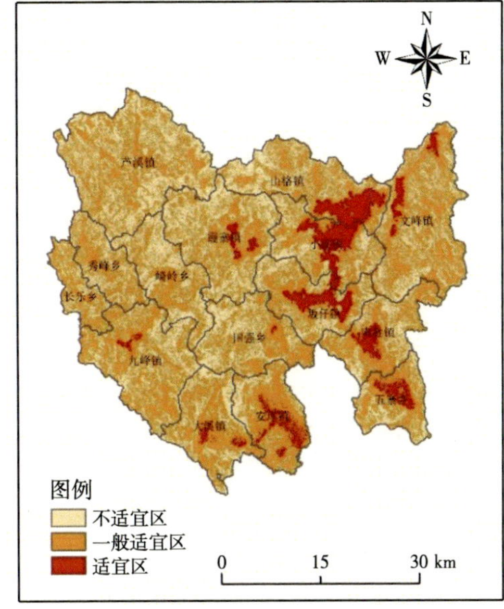

图 4-36 平和县城镇建设适宜性

表 4-9“双评价”结果表明，平和县河流众多，全县被切割成相对破碎的地理单元，河谷平原夹杂在山地内部。独特的地理条件，造成生态保护极重要区与城镇建设（种植业生产）适宜区在空间上呈大尺度范围交织、中小尺度集聚的形态，加大了国土空间规划布局中生态保护与经济社会协调发展的难度。全县城镇建设适宜区最为集中的区域位于县城所在的花山溪中游河谷，应将其作为引导人口产业集聚的核心区域。

表 4-9 平和县乡镇单元各功能指向适宜性（重要性）等级面积 单位：km^2

行政区	生态保护重要性			种植业生产适宜性			城镇建设适宜性		
	极重要	重要	一般重要	适宜	一般适宜	不适宜	适宜	一般适宜	不适宜
小溪镇	18.17	50.01	69.02	35.13	57.39	44.68	27.01	66.84	43.35
山格镇	42.03	62.07	73.62	37.44	73.89	66.39	27.70	86.02	64.00
文峰镇	70.54	116.72	58.84	28.02	132.84	85.24	9.27	153.28	83.55
南胜镇	38.22	44.85	44.09	21.10	64.87	41.18	9.14	77.11	40.90
坂仔镇	19.27	54.22	60.18	28.10	59.94	45.63	20.16	70.01	43.49
安厚镇	20.49	43.25	58.60	43.66	50.98	27.70	11.74	84.69	25.92
大溪镇	44.97	60.86	33.42	23.42	66.75	49.07	3.69	86.91	48.65
霞寨镇	75.41	73.33	55.16	17.09	91.07	95.75	5.46	104.24	94.21
九峰镇	61.19	94.50	47.86	13.14	110.67	79.72	2.10	123.72	77.73
芦溪镇	146.64	110.11	50.63	13.30	144.50	149.58	0.00	156.54	150.85

续表

行政区	生态保护重要性			种植业生产适宜性			城镇建设适宜性		
	极重要	重要	一般重要	适宜	一般适宜	不适宜	适宜	一般适宜	不适宜
五寨乡	28.21	34.17	29.41	21.85	41.77	28.17	8.95	55.24	27.60
国强乡	54.84	56.62	32.62	7.21	68.55	68.31	0.39	78.58	65.11
崎岭乡	58.11	42.77	27.09	5.08	56.94	65.95	0.00	63.48	64.50
长乐乡	22.93	27.46	9.61	3.01	33.29	23.70	0.00	37.40	22.59
秀峰乡	31.55	41.63	14.23	4.20	45.23	37.99	0.00	51.22	36.20

注：乡（镇、街道）行政分区名称与空间范围来源于“三调”图层，与行政管理分区可能存在一定差异，本表数据仅作为分析说明使用。

4.1.10　华安县

华安县位于漳州市北部，九龙江北溪中游，地势西北高、东南低，由西北向东南呈阶梯状降落，地貌以中低山和丘陵为主，南部有少量平原台地分布，如图 4-37 所示。

华安县以丘陵山地为主，森林覆盖率较高，发挥着重要的水源涵养、水土保持和生物多样性维护功能，全县生态保护重要性等级总体较高，极重要区面积占比为 40.6%，在全市各县区中位居第一。重要区分布也较为广泛，一般重要区面积占比在全市各县区中最低，仅为 15.6%，如图 4-38 所示。

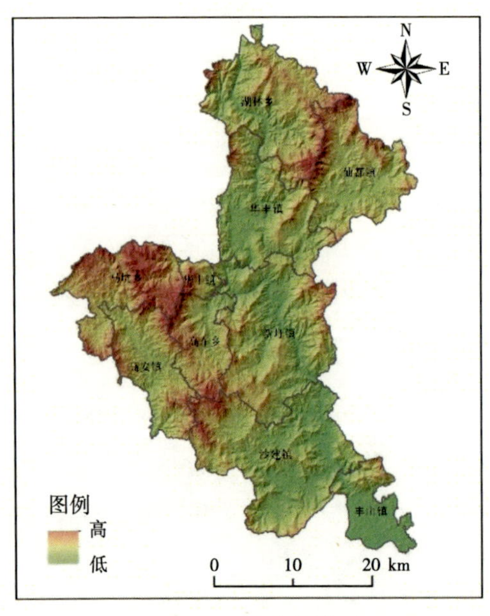

图 4-37　华安县地形

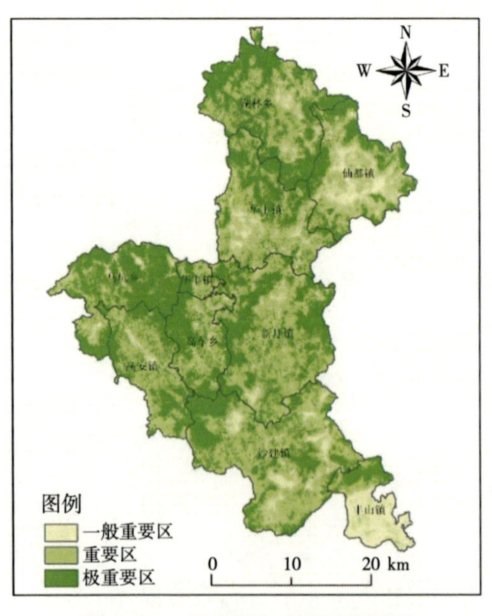

图 4-38　华安县生态保护重要性

华安县地形条件相对较差，适宜种植业生产和城镇建设的土地面积比例相对较低。全县平原台地面积较小，主要分布于县城所在的华丰镇和南部的丰山镇，为城镇建设适宜区，其他乡镇适宜区规模较小且较为分散，如图 4-39、图 4-40 所示。

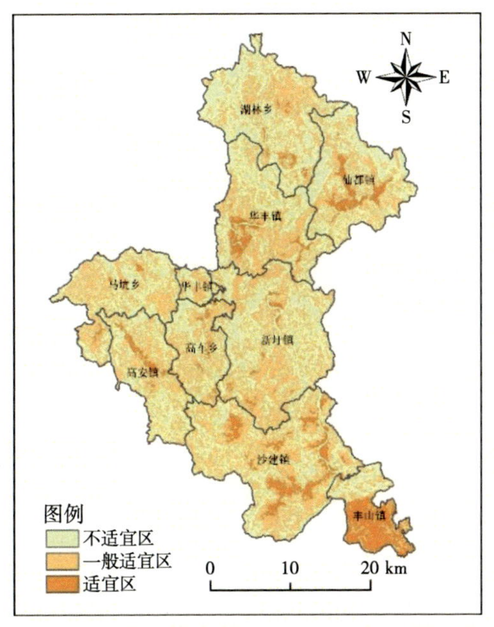

图 4-39 华安县种植业生产适宜性

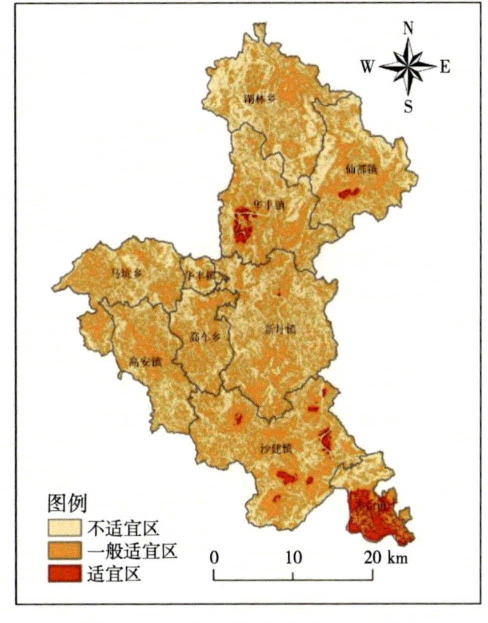

图 4-40 华安县城镇建设适宜性

表 4-10“双评价”结果表明，华安县生态保护重要性等级总体偏高，在全市发挥着重要的生态功能，应加大生态保护力度，控制国土开发强度。全县城镇建设适宜区面积较小，主要集中在华丰镇、沙建镇和丰山镇，应作为国土空间规划城镇发展布局的主要方向。

表 4-10 华安县乡镇单元各功能指向适宜性（重要性）等级面积 单位：km^2

行政区	生态保护重要性			种植业生产适宜性			城镇建设适宜性		
	极重要	重要	一般重要	适宜	一般适宜	不适宜	适宜	一般适宜	不适宜
华丰镇	58.46	83.39	25.58	9.08	87.82	70.53	4.69	88.12	74.62
新圩镇	88.58	106.16	19.69	3.81	116.73	93.89	0.11	117.78	96.55
丰山镇	12.60	13.33	38.10	31.73	17.92	14.37	20.88	28.43	14.73
仙都镇	41.31	57.64	38.67	10.86	62.17	64.59	1.48	72.26	63.88
高安镇	43.35	50.30	9.36	5.30	53.65	44.07	0.00	60.39	42.63

续表

行政区	生态保护重要性			种植业生产适宜性			城镇建设适宜性		
	极重要	重要	一般重要	适宜	一般适宜	不适宜	适宜	一般适宜	不适宜
湖林乡	85.32	67.13	16.22	3.33	80.74	84.60	0.00	80.81	87.86
沙建镇	75.92	123.73	31.52	24.72	126.80	79.66	6.41	142.79	81.97
高车乡	37.52	27.58	9.74	2.57	41.97	30.30	0.00	45.48	29.36
马坑乡	76.11	29.90	10.46	1.43	66.19	48.85	0.00	66.91	49.55

注：乡（镇、街道）行政分区名称与空间范围来源于“三调”图层，与行政管理分区可能存在一定差异，本表数据仅作为分析说明使用。

4.1.11 龙海区

龙海区位于漳州市东部，地处九龙江下游冲积平原，北部、西部、南部三面环山，中部平原，东南部临海。北部丘陵地带属戴云山脉的余脉，西南部中低山丘陵地带属博平岭的支脉，如图 4-41 所示。

龙海区生态保护极重要区主要为山区林地以及滩涂湿地，主要位于丘陵山区和河口三角洲地区，程溪镇、紫泥镇面积最大。其中，九龙江河口地区的滩涂湿地分布较为集中，而由于山体相对破碎，生态保护极重要区和重要区在空间上呈交织状态，如图 4-42 所示。

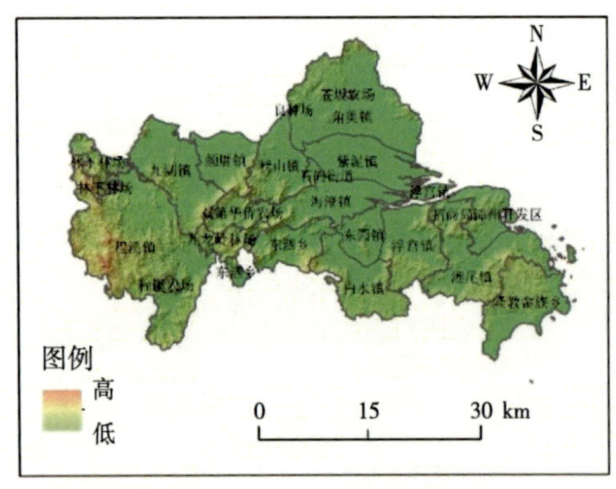

图 4-41　龙海区地形

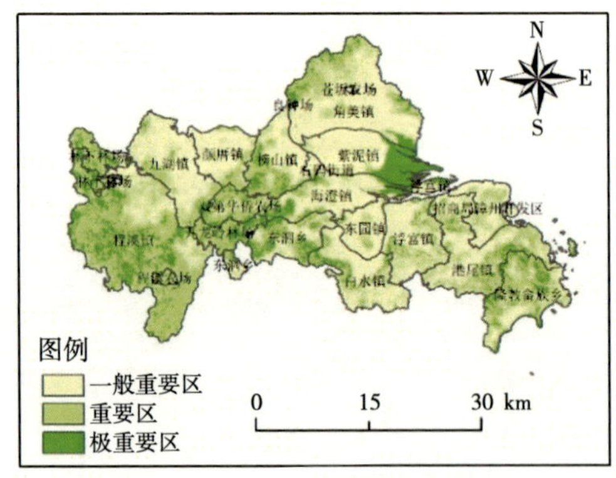

图 4-42　龙海区生态保护重要性

龙海区地处九龙江中下游平原，水土资源丰沛，水陆交通条件优越，适宜种植业和城镇发展，且以适宜程度相对较高的适宜区类型为主，在全区北部、中部和东部乡镇均有较大规模的适宜区分布。程溪镇、双第华侨农场、九龙岭林场地形条件相对较差，对种植业生产和城镇建设的制约作用较明显，不适宜区面积相对较大，如图 4-43、图 4-44 所示。

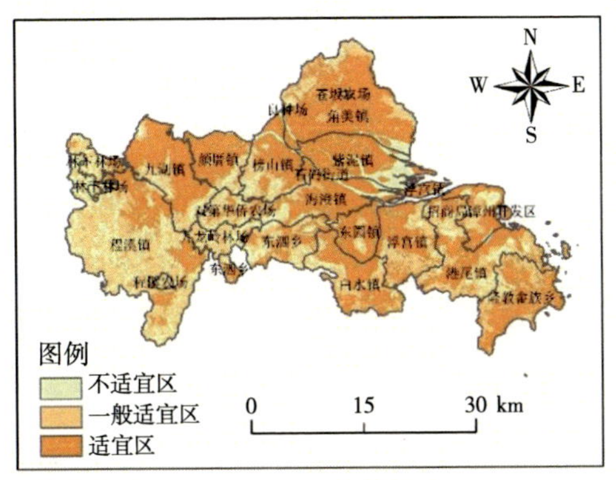

图 4-43　龙海区种植业生产适宜性

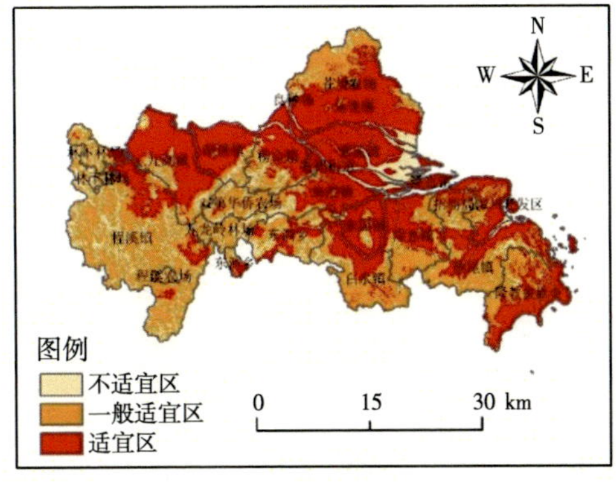

图 4-44　龙海区城镇建设适宜性

表 4-11“双评价”结果表明，龙海区平原地带种植业生产和城镇建设功能指向的适宜程度较高，且生态保护重要性等级总体较低，社会经济发展与生态保护的矛盾较小。西部、南部丘陵山区生态保护重要性等级较高，同时该区域也是种植业生产的一般适宜区，种植业生产与生态保护矛盾相对突出，在国土空间规划布局中应注重协调两者之间的矛盾。

表 4-11　龙海区乡镇单元各功能指向适宜性（重要性）等级面积　　单位：km^2

行政区	生态保护重要性			种植业生产适宜性			城镇建设适宜性		
	极重要	重要	一般重要	适宜	一般适宜	不适宜	适宜	一般适宜	不适宜
石码街道	0.18	0.50	3.75	3.25	0.53	0.65	3.35	0.54	0.55
海澄镇	10.67	16.20	43.50	43.47	11.85	15.05	41.43	15.95	13.00
角美镇	10.93	43.10	105.03	111.10	31.42	16.54	94.56	50.33	14.17
白水镇	4.87	18.41	48.97	39.94	24.22	8.09	20.48	44.83	6.94
浮宫镇	6.25	19.07	52.61	44.07	25.20	8.67	39.06	33.77	5.11
程溪镇	44.56	143.49	50.75	48.93	126.19	63.68	31.46	146.03	61.31
港尾镇	6.91	46.83	62.18	52.49	44.84	18.59	47.14	57.21	11.57
九湖镇	3.01	24.78	62.94	58.39	22.19	10.14	60.64	20.78	9.30
颜厝镇	0.80	12.72	37.08	35.73	8.52	6.36	35.50	9.61	5.49

续表

行政区	生态保护重要性			种植业生产适宜性			城镇建设适宜性		
	极重要	重要	一般重要	适宜	一般适宜	不适宜	适宜	一般适宜	不适宜
榜山镇	7.28	23.56	31.82	33.45	17.50	11.70	31.84	20.09	10.73
紫泥镇	24.73	3.68	47.93	50.62	0.00	25.72	50.62	3.90	21.82
东园镇	0.57	3.85	30.70	26.72	4.18	4.21	26.64	5.56	2.92
东泗乡	10.48	23.56	24.02	23.07	22.01	12.98	16.48	29.29	12.29
隆教畲族乡	12.09	38.17	28.55	49.69	23.00	6.12	42.15	34.07	2.58
双第华侨农场	4.99	19.34	5.65	6.90	16.06	7.02	0.66	22.49	6.83
九龙岭林场	7.49	17.62	1.35	0.86	17.61	7.99	0.14	18.60	7.73
程溪农场	0.20	4.56	0.16	0.16	3.09	1.67	0.00	3.38	1.55
良种场	0.02	0.16	0.27	0.42	0.02	0.01	0.42	0.03	0.00
苍坂农场	0.00	0.15	0.81	0.75	0.20	0.01	0.47	0.48	0.00
林下林场	6.58	15.64	4.86	4.84	14.61	7.62	4.93	14.68	7.47
招商局漳州开发区	0.29	11.47	26.16	22.46	9.62	5.84	23.49	11.96	2.47

注：乡（镇、街道）行政分区名称与空间范围来源于“三调”图层，与行政管理分区可能存在一定差异，本表数据仅作为分析说明使用。

4.2 空间冲突分析

4.2.1 生态保护极重要区内的开发建设活动

漳州市生态保护极重要区现状土地利用类型以林地为主，占比高达 91.7%；其次为水域与水利设施用地，占比达 3.2%；园地与耕地占比分别为 2.8% 和 0.4%；现状建设用地（含商服用地、工矿仓储用地、住宅用地、公共管理与公共服务用地、交通用地等）合计占比仅为 0.2%。这说明漳州市开发建设活动与生态保护矛盾相对较小，用地冲突问题较少，如图 4-45 所示。

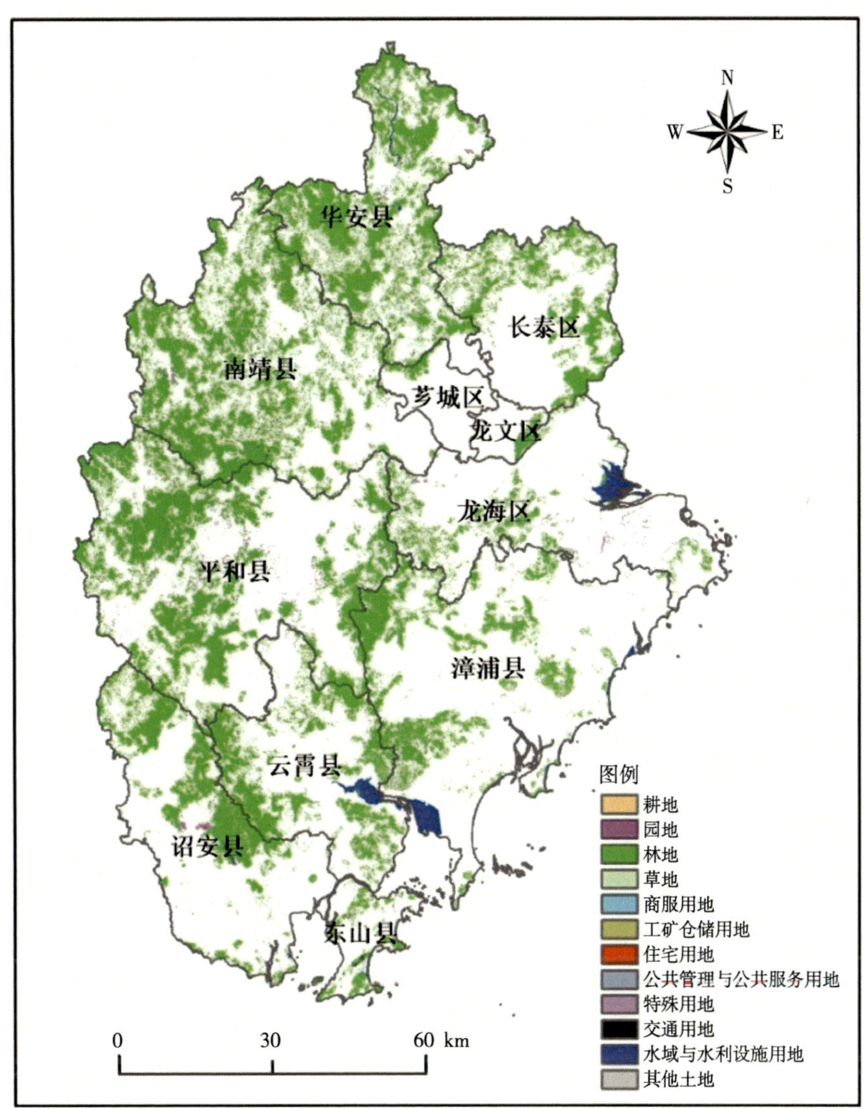

图 4-45 漳州市生态保护极重要区现状土地利用类型

在漳州市生态保护极重要区内，现有耕地面积为 15.26 km²，占全市耕地总面积的 1.80%；现有园地面积为 90.20 km²，占全市园地总面积的 3.00%，空间分布如图 4-46 所示。二级地类以果园为主，总面积为 80.97 km²，其次为旱地和茶园，面积分别为 8.56 km²、8.48 km²。在各县区中，平和县生态保护极重要区农业开发活动最多，耕地和园地面积高达 42.37 km²，其中，41.93 km² 为果园。龙海区、诏安县和云霄县生态保护极重要区内的果园面积也超过了 4 km²，如表 4-12 所示。

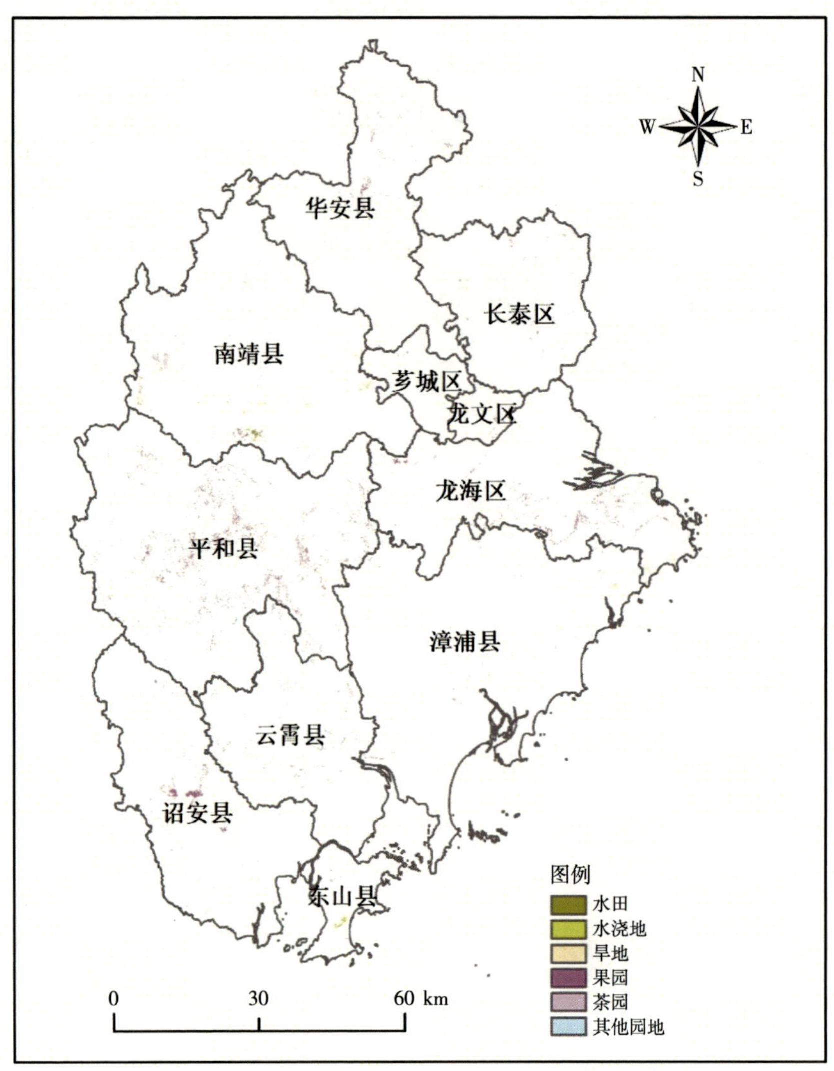

图 4-46　漳州市生态保护极重要区内的耕地与园地分布

表 4-12　漳州市各县区生态保护极重要区内的耕地与园地面积统计　　单位：km²

行政区	水田	水浇地	旱地	耕地合计	占耕地的比例 /%	果园	茶园	其他园地	园地合计	占园地的比例 /%
芗城区	0.00	0.00	0.07	0.07	0.47	0.17	0.00	0.00	0.17	0.18
龙文区	0.12	0.00	0.09	0.21	2.47	0.64	0.00	0.23	0.87	5.42
云霄县	0.12	0.01	0.54	0.66	1.29	4.80	0.08	0.00	4.88	1.83
漳浦县	0.00	0.32	1.71	2.03	0.92	3.40	0.01	0.01	3.42	0.68
诏安县	0.06	0.01	0.44	0.51	0.48	9.41	0.17	0.00	9.58	2.51

续表

行政区	水田	水浇地	旱地	耕地合计	占耕地的比例 /%	果园	茶园	其他园地	园地合计	占园地的比例 /%
长泰区	0.05	0.00	0.55	0.60	0.99	1.43	0.73	0.01	2.17	1.64
东山县	0.00	0.98	0.20	1.18	4.20	0.24	0.00	0.32	0.56	2.38
南靖县	1.59	2.54	1.55	5.68	4.09	3.77	3.48	0.05	7.31	3.57
平和县	0.23	0.04	0.16	0.44	0.94	41.22	0.67	0.03	41.93	4.50
华安县	0.57	0.00	0.90	1.48	2.59	4.00	3.33	0.03	7.35	4.41
龙海区	0.01	0.04	2.37	2.41	2.05	11.90	0.01	0.06	11.97	4.09
合计	2.75	3.95	8.56	15.26	1.80	80.97	8.48	0.74	90.20	3.00

通过叠加空间冲突分析结果与遥感影像资料（图 4-47），发现在虎伯寮等自然保护区内仍然存在部分果园和水浇地，自然保护地以外的生态保护极重要区内也有较大规模的耕地和茶果园分布（图 4-48）。通过进一步叠加单要素评价结果，发现大部分冲突区域位于水源涵养、生物多样性维护和水土保持功能重要的山区。

生态保护极重要区内现状建设用地面积为 7.48 km^2，占全市现状建设用地总面积的 0.65%，空间分布如图 4-49 所示。其中，以交通用地和工矿仓储用地为主，城镇住宅用地面积较小，只有 0.01 km^2，空间冲突问题并不突出。

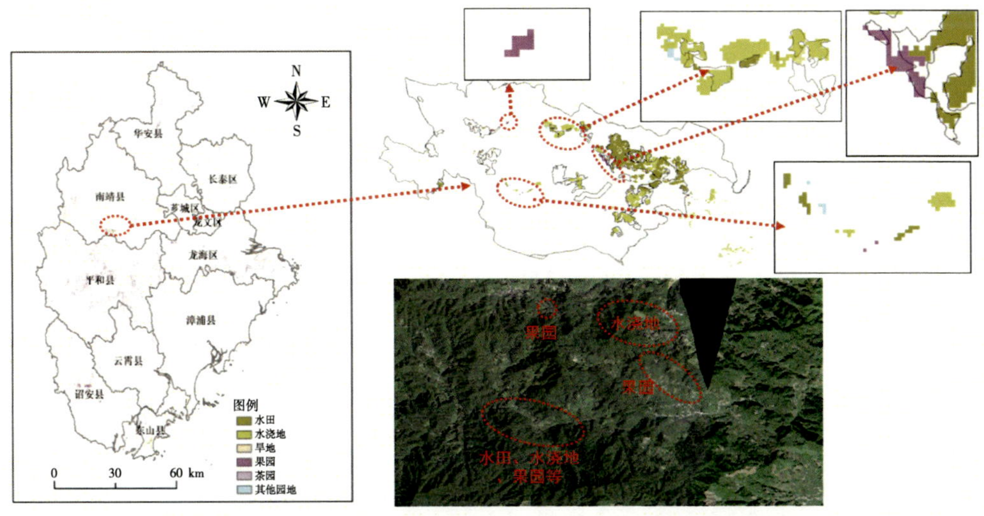

图 4-47　漳州市虎伯寮自然保护区内的种植业开发活动遥感对比

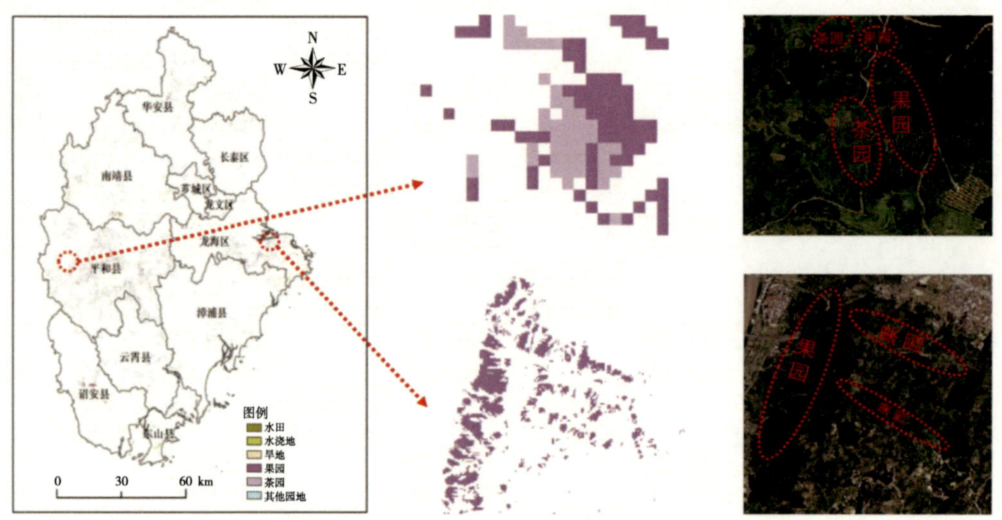

图 4-48　漳州市生态保护极重要区内的茶果园分布遥感对比

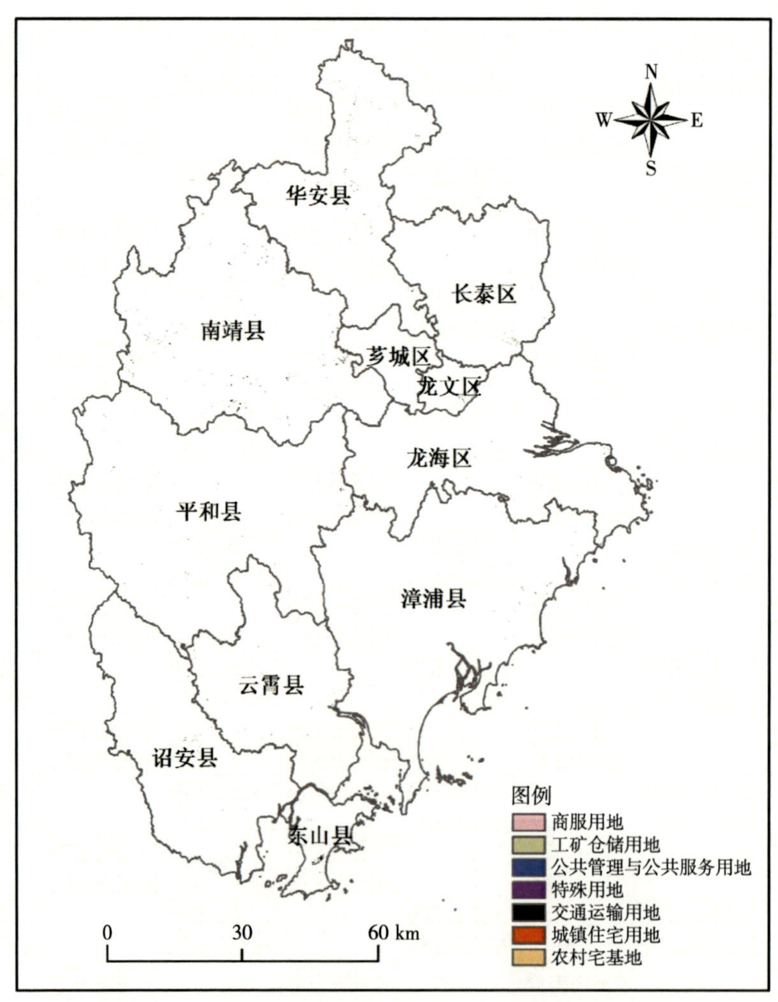

图 4-49　漳州市生态保护极重要区内的建设用地分布

各县区中，华安县、平和县、长泰区、南靖县空间冲突面积占比较高，如表4-13所示。其主要是由于地处中西部山区，建设用地特别是交通运输用地难以避让生态保护极重要区所致。因此，在基于“双评价”成果划定生态保护红线时，应注意避让交通等基础设施用地，并为后续建设预留一定发展空间。

表4-13 漳州市生态保护极重要区内的建设用地统计

用地类型	总面积 /km^2	生态保护极重要区内面积 /km^2	占比 /%
商服用地	34.2	0.20	0.57
工业用地	175.9	0.27	0.16
采矿用地	41.5	1.56	3.75
盐田	20.4	0.00	0.00
城镇住宅用地	124.4	0.01	0.01
农村宅基地	394.6	0.67	0.17
公共管理与公共服务用地	45.6	0.04	0.09
特殊用地	26.0	0.59	2.28
铁路用地	10.3	0.41	4.02
公路用地	0.0	0.00	0.00
城镇村道路用地	144.7	2.30	1.59
交通服务场站用地	32.4	0.00	0.01
港口码头用地	5.0	0.06	1.14
管道运输用地	3.6	0.01	0.23
水工建筑用地	0.1	0.01	4.50
空闲地	17.0	0.28	1.67
设施农用地	1.4	0.00	0.00
合计	78.2	1.07	1.37

通过叠加空间冲突分析结果与遥感影像资料（图4-50），发现在龙海区角美镇等地，部分城镇住宅紧邻山脚，城镇住宅局部区域位于生态保护极重要区内，图像中呈现破碎的零星斑块，可能是由于DEM栅格数据误差导致的。在平和县、南靖县等西部山县区，农村居民点相对分散，部分宅基地位于生态保护极重要区内。

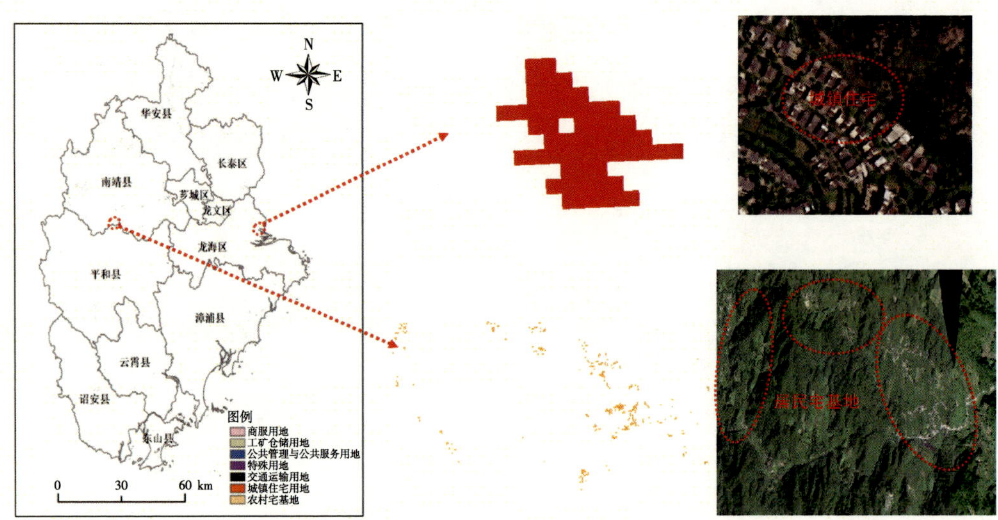

图 4-50　漳州市生态保护极重要区内的住宅用地遥感对比

4.2.2　种植业生产不适宜区内的耕地与园地分布

将种植业生产适宜性评价结果与耕地、园地分布现状进行空间叠加，表 4-14 结果显示，全市 82.2% 的耕地分布在种植业生产适宜区，17.0% 的耕地分布在一般适宜区，只有 0.8% 的耕地分布在不适宜区。可见，漳州市耕地开发现状与种植业生产条件协调程度较高，呈现出非常高的空间匹配性。全市 40.2% 的园地分布在种植业生产适宜区，47.5% 的园地分布在一般适宜区，12.3% 的园地分布在不适宜区。园地分布与种植业生产条件空间匹配程度相对较低，特别是不适宜区内的园地占比偏高。

表 4-14　漳州市种植业生产适宜性与耕地、园地分布空间耦合状况

用地类型	适宜区		一般适宜区		不适宜区	
	面积 /km^2	占比 /%	面积 /km^2	占比 /%	面积 /km^2	占比 /%
水田	525.2	81.1	117.9	18.2	4.8	0.7
水浇地	71.0	89.8	7.4	9.4	0.7	0.8
旱地	101.3	83.4	18.7	15.4	1.5	1.2
耕地合计	697.5	82.2	144.0	17.0	7.0	0.8
果园	1 114.6	40.8	1 284.8	47.0	332.6	12.2
茶园	13.9	7.8	129.1	72.3	35.7	20.0
其他园地	81.0	81.0	17.6	17.6	1.4	1.4
园地合计	1 209.5	40.2	1 431.6	47.5	369.7	12.3

种植业生产不适宜区内，现有耕地面积为 7.0 km^2，占全市耕地总面积的 0.8%；现有园地面积为 369.7 km^2，占全市园地总面积的 12.3%。其中，果园面积高达 332.6 km^2，其次为茶园，面积为 35.7 km^2，主要分布在中西部丘陵山区（图 4-51），种植业生产不适宜的主要因素是坡度过陡（>25°）。虽然部分茶果园已经进行了梯田改造，但仍有大量陡坡区域存在茶果园分布，这是造成漳州市水土流失问题的主要原因，如表 4-14 所示。

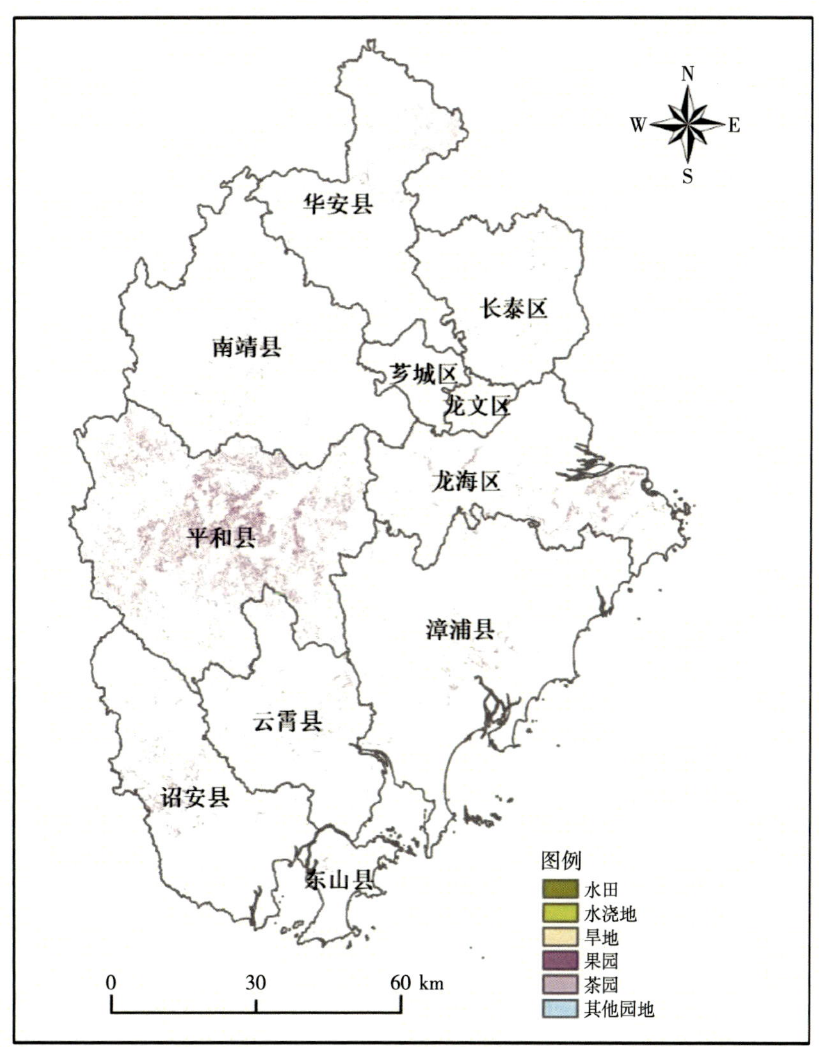

图 4-51 漳州市种植业生产不适宜区内的耕地与园地分布

各县区中，平和县、华安县、南靖县等西部县区种植业生产不适宜区内的耕地与园地面积较大，特别是果园面积占比较高，详见表 4-15。

表 4-15　漳州市各县区种植业生产不适宜区内的耕地与园地统计　　单位：km^2

行政区	水田	水浇地	旱地	耕地合计	占耕地比重 /%	果园	茶园	其他园地	园地合计	占园地比重 /%
芗城区	0.00	0.00	0.00	0.00	0.00	0.62	0.00	0.11	0.72	0.78
龙文区	0.00	0.00	0.00	0.00	0.01	0.27	0.00	0.00	0.27	1.70
云霄县	0.10	0.00	0.08	0.18	0.35	17.17	0.26	0.09	17.52	6.57
漳浦县	0.02	0.03	0.04	0.09	0.04	17.73	0.19	0.14	18.06	3.59
诏安县	0.08	0.00	0.01	0.09	0.09	21.62	0.83	0.02	22.47	5.88
长泰区	0.07	0.00	0.02	0.09	0.15	5.64	1.46	0.01	7.10	5.37
东山县	0.00	0.00	0.01	0.01	0.03	1.37	0.00	0.01	1.38	5.92
南靖县	2.00	0.63	0.41	3.03	2.18	19.61	4.66	0.47	24.74	12.09
平和县	0.48	0.01	0.02	0.50	1.09	212.04	3.74	0.02	215.81	23.18
华安县	2.04	0.00	0.62	2.66	4.67	7.23	24.52	0.16	31.91	19.15
龙海区	0.03	0.00	0.31	0.34	0.29	29.31	0.02	0.40	29.72	10.17
合计	4.82	0.67	1.51	7.00	0.83	332.60	35.69	1.42	369.71	12.28

叠加空间冲突分析结果与遥感影像资料显示，在平和县崎岭乡、南靖县山城镇等地的种植业生产不适宜区内分布有水浇地、茶园、果园等，不适宜的主要原因是坡度大。通过识别遥感影像发现，部分区域已经实施了坡改梯改造，如图 4-52 所示。

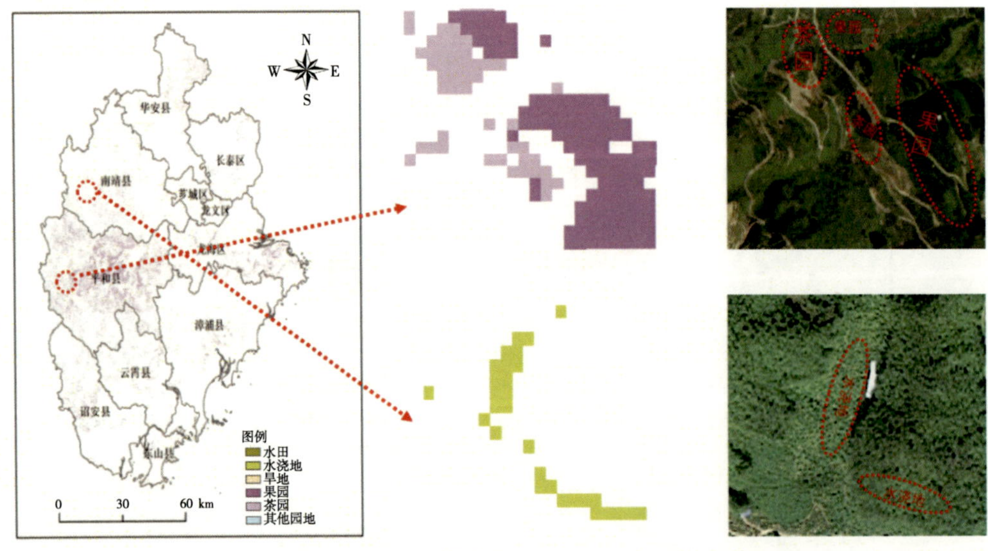

图 4-52　漳州市种植业生产不适宜区内的耕地与园地遥感对比

4.2.3 城镇建设不适宜区内的建设用地分布

将漳州市城镇建设适宜性结果与第三次土地调查数据进行叠加，结果表明，全市建设用地中有 71.4% 位于城镇建设适宜区，27.0% 位于一般适宜区，1.5% 位于不适宜区，表现出较高的匹配性，如表 4-16 所示。

表 4-16 漳州市城镇建设适宜性与建设用地分布空间耦合状况（一级地类）

用地类型	适宜区		一般适宜区		不适宜区	
	面积 /km^2	占比 /%	面积 /km^2	占比 /%	面积 /km^2	占比 /%
商服用地	26.6	77.7	7.4	21.7	0.2	0.6
工矿仓储用地	165.8	69.7	65.9	27.7	6.1	2.6
住宅用地	386.9	74.5	130.7	25.2	1.5	0.3
公共管理与公共服务用地	37.0	81.1	8.6	18.8	0.0	0.1
特殊用地	16.6	63.9	9.1	35.1	0.3	1.1
交通用地	130.6	66.6	57.4	29.3	8.1	4.1
其他	62.1	64.2	33.2	34.3	1.4	1.5
建设用地合计	825.5	71.4	312.3	27.0	17.6	1.5

在城镇建设不适宜区内，现有建设用地面积为 17.6 km^2，空间分布如图 4-53 所示。其中，面积较大的用地类型主要是农村宅基地、交通用地、工矿仓储用地，城镇住宅用地、商服用地、公共管理与公共服务用地面积较小，说明中心城区及主要城镇范围内建设用地分布于城镇建设不适宜区的矛盾并不突出，城镇发展已逐步形成住宅区、工业区、商业区等较为协调发展的空间格局，如表 4-17 所示。

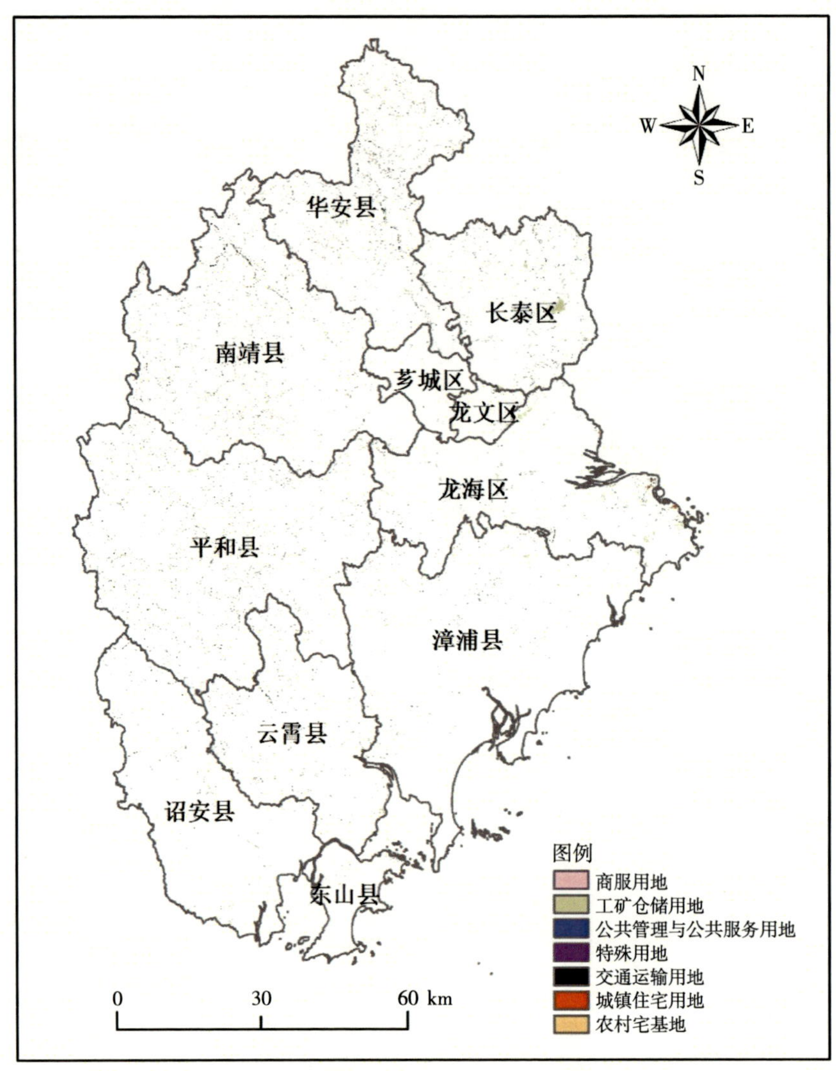

图 4-53　漳州市城镇建设不适宜区内的建设用地分布

表 4-17　漳州市城镇建设不适宜区内的建设用地面积统计（二级地类）

用地类型	总面积 /km^2	城镇建设不适宜区内面积 /km^2	占比 /%
商服用地	34.2	0.19	0.55
工业用地	175.9	0.31	0.17
采矿用地	41.5	5.81	13.99
盐田	20.4	0.00	0.00
城镇住宅用地	124.4	0.10	0.08
农村宅基地	394.6	1.38	0.35

续表

用地类型	总面积 /km^2	城镇建设不适宜区内面积 /km^2	占比 /%
公共管理与公共服务用地	45.6	0.05	0.10
特殊用地	26.0	0.28	1.10
铁路用地	10.3	0.67	6.49
公路用地	144.7	7.44	5.14
城镇村道路用地	32.4	0.00	0.01
交通服务场站用地	5.0	0.01	0.21
港口码头用地	3.6	0.00	0.03
管道运输用地	0.1	0.00	2.42
水工建筑用地	17.0	1.15	6.75
空闲地	1.4	0.00	0.00
设施农用地	78.2	0.26	0.33
合计	1 155.4	17.64	1.53

根据叠加空间冲突分析结果与遥感影像资料，对比工矿仓储用地、城镇住宅用地等用地类型分布于城镇建设不适宜区的情况，如图 4-54、图 4-55 所示。

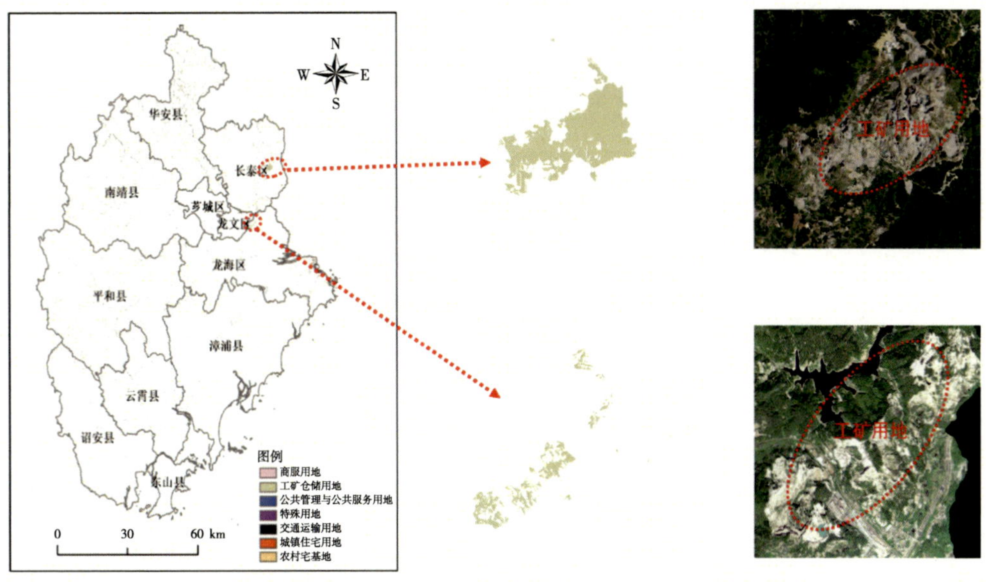

图 4-54　漳州市城镇建设不适宜区内的工矿用地遥感对比

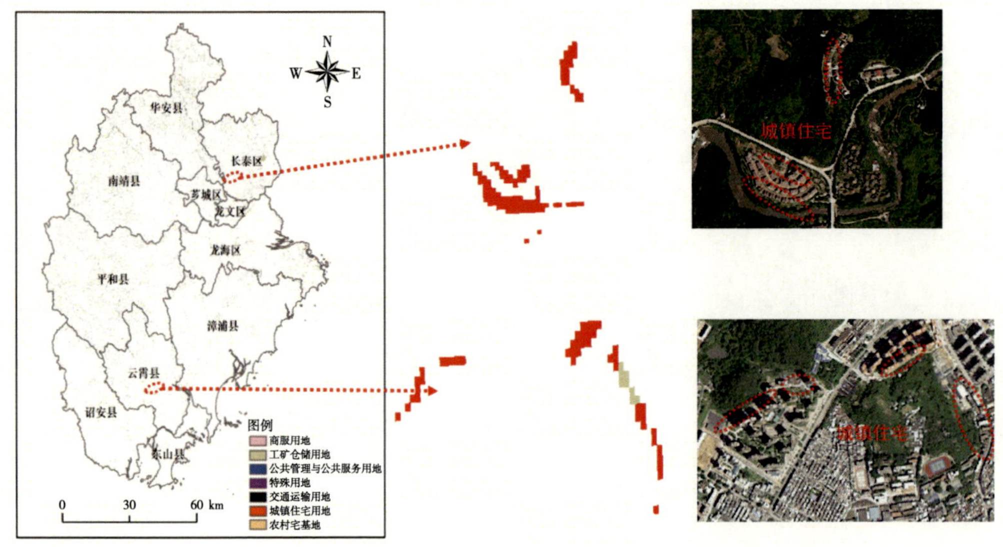

图 4-55　漳州市城镇建设不适宜区内的城镇住宅遥感对比

其中，工矿仓储用地分布较为集中，城镇住宅用地的冲突区域大多较零散，部分地区为锯齿状区域，可能是由于 20 m × 20 m 的栅格精度问题导致的。在下一步城乡统筹发展布局中，应在“双评价”结果基础上，针对空间冲突区域，进一步评估较为零散的城镇建设用地和农村居民点资源环境承载条件，对于承载力和适宜程度较低的居民点，应引导人口搬迁及就近城镇化。

4.3 主要问题与风险

4.3.1 生态保护问题与风险

（1）海洋生态环境退化问题日益凸显

随着沿海地区城镇化和工业化的发展，漳州市海湾生态系统、滩涂和河口湿地生态系统等重要功能区水域面积减少，局部海域自然岸线不断减少，生态功能下降，出现生物多样性下降、渔业资源衰退甚至枯竭等一系列问题。漳州市沿海地区多为窄口半封闭形海湾，湾区与海外海水交换周期长，环境降解能力较差。临港石化产业、海洋工程装备业、九龙江口船舶修造业等产业的发展，导致入海排污量加大，造成九龙江口等局部海域生态环境污染。随着沿海地区城镇化的持续推进，预测到 2035 年，漳州市河口、自然岸线、海湾、海岛生态功能退化风险将不断加大。

（2）生态连通性差，自然生境割裂问题突出

随着城镇化、工业化的发展，以及城镇扩张、基础设施建设和围填海等活动，侵占了大量自然生态空间，滨海地区滩涂、水面、森林等生态用地面积显著减少，部分生态廊道被各类交通廊道切割、阻隔，造成自然生境割裂，生境连通性差。漳州市生态保护重要性评价结果表明，全市生态保护极重要区在空间上分布较不均衡，在西部主要集中在中高山区，在东部则主要分布于沿江、沿海地带。生态廊道连通性相对较差，是区域生物多样性保护难点所在。

（3）西部山区水土流失问题较突出

漳州市水土流失问题在福建省内相对突出，福建省 22 个水土流失治理重点县中，有 5 个县属于漳州市，分别为平和县、诏安县、南靖县、华安县、云霄县。近年来，漳州市水土保持工作取得显著成效，水土流失面积有所减少，但存量规模依然较大，治理任务艰巨。西部山区坡度陡、暴雨多的自然地理条件叠加毁林种茶种果、矿山开采等无序开发行为，导致植被破坏与水土流失。

4.3.2 农业生产问题与风险

（1）基本农田保有量严重不足

根据漳州市 2018 年颁布实施的《进一步加强耕地保护和改进占补平衡工作实施方案》，要求到 2020 年，全市耕地保有量不少于 258.21 万亩，永久基本农田保护面积不少于 237.64 万亩。“三调”初步成果显示，全市现状耕地面积为 127.27 万亩，仅相当于基本农田指标的半数。大量基本农田被改造成茶果园、养殖鱼塘，城镇建设用地挤占基本农田的问题也比较突出，如图 4-56 所示。

（2）陡坡地茶果园规模较大

按照坡度≤2°、2°～6°、6°～15°、15°～25°、＞25° 划分为平地、平坡地、缓坡地、缓陡坡地、陡坡地 5 个等级，统计不同坡度条件下的果园与茶园面积，结果如图 4-57 所示。统计结果显示，有 11.5% 的果园和 19.6% 的茶园分布在坡度 25° 以上的陡坡地。陡坡区域的茶果园开发，是导致山区水土流失的主要原因，应进一步加强水土保持治理，以减少农业开发活动对水土流失的影响。

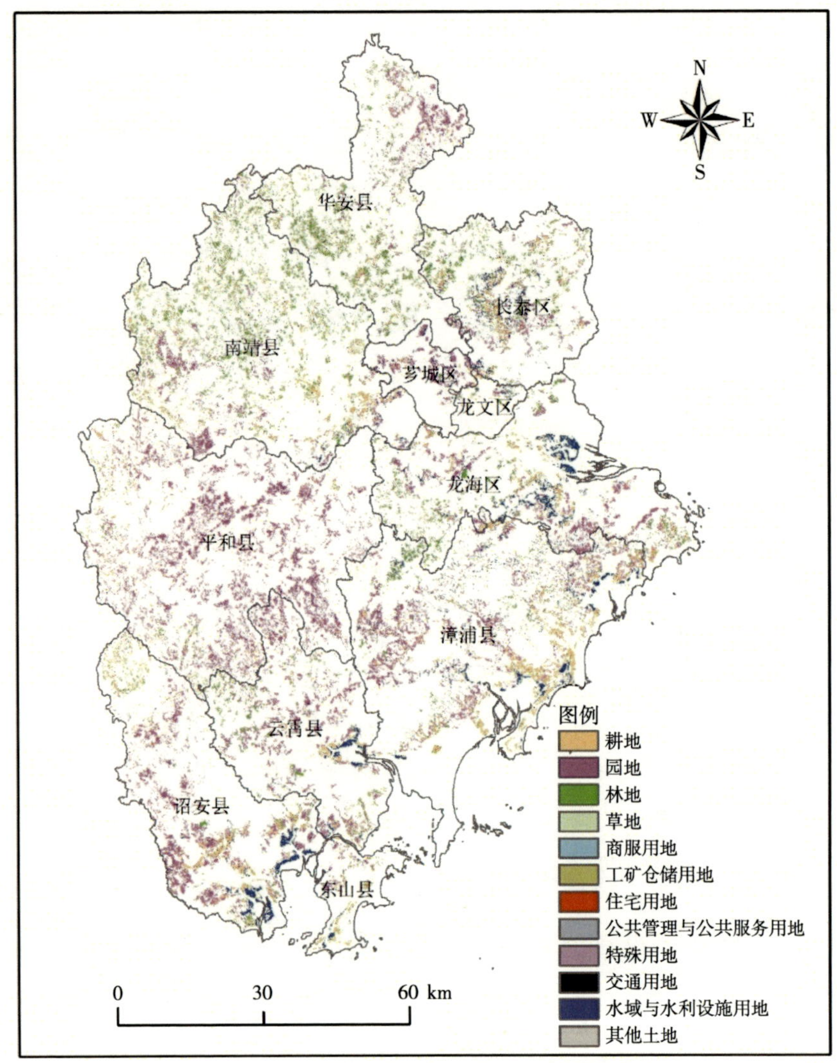

图 4-56　漳州市基本农田保护区土地利用现状

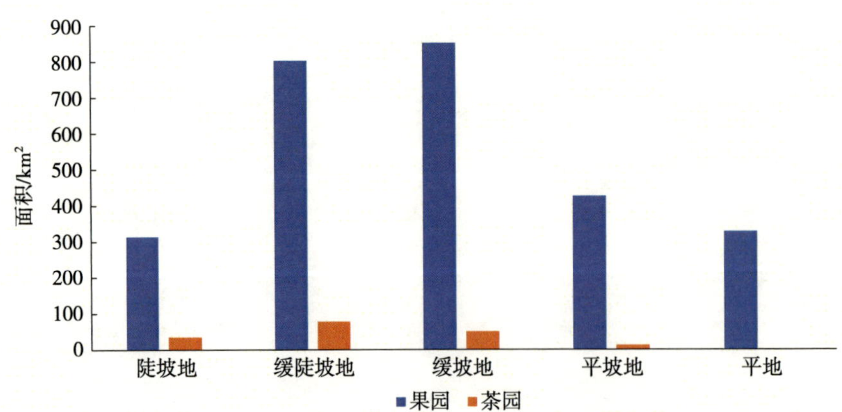

图 4-57　不同地形坡度条件下的茶果园分布

4.3.3 城镇建设问题与风险

（1）城镇建设用地集约利用水平偏低

漳州市建设用地利用粗放，集约利用水平较低，存在低水平重复性建设的现象，在省内处于偏低水平。据《中国国土资源公报》统计，在城镇人均建设用地方面，漳州市平均处于超标状态；在工业用地方面，容积率低于全省平均水平，土地利用效率明显偏低。同时，由于农村人口流失，导致空心村和闲置土地面积越来越多，造成农村土地的浪费。漳州市各县区发展不均衡现象突出，西部县区建成区用地集约化水平明显低于全市平均水平。这种不均衡现象会加剧全市统一调控的政策阻力，造成大量的资金和土地浪费。

（2）城镇开发与生态保护矛盾突出

在“拥江达海”城市发展战略的推动下，人口、产业和城镇向滨海尤其是向“一核两湾”地区聚集，用海强度持续增加，因围填海及侵占其他生态空间的人为措施，森林、湿地、水域等生态用地面积减少，部分生态廊道被各类交通廊道切割、阻隔，导致生境破碎化，生态系统功能退化。古雷经济开发区等沿海湾区石化产业与码头的高强度开发，导致大量滩涂、水域、湿地生态系统被占用，并且大量污染物的排放，可能会造成自然岸线和海域生态系统破坏、生物多样性下降、渔业资源衰退甚至枯竭等一系列环境问题，也使得海洋环境容量和自净能力面临更大挑战。预测到 2035 年，随着厦漳泉大都市区同城化进程的推进，以及漳州市城市化水平的进一步提升，人口产业将向沿海地区进一步集聚，这样势必会在空间上继续挤占生态空间，使得围海造地、自然海岸线丧失等问题加剧，造成生态系统进一步承压。

4.4 生态保护与经济社会协调模式

4.4.1 生态保护空间

（1）不同区域生态保护模式与对策

①持续提升重点生态功能区生态系统结构与功能。加强中西部山区森林带和重

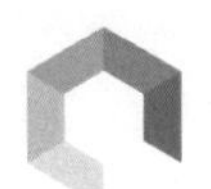

要滨海湿地生态建设，不断优化生态系统结构，显著提升功能区水源涵养、生物多样性维护等重要生态功能，加大山水林田湖海生态系统综合整治力度，持续提升重点生态功能区结构与功能。

——推进中西部山区森林带生态建设。建立红线管控制度和森林资源承载力预警机制，强化对森林生态系统的保护。完善天然林保护制度，全面禁止天然林商业性采伐，采取封山育林、人工促进天然林更新等措施，促进形成天然林分，开展天然林资源和生态功能监测。加强生态公益林保护，对重点区位生态公益林中的竹林、经济林、无林地等进行改造和补植造林，引导形成以优质、异龄、复层林为主的森林结构，显著提升南亚热带标志性森林生态系统的稳定性和整体功能。

——进一步加大滨海湿地保护力度。依托国际重要湿地、国家重要湿地、湿地公园和省级重要湿地，新建一批湿地自然保护区和湿地自然公园，并纳入自然保护地体系。加强水鸟栖息地营造，打造东亚—澳大利亚候鸟迁徙安全通道。加强九龙江口、漳江口、东山湾等沿海重要海湾与河口湿地的保护和修复。

②加大生态脆弱区综合治理力度。重点加强中西部茶果竹林地水土流失及东部沿海风沙与石漠化脆弱区综合治理力度，建立健全脆弱区生态安全预警体系，促进生态自然修复进程，实现区域生态质量整体提升。

——加大水土流失治理力度。加强九龙江中下游与平和县、南靖县、漳浦县、云霄县、诏安县等西部丘陵山地茶果竹林地水土流失治理。坚持人工治理与自然修复相结合，强化水土流失重点区域治理，加快实施山洪地质灾害易发区水土流失综合整治工程和坡耕地水土流失综合整治示范工程，加强小流域综合治理，加大矿山环境整治修复力度。

——加强滨海风沙与石漠化控制。完善漳浦县、云霄县、诏安县、东山县的滨海防风固沙林带、水土保持林和农田林网建设；严禁破坏沿海防护林、水土保持林和防沙林，严禁在防护林带内进行开垦、养殖、挖沙取土以及旅游设施的建设；严格限制采石取土活动，对现有采石场点进行整治，加强管理，加强侵蚀严重丘陵台地的植被恢复重建，防治水土流失和石漠化。

（2）生态空间保护与发展建议

①科学统筹生态空间的保护与开发。深入推进生态空间用途管制，调整优化生

态保护红线，协调统筹生态空间开发保护关系，保障生态空间的合理利用和可持续发展。

——采取最严格措施保护生态保护红线区域。科学划定生态保护红线，实现重要生态功能及生态敏感脆弱地区的强制性严格保护，保障和维护区域生态安全底线，逐步迁出内部采矿、开垦等开发建设活动，严格控制生产生活活动类型和强度，维护自然生态系统的整体性和原真性。

——协调统筹生态空间中开发与保护的关系。严格实施生态空间用途管制，在资源环境承载力和国土空间开发适宜性评价的基础上，针对不同等级的生态重要和脆弱空间，制定差别化的正面和负面清单，规定不同空间开发利用类型、方式和强度，通过正向引导和反向倒逼，实现人口、经济、生态环境的均衡发展。积极探索无形生态产品的价值实现路径，积极应对“碳达峰”与“碳中和”，加快推进碳交易市场建设，建立科学合理的碳汇核算体系。

②加强生态重要区域保护，推进国土生态安全格局构建。坚持最严格的生态环境保护制度，严守生态保护红线，加强重点生态功能区域和生态脆弱区域的保护，加强生态廊道建设，连接生态保护极重要区，构筑连续完整的国土生态安全格局。

——加强重要生态廊道的建设与保护。相比福建省内其他地区，漳州市生态保护极重要区在空间上的割裂问题较为突出，特别是中部中低山区域与西部山区的连通性较差。应加强廊道建设，将重要的生态斑块连接成网，重点依托九龙江、漳江、诏安东溪、鹿溪，打造清水廊道与滨水绿带，营建河流生态廊道，保障全市江河水系的“山—海”生态通道；充分利用现有河湖、森林、湿地、海洋等自然生态系统和生态农业用地，连接生态保护红线、自然保护地与野生动植物栖息地，构建市域“绿色通道”，为动植物迁移和传播提供连续完整的通道。

——加强中西部山区天然林保护与水土流失治理。漳州市中西部山区具有重要的水源涵养、生物多样性维护和水土保持功能，是全市重要的生态屏障区。由于茶果园和经济林的过度开发，目前该区域存在较严重的水土流失问题，生物栖息地破碎化问题也日趋严重，生态系统功能受到影响。应在此实施天然林保护和修复工程，加强对沿江、沿溪、水库周边区域天然林和水源涵养林的保护，在主要江河两侧及库区周围实施造林、补植、抚育和封山育林。推进水土保持生态建设，加强水土流失治理，以小流域综合治理为重点，对于坡度为25°以上的耕地、园地实施坡改梯和退农还林措施。

——加强海岸带和滨海湿地资源保护。漳州市海岸带区域海湾、海岛和湿地资源丰富，是重要的海洋生物栖息地和候鸟迁徙中转站，对于维护生态功能具有重要意义。近年来，随着滨海地区城镇化和工业化的快速推进，大量滩涂、湿地资源被占用，自然生境破碎化的问题凸显。应严格控制围填海、围滩造地活动，对于造成海洋生态环境恶化的滩涂养殖、盐田，实施退养还海还滩还湿、退盐还海还滩还湿措施；严格控制人工岸线开发强度，开展海岸和滨海湿地修复工程，恢复自然岸线和滨海湿地环境，建设一批滨海湿地自然公园；加强漳江口、九龙江口红树林湿地保护，加强海湾和海岛资源保护，提高生物多样性水平。

③稳步推进自然保护地体系建设。开展全市自然保护地总体规划工作，逐步建立健全统一规范高效的管理体制，实现自然保护地的统一管理和差别化管控。

——开展自然保护地规划工作。落实国家和福建省关于自然保护地相关要求，对各级各类自然保护地进行整合归并优化，逐步开展自然保护地总体规划编制，与国土空间规划相衔接，有力保护全市各级各类自然保护地。

——实行差别化管控措施。根据自然保护地的功能定位和保护目标，实行差别化管控。自然保护区以生态系统保护和修复为主，对开发建设实行分区管控，原则上核心区内禁止人为活动，一般控制区内严格控制人类活动类型和强度。研究制定不同级别自然保护地的产业发展正面清单。

4.4.2 农业生产空间

（1）不同区域农业发展模式与对策

①推进丘陵山区特色农业发展。漳州市中西部地区以中低山、丘陵为主，绿色、有机和特色精品农业发展基础好，水果、茶叶等产业已经形成一定的品牌优势。这个区域也是全市生态保护重要区域，应加强农业生产与生态保护的协调发展，发挥生态环境的独特性和原生性优势，重点发展传统特色水果、特色茶叶、经济林竹、食用菌、优质畜禽、绿色蔬菜等产业；鼓励发展生态农业、休闲农业，打

造以观光旅游、休闲疗养等为主要内容的生态农业休闲产业。

②推进平原区现代化农业发展。漳州市东南沿海地区以低丘、平原、台地为主，地形相对平整，供水条件便利，光照充足，种植业生产适宜程度高。应以加强粮食安全为重点，大力发展水稻、马铃薯等粮食产业，打造高产、稳产粮食生产示范区；适度发展优势特色水果、食用菌和花卉种植，配套建设农产品加工产业；完善农产品交易流通体系建设，大力发展农产品跨境电子商务、农村电商，以及以观赏旅游、农事体验为主的农家乐休闲旅游业务。

③推进沿海地区水产养殖业发展。漳州市沿海地区渔业生产适宜性高，滩涂养殖、海水养殖产业发达，已形成一定的产业优势。应推进现代海洋牧场建设，大力发展现代渔业，推进标准化养殖基地建设，加快转变渔业转型升级，提高养殖产出率；重点发展石斑鱼、鲍鱼、罗非鱼、鲷科鱼类、南美白对虾，以及蛤类、藻类、牡蛎等水产养殖业，做大做强特色品种产业；严格按照海洋功能区划与海洋生态红线使用海域，在八尺门等海域生态环境脆弱渔区加强养殖容量控制。

（2）农业生产空间优化建议

①加强耕地和基本农田保护。基于“三调”图斑统计，漳州市耕地面积为8.48 万 hm^2，仅相当于基本农田保护指标 16.68 万 hm^2 的半数，耕地和基本农田被占用的现象已经十分突出。应全面推行和完善各级政府领导任期耕地保护责任制，严格控制非农建设占用耕地，稳步实施执法监察网格化、网络化管理建设，切实有效保护耕地和基本农田；加大土地复垦力度，确保耕地占补平衡；在确保粮食安全的前提下，以土地利用现状和“双评价”成果为基础，适度调整基本农田指标。

②充分利用区域生态资源优势，发展休闲农业。发挥区域生态景观优势，探索打造优化休闲农业与乡村旅游线路。结合西北部山区、中部平原、东南部沿海自然生态、自然遗迹、人文景观、海洋风貌等各具特色的自然保护地类型，分类发展绿色生态、农作体验、休闲渔业等休闲观光农业。依托西北部区域内的南靖土楼群、南靖和溪乐土南亚热带雨林区、华安贡鸭山生态森林公园等，重点发展风景旅游、森林旅游等生态旅游型农业。依托山重古民居、百里花卉走廊、大芹山高山茶园等，重点发展农家乐、观光、采摘等农事体验农业。依托漳江口红树林水乡渔村、东山湾水产养殖观光区等，重点发展滨海休闲渔业。

③加强农业空间生态保护与整治修复，提升耕地质量。加强农村饮用水水源地保护、生活污水处理、生活垃圾无害化处理、河塘沟渠整治。推广生物有机肥、低毒低残留农药，开展测土配方施肥、畜禽粪便资源化利用和农田残膜回收工作。加强农业面源污染治理，加快推进可养区生猪养殖场标准化改造，全面实现畜禽养殖场的达标排放。发展生态循环种养，推进农牧业废弃物资源化利用。稳定海水养殖面积，改善近海水域环境质量，大力开展水生生物资源增殖和环境修复工作。

④结合生态廊道建设，发展生态竹业。以生态屏障、廊道建设为契机，推动竹业绿色发展转型升级。在九龙江、鹿溪、漳江、诏安东溪等重要河流生态廊道两岸一重山、重要水源地及周边实施生态造林和恢复措施。以森林生态保育为核心，推动实施封山育林和幼林抚育，发展林下产业。转变竹林业经营模式，增强森林生态功能，调整森林结构，强化林竹产业生态支撑作用。

4.4.3 城镇建设空间

（1）不同区域城镇开发模式与对策

①引导人口产业向中心城区、环东山岛两大城镇群组团集聚，与国土空间开发适宜性相均衡。“双评价”结果表明，漳州市中心城区和厦门港南岸、南部滨海平原地区存在集中连片的城镇建设适宜区，具备人口产业集聚发展的条件，且适合发展临港产业，应予以优先发展。以资源环境承载力和国土开发适宜性条件为基础，推动漳州市由滨江走向滨海，利用沿海地区城镇建设优势条件，引导人口产业向中心城区、环东山岛两大城镇组团集聚，构建滨海城镇发展带。

②推动内陆地区中心城镇基础设施与公共服务建设，提升中心城镇的服务能级。中西部内陆县区城镇建设适宜程度相对较低，且适宜区较为分散，应以水土资源条件为基础，合理控制城镇发展规模。推动内陆县城和重点镇加快补齐交通能源、公共服务、治理能力短板，以协调推进新型城镇化与乡村振兴战略为抓手，提升中心城镇的服务能级。

（2）城镇建设空间发展建议

①优化城镇建设用地空间布局。结合“双评价”结果，实行差别化的土地利用政策，合理安排用地规模、结构和布局，优化城镇建设空间格局。严格控制沿海经

济发展带建设用地增量，适当扩大中心城区、环东山岛城镇组群，以及古雷港经济开发区、厦门港南岸新城、漳州高新技术产业开发区、环东山湾经济开发区的城镇建设用地规模，合理控制中西部重点生态功能区及平和县、南靖县等农产品主产区的城镇建设用地规模。支撑“中心东移、跨江南扩、面海拓展”发展战略，推动中心城市拓展延伸，保障中心城区市政基础设施、公共服务设施以及民生用地。

②推动产业升级，提高土地集约化利用水平。以节约集约用地为前提，合理控制建设用地规模，优化土地利用，提升用地经济效率。积极探索土地节约集约利用的新途径，创新土地供给方式，运用市场化机制盘活存量土地和低效用地，提高节约集约用地水平。推进实施建设用地总量控制和减量化战略，严格划定城市开发边界，防止城市建设无序扩张。强化城乡建设用地规模刚性约束，遏制土地过度开发和建设用地低效利用。推进全市工业结构调整优化升级，提高工矿用地产出率，淘汰效益低、占地多、污染高的落后产业。

③有序推进建设用地综合整治工作，提升国土空间品质。加强工矿用地综合整治，对生态红线内、生态保护极重要区内，以及土壤、水体污染严重的区域，采取工程技术、生物修复等措施进行专项治理，因地制宜地安排生态修复与土地复垦的规模与时序。综合运用矿山生态环境恢复治理、土地复垦等政策手段，督促矿山企业履行矿山生态环境恢复治理和土地复垦义务，全面推进矿区土地复垦。

④有序推进村庄撤并与就近城镇化工作。结合城镇建设适宜性评价结果，将不适宜区范围内的农村宅基地进行优化布局，实施撤并村策略，有序迁并居民点规模较小的村庄，优先安排自然保护地内、重点生态功能区，以及主要城市群周边区域的村庄迁移，优化农村建设用地布局。深化农村土地集体产权制度改革，完善农村土地出让、租赁、入股的市场机制，提高农村人口市民化的能力。提升县域中心城区的核心功能，增强对县域的辐射带动能力，合理安排漳浦、东山等省级新型城镇化试点城镇建设空间。充分发挥小城镇在连接城乡、辐射农村、扩大就业和促进发展中的作用，提升特色村庄，将新型城镇化特色地区培育为县域的中心镇、省级小城镇。

第 5 章

生态空间保护战略布局

5.1 总体布局

漳州市深入贯彻落实习近平总书记关于“绿水青山就是金山银山”“山水林田湖是一个生命共同体”的指示精神，坚持最严格的生态环境保护制度，构筑“两屏、一带、多廊、多点”的国土生态安全格局（图 5-1），严守生态保护红线，控制生态空间开发强度，全面增强保护和治理能力，持续提升全域生态环境品质，构建安全健康的生态空间。

“两屏”：是福建省中部鹫峰山—戴云山—博平岭生态屏障的重要组成部分。其以北部戴云山南伸余脉、西北部博平岭东侧山脉等山体为核心，串联生态保护红线与重要生态功能区域，是维护全市生物多样性、水源涵养功能的西部山体生态屏障；以中南部低山丘陵为重点，连接重要生态保护空间，是提升漳州市水源保障和水土保持功能的中部山体生态屏障。

“一带”：由东部近岸海域和海岸带构成的海洋及近海海域生态防护带，是连接海洋生态系统及陆域生态系统的重要纽带，也是福建省海洋及近海海域生态防护带的重要组成部分。

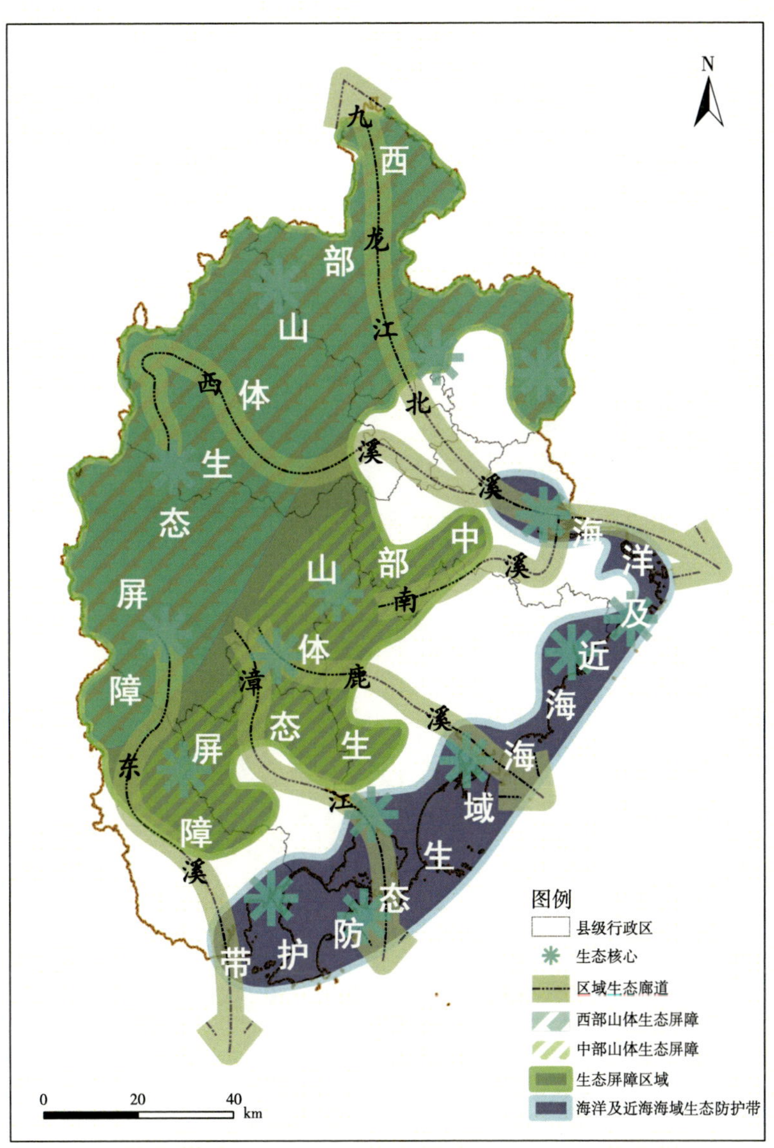

图 5-1 漳州市国土生态安全格局

“多廊”：依托九龙江（北溪、西溪、南溪）、漳江、诏安东溪、鹿溪及其主要支流，打造清水廊道与滨水绿带，营建四大河流生态廊道；与其他水体、区域绿道共同构建市域蓝绿生态网络。

“多点”：重点保护以生物多样性维护功能为主的甲子尖、双尖山、大芹山—灵通山、乌山、石屏山生态核心；重点保护以综合生态保育功能为主的矾山、良岗山—天宝山、天柱山生态核心；重点保护以海岸带保护与灾害防护功能为主的九龙江口、隆教湾、佛昙湾、旧镇湾、漳江口、东山东部及南部海域、诏安湾生态核心。

5.2 重要生态屏障、廊道、轴带

5.2.1 中、西部山区生态屏障

（1）中部山体生态屏障

中部山体生态屏障以中部石屏山脉、南部矾山、梁山、乌山、河港山等低山丘陵生态保护红线为主要区域，可以提高漳州南亚热带标志性生态系统多样性维护以及全市水资源保障功能，构筑沿九龙江两岸及沿海地区高强度人类活动的生态屏障。

加强对石屏山、矾山、乌山、河港山等重要山体的保护。加强对石屏山、乌山自然保护区林、水源涵养林、水土保持林、国防林等生态公益林的保护。实施对石屏山脉东麓果林、龙山溪、永丰溪、花山溪、黄井溪等河流源头地带竹林地的修复，改善森林结构。加强对良岗山、天宝山、天柱山、鼓鸣山、山重、天马、中西、坪水、云霄、狮头山、乌山森林自然公园，以及三平、太极峰风景自然公园等自然保护地的保护。结合流域综合治理，加大对山水林田湖草的保护和修复力度，深入推进对石屏山、矾山、乌山山脉果林竹林茶园等经果园地的水土流失的治理，提高水土保持功能。

（2）西部山体生态屏障

西部山体生态屏障以戴云山南伸余脉、博平岭东侧山脉、大芹山、灵通山等西北部大山生态保护红线为主要区域（图 5-2），其也是福建省中部鹫峰山—戴云山—博平岭生态屏障的重要组成部分，可以提升漳州市在福建省南部的生物多样性维护和跨流域水源涵养功能。

加强戴云山南伸余脉，博平岭东侧山麓双尖山、大芹山、灵通山等重要山体的保护。加强防护林和特殊用途林等生态公益林的保护。开展濒危物种和动植物栖息地的抢救性保护，修复破损的生境，串联重要物种栖息地斑块，防止野生动物生境孤岛化。加强对虎伯寮、华峰峰岩阔叶林自然保护区，华安、葛山、南靖土楼、大

山、白沙、龙伞岽森林自然公园，灵通山风景自然公园等自然保护地的保护。加大自然保护地的生物多样性保护力度，对国家和省级极小种群野生植物进行就地保护、近地保护、迁地保护，加强野生动物栖息自然生境的保护，提升生态系统的稳定性、多样性。对九龙江西溪竹林地、大芹山、灵通山等地带果园实施退耕还林工程，修复受损的森林结构。结合小流域综合治理措施，加强温水溪流域茶园，永丰溪、竹溪、龙山溪、船厂溪等流域竹林，花山溪、芦溪、九峰溪、诏安东溪等流域果园的水土保持林建设和水土流失治理。

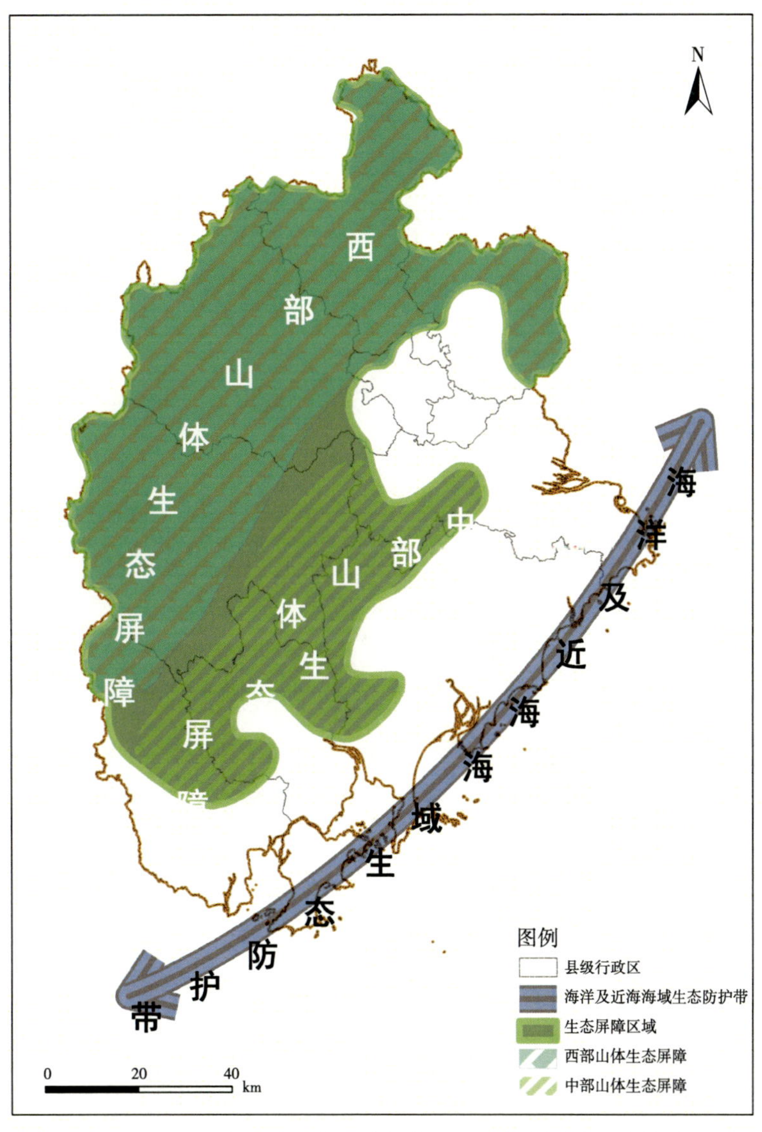

图 5-2 漳州市山体生态屏障与海洋及近海海域生态防护带

5.2.2 海洋及近海海域生态防护带

漳州市海陆生态交错带连通了沿海湿地、沿海基干林带、海洋保护区等生态保护红线及重要河口、海湾、海岛等生态系统，是全省海洋及近海海域生态防护带的重要组成部分。

漳州市深入实施“蓝色海湾”工程，推进海洋生态保护和修复工作，加强“两江两溪”入海污染总量控制。

加强自然岸线保护，坚守大陆自然岸线和海岛自然岸线保有率底线。按需占用岸线长度，按一定比例整治修复项目用海范围以外的岸线，形成具有自然海岸形态特征和生态功能的海岸线。加快建立自然岸线台账，定期开展海岸线统计调查。加快建立实施海岸建筑退缩线制度，加强海岸线相近陆域管理。严格控制退缩线向海一侧及近海水域内的建设施工、采砂等开发活动。

严格围填海管控，严格落实生态保护红线的管控要求，禁止在各类自然保护地、重要海湾、河口、滨海湿地、重要砂质岸线及沙源保护海域、特殊保护海岛及重要渔业海域实施围填海。严格限制在生态脆弱敏感区、自净能力差的海域实施围填海。

增强海岸带防护功能。保护建设红树林，封育、营造、修复海岸基干林带，进一步完善防风固沙林带、水土保持林、农田林网规模和分布情况，形成完整的滨海生态保护带以防风固沙、抵御风暴潮。

严格海岛功能管控。加强对有居民海岛的生态保护，严格限制填海连岛和改变海岛岸线，防止海岛植被退化和生物多样性降低。严格保护无居民海岛，实施无居民海岛用途管制制度，强化对无居民海岛开发利用的生态保护约束，探索无居民海岛多元化保护利用模式，推进分类管理，明确开发利用对植被、自然岸线及其他保护对象的保护要求。

加强对九龙江口、漳江口红树林自然保护区、东山珊瑚自然保护区等自然保护地的保护，切实保护好沿海湿地和红树林、珊瑚礁等典型生态系统。实施对中华白海豚、文昌鱼珍稀濒危野生动物和植物的保护救护，完善野生动植物保护体系，强化对野生动物越冬地、繁殖地、停歇地的保护。有效补充建立涉及珍稀物种栖息地、重要渔业品种、水产种质等的自然保护区、海洋自然公园、湿地自然公园等滨海湿地保护体系。

5.2.3 蓝绿生态廊道网络

充分利用现有河湖、山谷、森林、湿地、海洋等自然生态系统和生态农业用地，连接生态保护红线、自然保护地与野生动植物栖息地，构建市域山海生态廊道，为动植物迁移和传播提供连续完整的通道。在主要交通干道沿线及河道沿岸构建生态景观绿化带，有效地改善城镇之间联系通道的生态环境和景观质量，构建市域内重要的“绿色通道”。

加快实施对九龙江、漳江、诏安东溪、鹿溪“两江两溪”等流域山水林田湖生态系统的保护修复，保障全市江河水系的“山—海”生态通道。加大生态补偿搬迁力度和植被生态改造措施，恢复生态廊道生态功能。

强化森林资源保护。加强生态公益林“占一补一”，调整优化生态公益林布局。加强森林抚育经营和低效林改造，减少毁林开荒。加快实施各类自然保护地林业有害生物防御工程。

加强森林抚育。持续推进天然林保护与修复工作，加强对沿海、沿江、沿溪、中型水利工程流域和水库汇水区域的防护林水源涵养林、水土保持林及天然林的保护，加强以干流、一级支流为主的江河两侧及一重山和水库周边一重山的造林、补植、抚育和封山育林工作。

统筹城乡绿化。结合“五景”“四城”工程，加大对城市森林公园、城市片林、城市绿道建设和城中山、城周山森林景观改造。提高交通主干线沿线及一重山造林绿化美化水平。选择中心村和生态区位重要的村，开发“四旁”（村旁、宅旁、水旁、路旁）绿化和益林镇荒山荒地植树造林、低质低效林分改造，种植优质乡土、阔叶、景观树种，实现能绿尽绿。

加快关键节点废弃矿山生态修复。深入推进《漳州市废弃矿山综合治理规划（2018—2025年）》，对废弃矿山进行生态修复整治。将废弃矿山生态修复与“两江两溪”山水林田湖生态保护和修复等有机结合，采取符合自然规律的生态修复措施，优先修复位于生态廊道重要节点的废弃矿山，突出其生态功能，提高区域生态系统的连通性和完整性。

（1）区域生态廊道网络

依托主要入海河流，建设四大河流生态廊道。以九龙江（北溪、西溪、南溪）、漳江、诏安东溪、鹿溪为重点，复合其他河流、山溪，串联重要交通干线、山体，形成连接生态保护红线区域和保护生态空间的区域网络化生态廊道体系。

①九龙江北溪。加强对戴云山南伸余脉良岗山、天宝山、天柱山、甲子尖等重要河源山地天然林的保护，加强森林抚育，增加阔叶林占比。加强对重要物种栖息地的修复，串联破碎的栖息地斑块，修复动植物生境网络。加强对温水溪、仙溪、永丰溪、坂里溪、竹溪、龙津溪、马洋溪等重要支流源地的水源涵养林的建设。

加强对华安、天柱山国家森林公园，华安葛山、玉山、万世青、长泰鼓鸣山、山重、良岗山、天宝山等省级森林自然公园，龙海九龙江口红树林省级自然保护区等自然保护地的保护。

深入推进小流域综合治理。加大对华安县温水溪流域及长泰区湖内溪、坂里溪、龙津溪、林墩溪等流域内茶园的水土流失治理力度。加快推进沿江附近村庄或居民聚集区内的污水处理设施的建设，强化对分散式或小型化污水处理设备的推广与应用，推进对入河排污口的整治，加强高风险企业环境风险防范。深化对畜禽、种植业面源污染的整治。

②九龙江西溪。加强对博平岭东麓甲子尖、双尖山、大芹山、灵通山、石屏山、矾山等重要河源山地的天然林保护，加大对南靖连片大面积的南亚热带雨林森林生态系统的保护力度。加强对重要物种栖息地的修复，串联破碎的栖息地斑块，修复动植物生境网络。加强对南靖树海河源、永丰溪、龙山溪、永溪、坪坑溪、程溪溪、九十九坑溪、河坑溪、象溪、花山溪源头山地水源涵养林的建设。

加强对虎伯寮、华峰峰岩阔叶林自然保护区，南靖土楼、半山、大山、白沙、平和天马、漳浦中西、坪水等森林自然公园，平和欧寮太极峰、灵通山、三平风景自然公园等自然保护地的保护。

加强小流域综合治理。严格控制梯级水电开发规模，保证下泄流量。加强对流域内竹林地、果园的水土流失治理。严控农业面源污染，在平和、南靖等主要茶果园县，推广精准施肥技术和机具，试点建设生态沟渠、污水净化塘、地表径流集蓄池等设施，净化农田排水及地表径流。加快城区配套管网和乡镇污水处理设施建设进度，提高生活污染处理率，推进对入河排污口的整治。

③九龙江南溪。加强对石屏山等重要河源山地天然林的保护，加大对生态公益林的保护力度。加强对重要物种栖息地的修复，串联破碎的栖息地斑块，修复动植物生境网络。加强对重要支流人家溪、赤岭溪源头山地水源涵养林的建设。

加强对龙海九龙江口红树林省级自然保护区，平和天马、漳浦中西、坪水省级森林自然公园，三平风景自然公园等自然保护地的保护力度。

推进小流域综合治理。加强对流域中游果园的水土流失治理。加快推进沿江附近村庄或居民聚集区内的污水处理设施的建设，强化对分散式或小型化污水处理设备的推广与应用，推进对入河排污口的整治。加快龙海城区配套管网和乡镇污水处理设施建设进度，提高生活污染处理率。

④漳江。加强对大档尖、庵坪山、灵通山、矾山、乌山等河源地区天然林的保护，加强森林抚育，修复森林结构。加强对干流、安厚溪、峰头水库等重要水源地周边水源涵养林的保护。加强对漳江口红树林自然保护区、灵通山风景自然公园等自然保护地的保护，加强对漳江口红树林湿地、滩涂的保护和修复。

开展以小流域为单元的水土流失治理，全面控制乱砍滥伐、乱垦、采矿修路等人为因素造成的水土流失。加强源头天然林封禁管控，对疏林、疏草地补植、造林。加强对两岸低山丘陵地带坡耕地的改建，整治开山采石、取土、道路建设造成的水土流失。

加强城乡生活污染治理和畜禽养殖污染整治，完善城镇和工业园区管网。开展对杜塘水库、峰头水库库区周边以及上游乡镇、村庄生活污染的治理，逐步调整水库周边农业种植结构，开展农业面源污染治理试点工程。

⑤诏安东溪。加强对大芹山南麓、灵通山、乌山山脉等河流源地天然林的保护，加强对庵下溪、金溪、湖内溪等流域生态公益林的保护。加强对灵通山、大芹山等重要源地实施退耕还林的力度，加强森林抚育，改善森林结构，修复破碎的动植物生境。

加强对灵通山风景自然公园，乌山、龙伞岽森林自然公园等自然保护地的保护。

加强对金溪、湖内溪等支流上游水土保持林的管护，以及对龙潭水利枢纽、亚湖水库周边水土保持林的建设，防治水土流失。加强对两岸低山丘陵地带开荒地、顺坡耕地及乱砍滥伐、盲目取土、采石等造成的水土流失的治理。

加强城乡生活污染治理和畜禽养殖污染整治，完善城镇和工业园区管网。

⑥鹿溪。加强对矾山东南麓、石屏山脉、梁山山脉等河源地带天然林的保护，加强对下游梁山山脉生态公益林的保护，加强对动植物栖息地的修复。

加强对太极峰风景自然公园，坪水、狮头山森林自然公园等自然保护地的保护。

加强五寨、石榴、盘陀等地的封山育林、育草、补植，加强对绥安等丘陵地区经果林、竹林地水土流失的治理。

强化畜禽养殖污染整治和城乡生活污染治理，加强工业污染治理，完善城镇和工业园区管网，提高污水收集率。

（2）组团生态廊道体系

以九龙江北溪重要支流马洋溪、龙津溪、坂里溪、高层溪、温水溪、浙溪、赤溪、仙溪、竹溪，九龙江西溪重要支流永丰溪、龙山溪、永溪、坪坑溪、程溪溪、九十九坑溪、河坑溪、象溪、花山溪，九龙江南溪重要支流人家溪、赤岭溪，诏安东溪重要支流庵下溪、金溪、湖内溪、赤水溪、西溪，漳江重要支流安厚溪、车圩溪、埔顶溪、山美溪，鹿溪重要支流龙岭溪、盘陀溪、割后溪，独流入海的佛昙溪、赤湖溪、浯江溪、杜浔溪、梅洲溪等江河水系构建清水廊道；依托厦深高速和福昆线等高速、铁路、国省干道等重要交通干线构建城乡绿道；复合小型山体、湿地、城市生态公园、郊野公园、农田林网等重要绿色斑块（图 5-3），构建城乡一体化生态廊道体系。形成集生态保育、人居空间小气候营造、休闲游憩和康体娱乐于一体的多功能城乡生态空间，隔离城市组团，提升城乡综合生态系统服务功能。

构建一体化城乡生态空间。在中心城市与市区外围、组团城市群之间，利用“两江两溪”重要支流水系、铁路、公路、国道、省道等各类各级交通通道，连接各市县的城镇、乡村等生态空间，形成以清水蓝道、浓荫绿道网络为支撑的一体化的城乡生态空间。

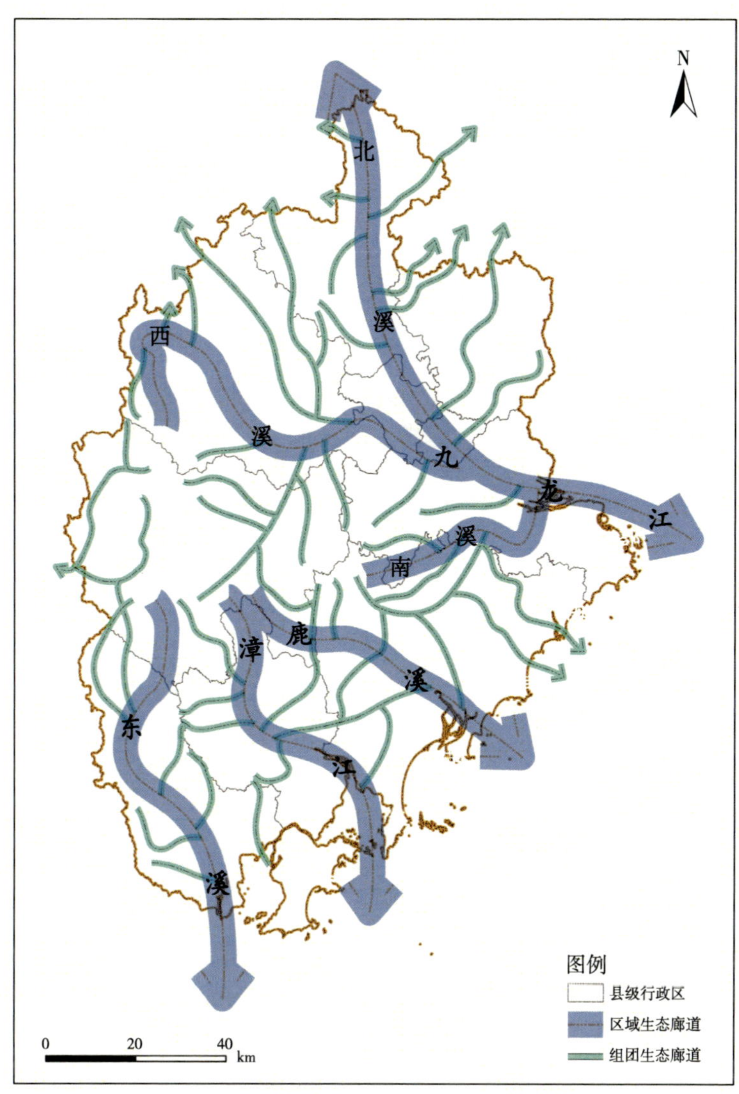

图 5-3 漳州市蓝绿生态网络

充分利用释放的闲置空间，推进城乡复绿。利用闲置土地，沿江、沿路推进城市绿道建设。加大九龙江、九十九湾等滨水景观带和城市内河景观带、城区主次干道绿化带、324 国道百里花卉走廊建设力度，推进复绿工程，拓展中心城区生态空间。加强郊野公园之间的连通度，通过绿树浓荫的自行车道、野趣自然的漫行步道，开辟全市互通串联的“绿道”，形成完整的城市慢行交通系统和城市绿色空间框架。

推进乡村绿化美化花化，建设美丽乡村。开发村旁、宅旁、水旁、路旁、坡耕地、抛荒地等非规划林地，提升茶果园地的生态功能，提升生态空间整体规模和连通性。推进乡村宜林荒山、县乡道路旁两侧、水旁宜林地段绿化花化，加大农田林网建设力度。落实美丽乡村试点，积极宣传提倡村落内庭院、屋顶和围墙立体绿化和美化的生态布局。

5.3 重要生态功能保护核心

以生物多样性保护与水源涵养功能维护、水土保持与流域综合治理、近海及海岸带生态功能防护为重点，分类建设河源山地生态涵养核心、浅山河谷生态保育核心、海湾河口生态防护核心。

5.3.1 河源山地生态涵养核心

河源山地生态涵养核心包括甲子尖、双尖山、大芹山—灵通山、乌山和石屏山，地貌以中低山为主，山高坡陡，是九龙江西溪、诏安东溪河流源地。森林覆盖率较高，生物多样性丰富，水源涵养、水文调蓄功能强。

加强虎伯寮、华峰峰岩阔叶林自然保护区，华安森林自然公园，灵通山、诏安乌山风景自然公园等自然保护地建设。开展自然保护区珍稀濒危物种野外救护与人工繁育工作。

实施对甲子尖、双尖山、大芹山、大岽山、灵通山、大档尖、矾山、石屏山等河源山地野生动植物天然集中分布区的保护，串联各类栖息地成带成网，促进野生动植物物种和种群的恢复，全面提升生物多样性保护水平。

加强对九龙江北溪支流仙溪、永丰溪、竹溪，九龙江西溪，芦溪，九峰溪，九龙江南溪、诏安东溪、漳江、鹿溪等江河源头区域的生态保护，提升水源涵养功能。

（1）甲子尖

甲子尖主要涉及华安县华丰镇、高车乡、高安镇、马坑乡、新圩镇西部，南靖县和溪镇东部、金山镇东北部。其属博平岭东侧山麓，是九龙江支流西江溪、仙溪、永丰溪、竹溪、龙山溪的发源地。

加强对野生动植物天然集中分布区的保护，开展对濒危动植物物种栖息地的抢救性保护工作，维护重要物种的生境。加强对天然林的保护，以及防护林、特殊用途林等生态公益林的保护，加大对水源涵养林的建设力度。加大西江溪、仙溪、永丰溪、竹溪、龙山溪两岸绿化种植面积。禁止商业性砍伐天然阔叶林，限制发展以木屑作为原料的食用菌生产，不再扩大干流一重山经济林，特别是巨尾桉等速生林面积。加强对华安、葛山森林自然公园的保护。

（2）双尖山

双尖山主要涉及南靖县梅林镇南部、书泽镇、船场镇西南部、南坑镇中西部，平和县芦溪镇中东部、霞寨镇西北部、山格镇西部、山城镇西部。其属博平岭东侧山麓，是漳州市海拔最高的区域，也是九龙江支流船场溪、河坑溪、西坑溪、象溪、省山溪、高际溪、枫埔溪、韩江支流芦溪、九峰溪的发源地。

重点加强对独特的南亚热带雨林森林生态系统的保护力度。加大对防护林、特殊用途林等生态公益林的保护力度，禁止砍伐天然林。采取封、育、造有机结合的方式保护天然林及林下植被，增强其生态功能。加大水源涵养林的种植力度，实施封育、退耕还林还草，增加植被，控制沙化和茶果园水土流失。加强对虎伯寮、华峰峰岩阔叶林自然保护区，南靖土楼、大山、半山森林自然公园等自然保护地的保护。

（3）大芹山—灵通山

大芹山—灵通山主要涉及平和县崎岭乡南部、霞寨镇南部、国强乡中西部、九峰镇东部、大溪镇北部、安厚镇西北部。其是韩江支流黄田溪、诏安东溪、漳江支流安厚溪的发源地。

加大对诏安东溪、安厚溪、黄田溪源头水源涵养林等防护林，以及自然保护区林等特殊用途林的保护力度。禁止采伐天然林，减少竹林、果林等经果林地的面积，实施退耕还林工程，增加生态公益林面积。加强对灵通山风景自然公园、白沙森林自然公园的保护，加大对濒危动植物物种栖息地的保护力度，对极重要物种进行就地、迁地保护。

（4）乌山

乌山主要涉及诏安县官陂镇东南部、红星乡中东部、金星乡西北部、四都镇西

北部、常山开发区西部，云霄县和平乡西部、下河乡西部。其是诏安东溪支流金溪、湖内溪，漳江支流车圩溪、埔顶溪、西溪、山美溪的发源地。

加大天然林保护力度，加大对水源涵养林、水土保持林等防护林，以及国防林等特殊用途林的保护力度。禁止商业性砍伐天然林，减少用材林等经济林的种植面积，加强森林抚育，改善森林结构。实施诏安东溪支流金溪、湖内溪，漳江支流车圩溪、埔顶溪、西溪、山美溪源头及两岸水源涵养林建设工程。加强对乌山森林自然公园的保护。深入推进金溪上游果林地水土保持工程。

（5）石屏山

石屏山主要涉及平和县文峰镇东南部、南胜镇东部、龙海区程溪镇西部，漳浦县中西林场西部、石榴镇西北部。其是九龙江支流黄井溪、文峰溪、程溪溪、人家溪、南溪、花山溪、南胜溪，鹿溪支流龙岭溪的发源地。

加大对水源涵养林、水土保持林等防护林、自然保护区林、国防林等特殊用途林的保护力度。禁止砍伐天然林，采取封禁、补植等方式加强森林抚育，改善森林结构。减少黄井溪、文峰溪、程溪溪、南溪源头地带果林、毛竹林的种植面积，增加水源涵养林面积，控制林下水土流失。加强对三平、欧寮太极峰风景自然公园，天马、中西、坪水森林自然公园的保护。

5.3.2 浅山河谷生态保育核心

浅山河谷生态保育核心包括矾山、良岗山—天宝山、天柱山，地貌以低山丘陵为主，森林生态系统退化，果园种植面积大，园地开发引起水土流失以及面源污染问题较突出。

加强山地森林营造，推进天然林保护和封山封育，恢复退化植被，改善森林覆盖、林种和树种结构，提升生物多样性维护功能。

开展生态安全清洁型小流域综合治理。加强果园坡改梯，配套小型水利水保工程，加强对陈巷溪、马洋溪、良岗山、天宝山、南胜溪、五寨溪、漳江上游等浅山河谷区域的果园林下水土流失的治理。推广低毒、低残留农药使用补助试点经验，实行测土配方施肥，控制种植业面源污染。发展林下经济、生态农业，发展特色经济林和绿色食品。

（1）矾山

矾山主要涉及平和县坂仔镇南部、南胜镇西部、五寨乡西南部，云霄县马铺乡东北部、火田镇北部，漳浦县盘陀镇西北部、石榴镇西南部。其是九龙江支流南胜溪、漳江、鹿溪的发源地。

加大对鹿溪源头地带自然保护区林、水土保持林的保护力度，加强对濒危动植物物种栖息地的保护。加强对云霄狮头山森林自然公园的保护。减少南胜溪源头地带果林的种植面积，增加水源涵养林和水土保持林的种植面积，加强对水土流失的治理力度，严格控制农药化肥的使用，减轻面源污染。

（2）良岗山—天宝山

良岗山—天宝山主要涉及华安县沙建镇东南部、丰山镇北部、长泰区城里乡东南部、岩溪果林场、岩溪镇西北部、古农农场北部、芗城区浦南镇北部、天宝林场、天宝镇北部。其属戴云山南伸余脉，是九龙江支流竹溪、龙津溪、九龙江下游众多支流的发源地。

加大对坂里溪、龙津溪支流源头地带水源涵养林，竹溪下游支流源头地带水土保持林的保护力度。加强对良岗山、万世青、天宝山森林自然公园的保护。减少竹溪下游支流源头竹林，九龙江西溪、北溪下游支流流域果林的种植面积，实施水源涵养林和水土保持林建设工程，控制竹林、果林地的水土流失。

（3）天柱山

天柱山主要涉及长泰区陈巷镇东部、亭下林场、岩溪果林场东南部、枋洋镇南部、马洋生态经济区。其属戴云山南伸余脉，是陈巷溪、马洋溪、林墩溪的发源地。

加大对马洋溪流域中游自然保护区林，马洋溪上游、陈巷溪上游、林墩溪上游环境保护林、水土保持林的保护力度。加强对天柱山、山重森林自然公园的保护。严格控制马洋溪中上游、陈巷溪中游果林种植面积，实施水源涵养林和水土保持林建设工程，改善森林结构。持续推进果林地水土流失治理工程。优化生态经济产业模式，加强对生态系统的保护，提升生态产品的价值。

5.3.3 海湾河口生态防护核心

海湾河口生态防护核心包括九龙江口、隆教湾、佛昙湾、旧镇湾、漳江口、东山东部及南部海域、诏安湾（图 5-4），是海岸带重要生态功能区域、红树林及珊瑚礁生境、滨海火山重要遗迹区域、滨海湿地重要保护与修复区域、高强度开发活动毗邻区域。

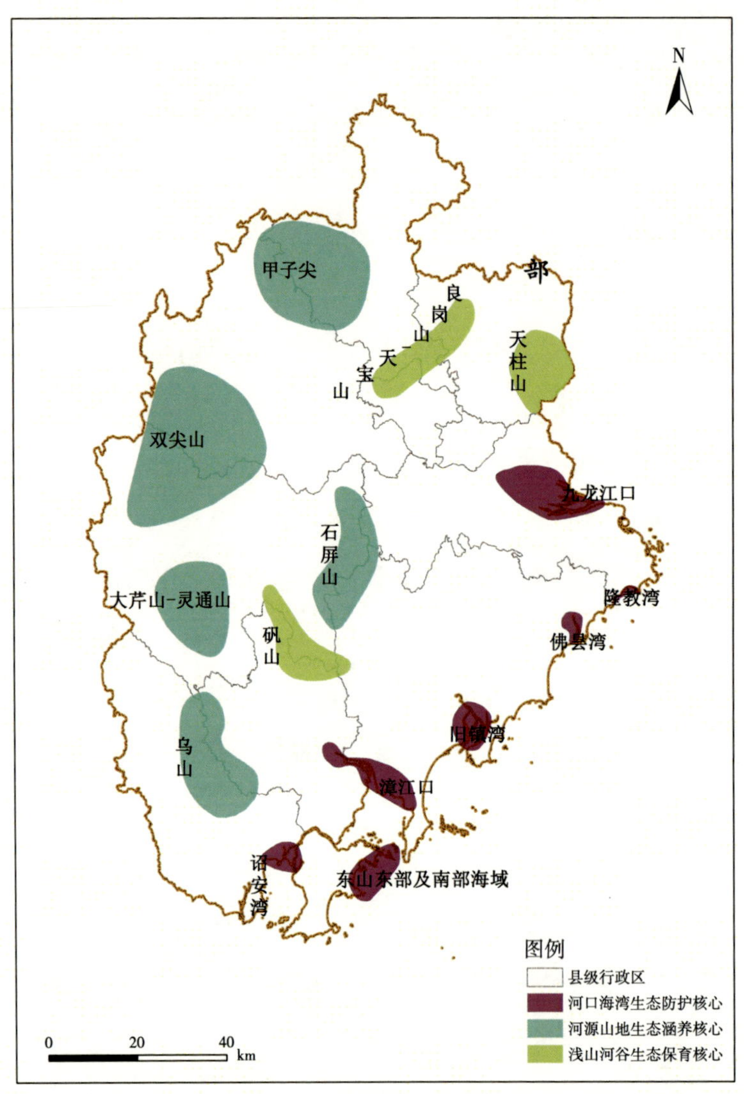

图 5-4　漳州市重要生态功能保护核心

加强对九龙江河口、漳江口红树林自然保护区，东山珊瑚自然保护区，漳州滨海火山地质自然公园，东山风动石—塔屿风景自然公园，东山森林自然公园等自然保护地的保护。

加大生态整治力度，对严重危害海洋生态的浅海养殖实施清退，加快推进漳江口红树林湿地修复工程，严格禁止保护区内的开发活动和围填海造地工程，加大对互花米草等滩涂湿地外来入侵物种的治理力度。

加大河口上游污染治理和沿海污染面源治理力度，强化陆域污水处理设施建设，推广实施对入海污染物排海总量的控制，大力削减入海污染负荷。

（1）九龙江口

实施厦门湾联合保护整治。制订红树林保护和人工恢复计划，对退化严重的红树林生态系统实施生态恢复工程，研究开发红树林生态系统生态恢复和重建技术，促进红树林生态系统恢复。加强对九龙江口红树林自然保护区、九龙江河口海洋自然公园、九龙江口国家级重要滨海湿地的保护，落实红树林保护与修复工程，严格控制红树林重要湿地的开发活动。开展九龙江和厦门湾综合治理攻坚战，强化生活、工业、农业及养殖污染等陆源污染物入海管控，全面整治入海排污源。

（2）隆教湾

加强对漳州滨海火山地质自然公园、隆教湾重要自然岸线及沙源保护海域的保护。严格控制水产养殖污染。

（3）佛昙湾

加强对漳州滨海火山地质自然公园的保护。严格控制养殖污染，严格控制陆域入海污染源的污染物总量。

（4）旧镇湾

加强对旧镇湾重要滨海湿地、旧镇湾口东部重要渔业水域的保护。加强对鹿溪、浯江溪流域和其他入海流域内生活、工业、农业及养殖污染等陆源污染物的入海管控，全面整治入海排污源。

（5）漳江口

制订红树林保护和人工恢复计划，对退化严重的红树林生态系统实施生态恢复工程，研究开发红树林生态系统生态恢复和重建技术，促进红树林生态系统恢复。加强对漳江口红树林自然保护区的保护，落实红树林修复工程。加强对漳江流域和其他入海流域内生活、工业、农业及养殖污染等陆源污染物的入海管控，全面整治入海排污源。

（6）东山东部及南部海域

重点保护以具有热带特点的亚热带造礁石珊瑚群落为主的珊瑚礁生态系统。加大对造礁石珊瑚和其他珊瑚及其栖息地的保护力度。加强对东山珊瑚自然保护区、东山风动石—塔屿风景自然公园、东山森林自然公园，以及东山湾重要滨海湿地的保护。加强对礁湾、澳角湾重要自然岸线及沙源保护海域的保护。保护东山湾东部及南部海域的中华白海豚、伪虎鲸等珍稀濒危海洋动物及其栖息地。保障东山岛等观光海域的水体环境。

（7）诏安湾

加强对诏安湾重要滨海湿地的保护。加强对东溪流域和其他入海流域内生活、工业、农业及养殖污染等陆源污染物的入海管控，全面整治入海排污源，保障城洲岛等观光海域的水体环境。

5.4 自然保护地体系建设

5.4.1 保护地建设的生态资源基础

漳州市自然生态系统类型复杂多样，是我国生物多样性保护的重要区域。漳州市地形条件复杂，水热资源丰富，海湾海岛众多，分布有森林、灌丛、农田、海洋、滩涂湿地、河流湿地等多种类型的海陆生态系统，生物多样性非常丰富，为自然保护地建设提供了优越的条件。据统计，漳州市有 73 种野生动物属国家重点保护动物，有记录的陆生野生动物包括兽类 25 种、两栖类 14 种、爬行类 25 种、鸟类 158 种、昆虫类 2 000 余种。漳州市植物种类繁多，区域组分复杂，全市共有野生高等植物 258 科 1 256 属 3 091 种。

漳州市河口与海岸带湿地生态系统原真性和完整性较高，具有重要的保护价值。漳州市海岸线较长，海湾众多，河口、潮间带海滩、红树林、珊瑚礁等近海及海岸湿地类型丰富，在全省乃至全国都具有一定的独特性，建设自然保护地的生态基础条件优越。漳江口、九龙江口是全省红树林的主要集中分布区之一，东山湾东部及南部海域是福建省以亚热带造礁石珊瑚群落为主的珊瑚礁生态系统最重要的保护区域，也是中华白海豚、江豚、宽吻海豚、伪虎鲸等国家一级、二级保护动物等珍稀濒危海洋动物的栖息地。其中，漳江口红树林自然保护区被列入《国际重要湿地名录》，九龙江河口湿地、东山湾湿地被列入《国家重要湿地名录》。

漳州市中西部森林覆盖率较高，是福建省中部山体生态屏障的重要组成部分。漳州市主要森林植被类型包括针叶林、阔叶林、竹林三大类，主要分布在戴云山南伸余脉、博平岭东麓，以及中南部石屏山、灵通山、乌山山脉。其中博平岭东麓是全市森林植被群系类型最多、最复杂的区域，主要包括温性针叶林、暖性针叶林、落叶阔叶林、常绿阔叶林、山地苔藓矮曲林、硬叶林、竹林等类型，该区域还分布着中国南亚热带东部低纬度、低海拔唯一保存完整且连片大面积的南亚热带雨林森林生态系统，同时该系统也是全球同纬度具有雨林特征的、残存的、较原始的森林生态系统。

5.4.2 建设目标

漳州市依托国土生态安全格局构建，积极创建国家公园，重点推进湿地自然公园和海洋自然公园建设，完善自然保护地空间布局，增强自然生态系统的完整性和生态廊道的连通性，将划入与调出相结合，整合优化各类自然保护地空间范围与功能分区，或通过补缺、新设等形式，将应该保护的地方都保护起来，形成布局合理、类型齐全、功能完善、保护有力的自然保护地群带网结构，高效保护珍稀、濒危野生动植物物种和山水林田湖海各类重要自然资源及典型生态系统。

强化生物多样性就地、近地、迁地保护，加大对重要野生动植物、珍稀濒危物种、指示物种的保护力度。完善南方红豆杉、伯乐树、银杏等珍稀植物物种，红栲、乌来栲、大叶赤楠等闽南博平岭东南部湿热南亚热带常绿阔叶林建群种，云豹、黑鹿、黄腹角雉、鼋、蟒、中华白海豚等珍稀动物，勺嘴鹬、黑脸琵鹭、卷羽鹈鹕等世界级珍稀候鸟栖息地，和其他孑遗植物及特有植物等类型的自然保护区的空间布局，形成以中西部山体、海岸带为主体的漳州市自然保护地“两纵、一带”网络。对自然种群较小和生存繁衍能力较弱的物种，采取就地保护与迁地保护相结合的措施，加强生物遗传资源库建设，把生物多样性损失减小到最低限度。

结合生态公益林建设，加大对南亚热带雨林、中亚热带常绿阔叶林、中旱性的灌丛和草本植物等热带性常绿阔叶树种和乡土树种的保护力度，分类建设森林自然公园。充分利用自然风光优越的海滨、海岛、山岳、水体，以及寺庙宫观、土楼、海防古城、历史街区、民居宗祠墓葬等重点文物、历史名胜古迹等人文景观，结合自然山水保护，分类建设风景自然公园。依托海洋自然景观与历史文化遗迹、特殊保护海岛、重要河口、重要滨海湿地、重要渔业水域、重要自然岸线及沙源保护海域，分类建设海洋自然公园。结合国家及福建省重要湿地建设，可考虑在典型的自然湿地生态系统或者漳州市特有湿地类型的区域，珍稀濒危野生动植物物种集中分布的湿地，国家和地方重点保护鸟类的主要繁殖地、栖息地，以及迁徙路线上的主要停歇地、越冬地，对水生动物的洄游、繁殖有典型或者重要意义的湿地，支持特有野生动植物生存繁衍的湿地，江河源头及其他重要水源地的湿地等设立湿地自然公园。

依托各类自然保护地建设，结合全域旅游和“中国天然氧吧”创建，以及“清新福建 气候福地”旅游产品开发等，在条件适宜的各类自然保护地中，坚持保护优先，加强顶层设计和产业规划衔接，通过科学地优化功能分区，把漳州市各类自然保护地的生态资源优势转化为林下经济、生态农业、生态旅游、康养休闲、生态教育等生态经济优势。

创建生态旅游康养休闲基地。在风景秀美、交通便利的森林自然公园、风景自然公园、湿地自然公园等一般控制区及周边区域，加强吃、住、行、游、购、乐、医等配套基础设施建设，发展休闲旅游健康养老产业，依托山、水、海、岛景观资源发展生态旅游产业，引导村民开展休闲农业和农家乐。充分利用珍稀森林景观、滨海火山地貌、土楼等特色生态及文化资源优势，发展特色旅游。在南靖虎伯寮自然保护区严格评估，划定适当区域，开展南亚热带雨林森林生态系统康养、教育类项目。依托滨海火山国家地质公园，发展特色火山地质地貌风景、文化教育旅游。推进南靖土楼国家森林自然公园生态文化旅游。借鉴天柱山国家森林自然公园、马洋溪漂流、龙潭坑观瀑等项目发展经验，在符合条件的森林自然公园、风景自然公园等区域，充分利用奇石、异岩、山涧、溪流、瀑布、潭池等山体水文景观，发展游憩、露营、健身、寻奇探幽类生态旅游产业。

积极拓展海洋自然经济。依托海洋保护地建设，借助“海丝旅游”“海峡旅游”品牌优势，结合海洋大健康产业规划，发挥红树林、珊瑚礁、河口海湾特色滨海湿地、特色沙滩、中华白海豚等珍稀物种稀缺优势，经科学论证，在严格介入方式的前提下，适度开展度假康养、海洋生态旅游、海洋生态教育项目。可在九龙江口、漳江口等红树林自然保护区或自然公园一般控制区内，通过高空栈道等低影响设施，介入红树林生态系统，适度开展红树林生态系统保育、自然审美教育等文化旅游类项目。可在东山珊瑚保护区一般控制区或周边区域，适度开展珊瑚礁观赏、教育类项目。深化海岛分类管理，探索海岛生态产品价值实现模式，充分利用海岛良好的土质、水质及气候优势，积极发展特色海洋农产品。

发展特色农产品，积极创建国家地理标识产品。在生态质量较好、适合生态农业发展的森林自然公园、风景自然公园等一般控制区或外围区域，支持发展生态种养产业，推广复合高效种植模式，推行生态养殖模式，发展茶、花、菜、药、菌等特色产业，开发绿色、有机、无公害农产品，创建国家地理标志保护产品，瞄准不断升级的消费需求，延伸农业产业链，挖掘农产品的生态附加值。适度发展林下经济，在经过严格的科学评估的基础上，在符合条件的森林自然公园、风景自然公园等一般控制区内，适度发展原生态林下产品。以白芽奇兰茶为基础，深入推进各类生态原产地产品保护工作。经科学评估，在基础条件适宜的区域，可拓展平和琯溪蜜柚、云霄杨桃、南靖巴戟天等地理标志认证产品，以及天宝香蕉、诏安青梅、东山芦笋、华安坪山柚等绿色健康的地方特色产品产业。

生物多样性、水源涵养、沿海防护功能评价极重要区域是漳州市重要自然生态系统、自然遗迹、自然景观和生物多样性保护建设基础条件好且未来保护建设措施较易落地实施的区域，要将该区域作为未来各类自然保护地的潜在建设区域，如图 5-5 所示。考虑到此次整合优化调整，海域自然保护地面积大幅增加，计划 2035 年海域自然保护地建设面积以保护维持现状为主。漳州市目前自然保护地面积在全省属中等偏下，参照福建省平均状况，设定漳州市总体陆域自然保护地面积占陆域国土面积比例的增长目标为 7%，并向各县区分解。依据各县区主体功能定位，生态保护红线、生态安全格局建设目标，以及社会经济发展目标定位，设置各县区陆域自然保护地建设面积增长目标值，如表 5-1 所示。

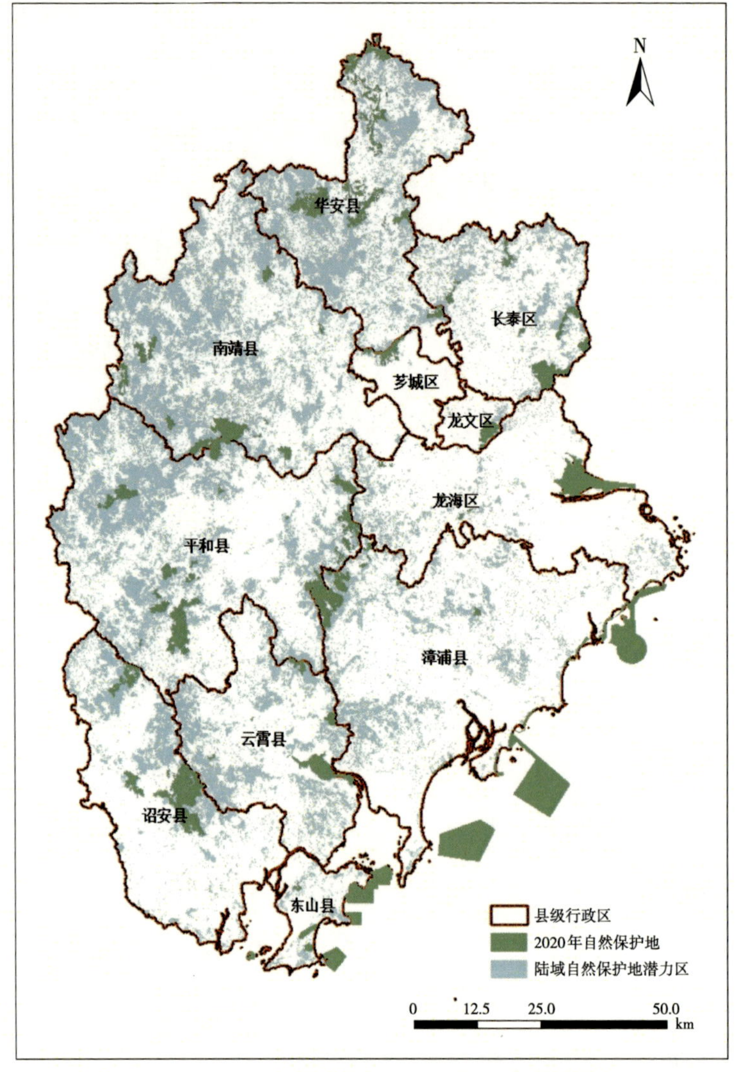

图 5-5 陆域自然保护地建设潜力区

表 5-1 漳州市自然保护地现状及 2035 年陆域自然保护地建设目标

行政区	保护地数量 / 个	陆域保护地面积 /hm^2	极重要区面积 /hm^2	陆域土地面积 /hm^2	现状占比 / %	潜力占比 / %	建设目标 / %
芗城区	1	1 091.80	1 925.84	25 088.58	4.35	7.68	4.72
龙文区	1	1 095.33	2 167.80	12 583.62	8.70	17.23	9.64
云霄县	3	3 120.43	33 349.64	105 086.47	2.97	31.74	6.12
漳浦县	6	5 340.07	37 575.28	214 960.47	2.48	17.48	4.12
诏安县	4	8 329.49	31 873.08	129 388.62	6.44	24.63	8.43

续表

行政区	保护地数量 / 个	陆域保护地面积 /hm²	极重要区面积 /hm²	陆域土地面积 /hm²	现状占比 / %	潜力占比 / %	建设目标 / %
长泰区	5	4 159.81	24 318.92	90 023.69	4.62	27.01	7.07
东山县	3	1 163.56	5 042.36	24 890.53	4.67	20.26	6.38
南靖县	5	5 950.36	84 570.56	196 202.10	3.03	43.10	7.41
平和县	6	10 561.59	88 105.84	230 957.47	4.57	38.15	8.24
华安县	4	9 231.98	60 251.16	127 770.16	7.23	47.16	11.59
龙海区	4	3 945.26	16 158.72	131 895.72	2.99	12.25	4.00
合计	42	53 989.68	385 339.20	1 288 847.43	4.19	29.90	7.00

5.4.3 主要措施

（1）推进生态空间保护地建设

自然保护地建设与生态保护红线建设同步开展。对自然保护地进行调整优化，评估调整后的自然保护地应划入生态保护红线。自然保护地发生调整的，生态保护红线也相应调整。生态保护红线内，自然保护地核心保护区原则上禁止人为活动，其他区域严格禁止开发性、生产性建设活动，在符合现行法律法规的前提下，除国家重大战略项目外，仅允许对生态功能不造成破坏的有限的人为活动，主要包括：零星的原住民在不扩大现有建设用地和耕地规模前提下修缮生产生活设施，保留生活必需的少量种植、放牧、捕捞、养殖；因国家重大能源资源安全需要开展的战略性能源资源勘查、公益性自然资源调查和地质勘查；自然资源、生态环境监测和执法（包括水文水资源监测及涉水违法事件的查处等），灾害防治和应急抢险活动；经依法批准进行的非破坏性科学研究观测、标本采集；经依法批准的考古调查发掘和文物保护活动；不破坏生态功能的适度参观旅游和相关的必要公共设施建设；必须且无法避让的符合县级以上国土空间规划的线性基础设施建设、防洪和供水设施建设与运行维护；重要生态修复工程。

已划入自然保护地核心保护区的永久基本农田、镇村、矿业权逐步有序退出；已划入自然保护地一般控制区的，根据对生态功能造成的影响确定是否退出，其中，造成明显影响的逐步有序退出，不造成明显影响的可采取依法依规相应调整一般控制区范围等措施妥善处理。协调过程中退出的永久基本农田在县级行政区域内同步补划，确实无法补划的在市级行政区域内补划。

自然保护地中属于国家级和省级禁止开发区域内的功能分区，应根据生态评估结果，以及国家法律、法规规定，最终确定纳入生态保护红线的具体范围。位于生态空间以外或人文景观类的禁止开发区域，不纳入生态保护红线。此前的市县级自然保护区、库容 1 亿 m^3 以上的大型水库、水利风景名胜区等类型不纳入红线。

（2）实施自然保护地分类管理

根据《关于建立以国家公园为主体的自然保护地体系的指导意见》等国家政策和漳州市的实际情况，研究建立漳州市自然保护地分类管理方案，具体内容如下：

依据生态价值和保护强度不同，可分为国家公园、自然保护区、自然公园。

①国家公园。以保护具有国家代表性的自然生态系统为主要目的，实现自然资源科学保护和合理利用的特定陆域或海域。国家公园是漳州市自然生态系统中最重要、自然景观最独特、自然遗产最精华、生物多样性最富集的部分。漳州市目前未设立国家公园。

②自然保护区。在具有典型的自然生态系统、珍稀濒危野生动植物物种的天然集中分布区、有特殊意义的自然遗迹的区域设立自然保护区。自然保护区具有较大面积，可确保主要保护对象安全，维持和恢复珍稀濒危野生动植物物种群数量及赖以生存的栖息环境。

③自然公园。统筹风景自然公园、森林自然公园、地质自然公园、海洋自然公园等各类自然公园，在重要的自然生态系统、自然遗迹和自然景观中，将具有生态、观赏、文化和科学价值，可持续利用的区域设立、优化调整为自然公园，可确保森林、海洋、湿地、水域、生物等珍贵自然资源以及所承载的景观、地质地貌和文化多样性得到有效保护。

（3）加强自然保护地分区保护

自然保护地管控分区分为核心保护区和一般控制区，如表 5-2 所示。

表 5-2 自然公园管控分区转化

自然保护地类型	管控分区			
	核心保护区	一般控制区		
自然保护区	核心区、缓冲区	实验区	—	—
风景名胜区	一级保护区	二级保护区	三级保护区	—
森林公园	生态保育区	核心景观区	一般游憩区	管理服务区
地质公园	地质遗迹景观区	自然生态区	人文景观区	其他区
湿地公园	湿地保育区	恢复重建区	宣教展示区	其他区
海洋公园	重点保护区	生态与资源恢复区	适度利用区	预留区

核心保护区基本涵盖国家公园核心保护区，自然保护区核心区、缓冲区，风景名胜区一级保护区，森林公园生态保育区，地质公园地质遗迹景观区，湿地公园湿地保育区，海洋公园重点保护区。

一般控制区包括国家公园核心保护区以外的区域，自然保护区实验区，风景名胜区二级保护区、三级保护区，森林公园核心景观区等其他区域，地质公园自然生态区等其他区域，湿地公园恢复重建区等其他区域，海洋公园生态与资源恢复区等其他区域等，各类自然公园以及其他需要纳入自然保护地体系当中需要保护的生态区域。

在实际操作中，为了实现精细化管理，可因地制宜地进行二级功能分区。国家公园的一般控制区可划分为严格控制区、生态修复区、传统利用区。严格控制区为保护具有代表性和重要性的自然生态系统、物种和遗迹等的区域；生态修复区为生态修复重点区域，同时也是向公众进行自然生态教育和遗产价值展示的区域；传统利用区为原住居民生活和生产的区域。

自然保护区和自然公园的一般控制区可划分为严格控制区和合理利用区。将重要的脆弱的自然生态系统、自然遗迹、自然景观和珍稀濒危物种集中分布地设为严格控制区，采取严格保护措施进行保护，禁止建设与保护无关的项目；其他区域设为合理利用区，在不超过生态承载力的前提下，可以开展生态养殖、林下经济、生态休闲、科普宣教、自然体验等活动。自然保护区原实验区内无人为活动且具有重要保护价值的区域，特别是国家和省级重点保护野生动植物分布的关键区域、生态廊道的重要节点、重要自然遗迹等，也应转为核心保护区。

自然保护区原核心区和原缓冲区有以下情况，可调整为一般控制区：自然保护区设立之前就存在的合法的水利水电等设施；历史文化名村、少数民族特色村寨和重要人文景观合法建筑，包括有历史文化价值的遗址遗迹、寺庙、名人故居、纪念馆等有纪念意义的场所。

核心保护区管控：除满足国家特殊战略需要的有关活动外，原则上禁止人为活动。但允许开展以下活动：

①管护巡护、保护执法等管理活动，经批准的科学研究、资源调查以及必要的科研监测保护和防灾减灾救灾、应急抢险救援等。

②因病虫害、外来物种入侵、维持主要保护对象生存环境等特殊情况，经批准，可以开展重要生态修复工程、物种重引入、增殖放流、病害动植物清理等人工干预措施。

③根据保护对象不同实行差别化管控措施，如保护对象栖息地、觅食地与人类农业生产生活息息相关的自然保护区，经科学评估，在不影响主要保护对象生存、繁衍的前提下，允许当地居民从事正常的生产、生活等活动。保留一定数量的耕地，允许开展耕种、灌溉活动，但应禁止使用有害农药。

保护对象为水生生物、候鸟的自然保护区，应科学划定航行区域，航行船舶实行合理的限速、限航、低噪声、禁鸣、禁排管理，禁止过驳作业、合理选择航道养护方式，确保保护对象安全。

保护对象为迁徙、洄游、繁育野生动物的自然保护区，在野生动物非栖息季节，可以适度开展不影响自然保护区生态功能的有限人为活动。

保护对象位于地下的自然遗迹类自然保护区，可以适度开展不影响地下遗迹保护的人为活动。

④暂时不能搬迁的原住居民，可以有过渡期。在过渡期内不扩大现有建设用地和耕地规模的情况下，允许修缮生产生活以及供水设施，保留生活必需的少量种植、放牧、捕捞、养殖等活动。

⑤已有合法线性基础设施和供水等涉及民生的基础设施的运行和维护，以及经批准采取隧道或桥梁等方式（地面或水面无修筑设施）穿越或跨越的线性基础设

施，必要的航道基础设施建设、河势控制、河道整治等活动。

⑥已依法设立的铀矿矿业权勘查开采；已依法设立的油气探矿权勘查活动；已依法设立的矿泉水、地热采矿权不扩大生产规模且不新增生产设施，到期后有序退出；其他矿业权停止勘查开采活动。

一般控制区管控：除满足国家特殊战略需要的有关活动外，原则上禁止开发性、生产性建设活动。仅允许以下对生态功能不造成破坏的有限人为活动：

①核心保护区允许开展的活动。

②零星的原住居民在不扩大现有建设用地和耕地规模的前提下，允许修缮生产生活设施，保留生活必需的种植、放牧、捕捞、养殖等活动。

③自然资源、生态环境监测和执法（包括水文水资源监测和涉水违法事件的查处等），灾害风险监测、灾害防治活动。

④经依法批准的非破坏性科学研究观测、标本采集。

⑤经依法批准的考古调查发掘和文物保护活动。

⑥适度地参观旅游及相关的必要公共设施建设。

⑦必须且无法避让的符合县级以上国土空间规划的线性基础设施建设、防洪和供水设施建设与运行维护；已有的合法水利、交通运输等设施运行和维护。

⑧战略性矿产资源基础地质调查和矿产远景调查等公益性工作；已依法设立的油气采矿权在不扩大生产区域范围，以及矿泉水、地热采矿权在不扩大生产规模、不新增生产设施的条件下，继续开采活动；其他矿业权停止勘查开采活动。

⑨确实难以避让的军事设施建设项目及重大军事演训活动。

第 6 章

生态系统修复与治理

6.1 总体布局

6.1.1 指导思想与原则

漳州市以习近平新时代中国特色社会主义思想为指导，全面贯彻落实党的十九大和十九届二中、三中、四中、五中全会精神，深入践行习近平生态文明思想，紧紧围绕统筹推进“五位一体”总体布局和协调推进“四个全面”战略布局，牢固树立“绿水青山就是金山银山”理念，坚持“全面保护、突出重点，尊重自然、科学修复，生态为民、保障民生，政府主导、社会参与”原则，坚持新发展理念，坚持人与自然和谐共生，以全面提升生态安全屏障质量、促进生态系统良性循环和永续利用为目标，以统筹山水林田湖草一体化保护和修复为主线，坚定走生态优先、绿色发展之路，为建设海西城市群经济增长筑牢生态本底。

生态修复的基本原则如下：

一是系统修复、综合治理。贯彻“山水田林湖草是一个生命共同体”理念，遵循自然生态的整体性、系统性及其内在规律，综合考虑自然生态各要素，进行整体保护、系统修复、区域统筹、综合治理，加快生态环境恢复进程，实现格局优化、系统稳定、功能提升。

二是保护优先、恢复为主。坚持人与自然和谐共生基本方略，落实“保护优先、自然修复为主”的总要求，协调经济发展与生态保护关系，严守永久基本农田和生态保护红线。坚持自然恢复为主，人工修复为辅，严防对生态系统造成新的破坏。

三是问题导向、因地制宜。追根溯源、系统梳理隐患与风险，科学准确识别生态问题，以保障国家和区域生态安全为基本遵循，合理确定生态保护修复目标、统筹实施各类工程、因地制宜采取修复措施。坚持陆海统筹，妥善处理保护与发展、整体与重点、当前与长远的关系，推进形成生态修复的新格局。

四是科学治理、综合施策。遵循生态系统内在机理，以生态本底和自然禀赋为基础，关注生态质量提升和生态风险应对，强化科技支撑作用，科学配置保护和修复、自然和人工、生物和工程等措施，推进一体化生态保护和修复措施。

6.1.2 生态修复目标

以山水林田湖海分类修复、重要生态区域修复为重点，大力实施山水林田湖生态修复、近海海域与海岸带生态修复治理和重点区域生态修复措施，全面提升自然生态系统的稳定性和功能性，构建高品质的生态空间体系与高安全的生态网络格局，融入国土尺度上的生态廊道体系，进一步显现漳州市山水林海城生态特色。生态修复总体框架如图 6-1 所示。

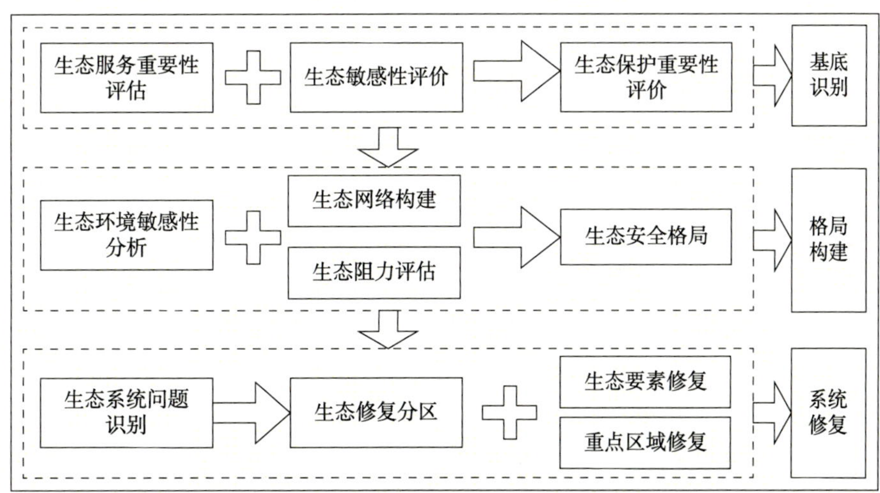

图 6-1　漳州市生态修复总体框架

6.1.3 生态修复空间战略

基于漳州市生态空间功能分区中各区存在的关键问题，结合当地生态网络构建及生态网络构建过程中生态质点的识别与修复要求，提取重要廊道，形成“四廊四区”的生态空间修复总体格局。通过构建生态修复总体格局，为漳州市的生态修复构建框架，指明方向。

“四区”：即四大生态修复片区。包括生态城镇发展区、生态优先修复区、沿海生态修复区、生态源地保护区。

——生态城镇发展区：发展高质量城镇建设，提高土地利用效率，开发低效用地、着重环境整治。

——生态优先修复区：以生态修复为主，通过修复生态网络中的“生态质点”来提高生态网络的连通性。同时以山体滑坡、水土流失防治为主，修复矿山开采对自然环境的破坏。

——沿海生态修复区：以海岸带生态系统结构恢复和服务功能提升为主，综合开展岸线岸滩修复、生境保护修复、外来入侵物种防治、生态灾害防治、海堤生态化建设、防护林体系建设和海洋保护地建设。

——生态源地保护区：以生态环境保护为主，维护生境的相对稳定性，禁止大型开发建设。

“四廊”：连接南北的两条生态廊道和贯穿东西的两条生态廊道。

——两纵：贯穿南北的两条生态廊道，分别为西部山体生态廊道与沿海带生态廊道。

6.2 山水林田湖海分类修复

（1）矿山生态系统修复

主要包括龙海区、长泰区、漳浦县、诏安县、台商投资区等废弃矿山区域，如图 6-2（a）所示。坚持“以自然恢复为主，与人工修复相结合”的原则，治理废弃

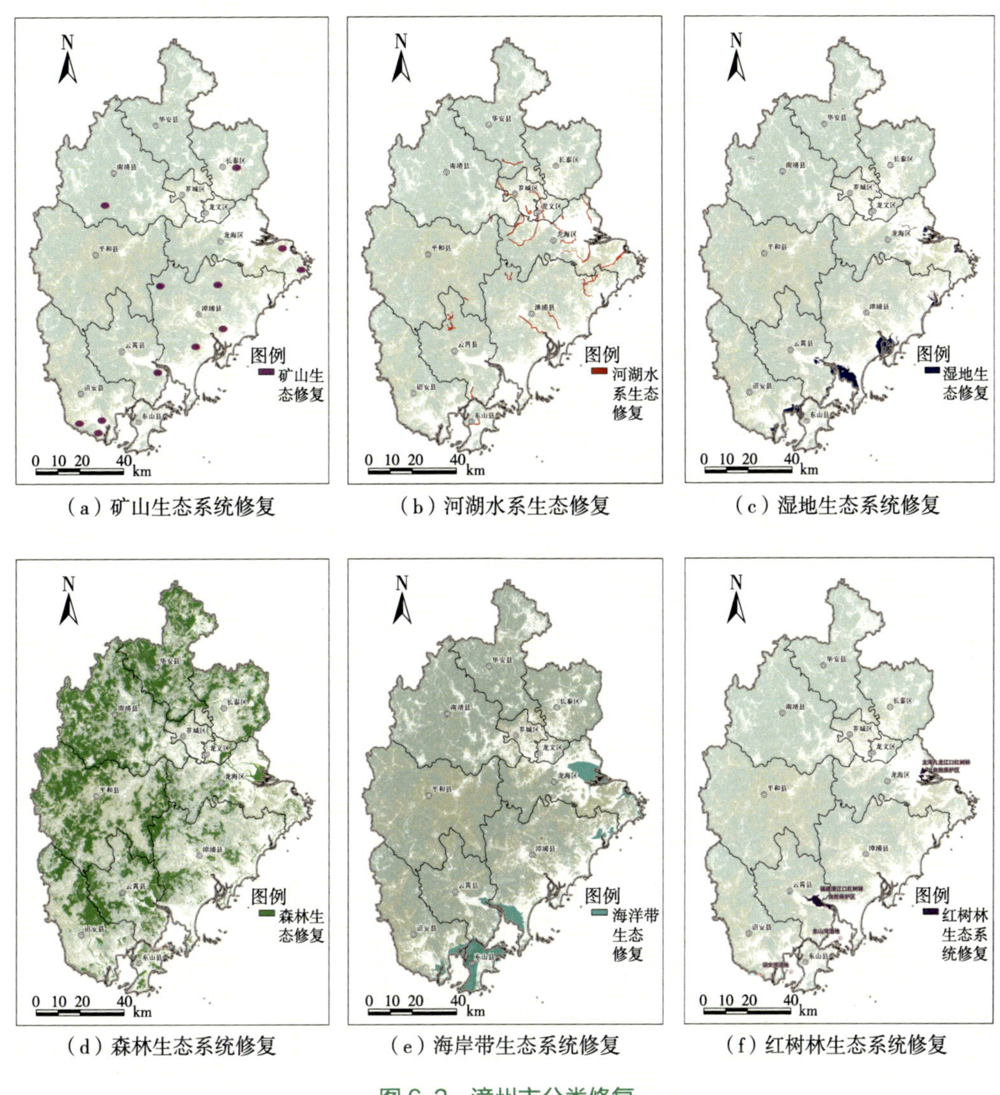

（a）矿山生态系统修复 （b）河湖水系生态修复 （c）湿地生态系统修复

（d）森林生态系统修复 （e）海岸带生态系统修复 （f）红树林生态系统修复

图 6-2 漳州市分类修复

矿山，全面部署建设废弃矿山防治网络、开展治理区大比例尺地形测量及编制矿山地质环境治理恢复方案或者生态修复方案，并按设计实施治理工程等。防止在规划实施过程中对矿山地质环境造成二次破坏，并且要做好施工过程的安全防护措施。对于其他位于村落、开发区、交通干线、饮用水水源地及河流湖泊等周边的废弃矿山，应及时设立警示牌、修筑防护栏或围挡栏，进行大比例尺地形测量，编制治理方案或者生态修复方案，开展治理工作，消除隐患和立面视觉污染。对一些风景区、生态保护区等周边的废弃矿山，应结合景区和保护区的发展规划进行相应的配套治理，并做好监测和警示工作，增强群众和游客的防灾减灾意识，防止发生意外事故。对于可以进行自然修复的废弃矿山，应在矿区周边的主要道路、路口部署隔离和警示措施，避免人员进入，必要时对矿山坑底进行覆土，以隔绝人为的再次破坏，并提供自然恢复基础条件。

（2）河湖水系生态修复

流域治理主要包括漳江、九龙江等流域，水源地修复主要包括红旗水库、峰头水库以及江东饮水水源地等，河流水系治理主要包括梅溪、杨溪、龙屿河等河流水系，河源修复主要包括南靖树海、平和五江之源河源修复，如图 6-2（b）所示。推进南靖树海河源和平和县东（溪）—南（溪）—鹿（溪）—彰（江）江河源头区域的水源涵养林建设，加强对水土流失与水环境污染的治理。保护饮用水水源地，实施河湖水系廊道建设工程，推进"河畅、水清、岸绿、安全、生态"的生态清洁小流域综合治理和河道疏浚、护岸护坡工程建设。强化流域生态保护补偿机制，加大横向生态保护补偿实施力度，支持跨省流域生态保护补偿试点，建立全流域生态长效机制。加强对重点流域河湖水生态空间的保护与修复，主要包括对河流、河流缓冲区和河流经过的重点城镇区沿河生态岸线及滨水绿化景观的建设。对于存在水质问题的河流水系、不达标流域的综合治理，主要依托小流域治理工程，提高森林覆盖率，增强水源涵养和水土保持能力，控制城镇村的生产生活污染；对于现状达标但未来可能面临达标压力水域的水质强化预防处理，需提升水质状况，包括污染防护与保护优化等措施。

（3）湿地生态系统修复

主要包括龙海九龙江口湿地自然保护区、东山湾湿地国家重要湿地、福建漳江口红树林国家级自然保护区国际重要湿地等沿海的重要海湾湿地，如图 6-2（c）所示。重点加强对漳江口、九龙江口等沿海重要河口和海湾湿地的生态修复和强制性保护，建立珍稀物种栖息地、重要渔业品种生态保护区、水产种质资源保护区、自然保护区、海洋自然公园、湿地自然公园等滨海湿地保护体系。在全市生物多样性较丰富、生态功能重要、生态环境脆弱的区域建立湿地自然保护区和湿地自然公园等内陆湿地保护体系，以加强滨海湿地重要水禽栖息地的保护，维护天然湿地的重要生态功能，推进滨海湿地固碳示范区建设。对于因过度利用、遭受破坏或其他原因导致功能降低且生物多样性减少的湿地，可进行恢复和综合治理。

（4）**森林生态系统修复**

主要包括（漳）浦—云（霄）—诏（安）西部丘陵山地茶果园生产区、沿海防护林基干林带、重要交通干线两侧林地、环城一重山、重要水库周边一重山和水源保护区等区域，如图 6-2（d）所示。以重点区域为单元，以增强森林生态系统质量和稳定性为导向，在九龙江流域源头和上游区域，对自然保护区、森林自然公园、成片公益林实行保护，加强对水源涵养区的保护与管理，严格保护具有重要水源涵养功能的自然植被，禁止各种损害生态系统水源涵养功能的经济社会活动和生产方式，控制林木资源消耗型项目建设；采用有力措施提高常绿阔叶林比例，改善森林结构，以提升水源涵养能力。严格控制水源保护区商品林比例，实施商品林赎买、种植结构调整等措施，化解生态保护与生产经营的矛盾。通过实施各种修复措施，提高防护林质量，提升生态功能，为海西城市群的核心城市创造优良生态环境。开展沿海防护林的修复与改造提升，加强海岸基干林带、纵深防护林建设和沿海山体植被恢复，增强沿海防护林抗灾减灾功能。

（5）**海岸带生态系统修复**

主要包括（漳）浦—云（霄）—诏（安）—东（山）滨海风沙与石漠化控制区，东山岛、古雷半岛和沿海防护林基干林带等区域，如图 6-2（e）所示。以海岸带生态系统结构恢复和服务功能提升为导向，立足九龙江、漳江口、东山岛和古雷半岛等重点海洋生态区，全面保护自然岸线，合理控制海岸线附近的养殖规模，重点推动入海河口、海湾、滨海湿地与红树林、珊瑚礁、海草床等多种典型海洋生态类型的系统保护和修复，综合开展岸线岸滩修复、生境保护修复、外来入侵物种防治、生态灾害防治、海堤生态化建设、防护林体系建设和海洋保护地建设，改善近岸海域生态质量，恢复退化的典型生境，加强对候鸟迁徙路径栖息地的保护，促进海洋生物资源恢复和生物多样性保护，提升海岸带生态系统结构的完整性和功能稳定性，提高抵御海洋灾害的能力。

（6）**红树林生态系统修复**

主要包括九龙江口红树林自然保护区、漳江口红树林自然保护区、东山湾和诏安湾湿地等区域，如图 6-2（f）所示。科学营造红树林，在自然保护地养殖塘清退的基础上，优先实施红树林生态修复，坚持宜林尽林，优先选用本地红树物种，扩大红树林面积。统筹开展现有红树林生态系统修复，提高生物多样性。开展珍稀濒危红树植物调查、监测和评估，加强对珍稀濒危物种的抢救性保护修复，扩大珍稀濒危红树物种面积。对新营造的红树林采取严格的保育措施，落实管护责任，对成活率不达标或分布不均的地块进行补植。开展红树林生态系统外来有害生物、本土有害生物的调查和风险评估，重点加强对有害生物灾害的预防和控制，建立有害生物监测预警及风险管控机制。

6.3 重点生态修复区域

基于漳州市生态系统本底分析、格局评价结果，结合漳州市实际情况，将漳州市生态修复的重点区域划分为三大类（重点生态功能修复区、生态受损修复区、生态敏感修复区）九小类（水源涵养生态功能区、水环境安全生态功能区、防风固沙生态功能区、水土保持生态功能区、生物多样性维护生态功能区、河口湿地与近岸海域生态环境修复区、水土流失重点治理区、矿山整治与生态修复区、生态敏感修复区），如图 6-3 所示。

6.3.1 重点生态功能修复区

（1）水源涵养生态功能区

该区域包括南靖树海河源、平和东（溪）—南（溪）—鹿（溪）—漳（江）—韩（江东源）河源等水源涵养生态功能区。

修复措施：加强对水源涵养生态功能区的保护与管理，严格保护具有重要水源涵养功能的自然植被，禁止各种损害生态系统水源涵养功能的经济社会活动和生产方式，控制林木资源消耗型项目建设；采用有力措施提高常绿阔叶林比例，改善森林结构，以提升水源涵养能力。严格保护水源涵养区森林资源。

（2）水环境安全生态功能区

该区域包括重点流域水环境综合治理区和饮用水水源地保护区，涉及东山县、龙海区、南靖县、平和县、云霄县、龙文区、华安县、长泰区。

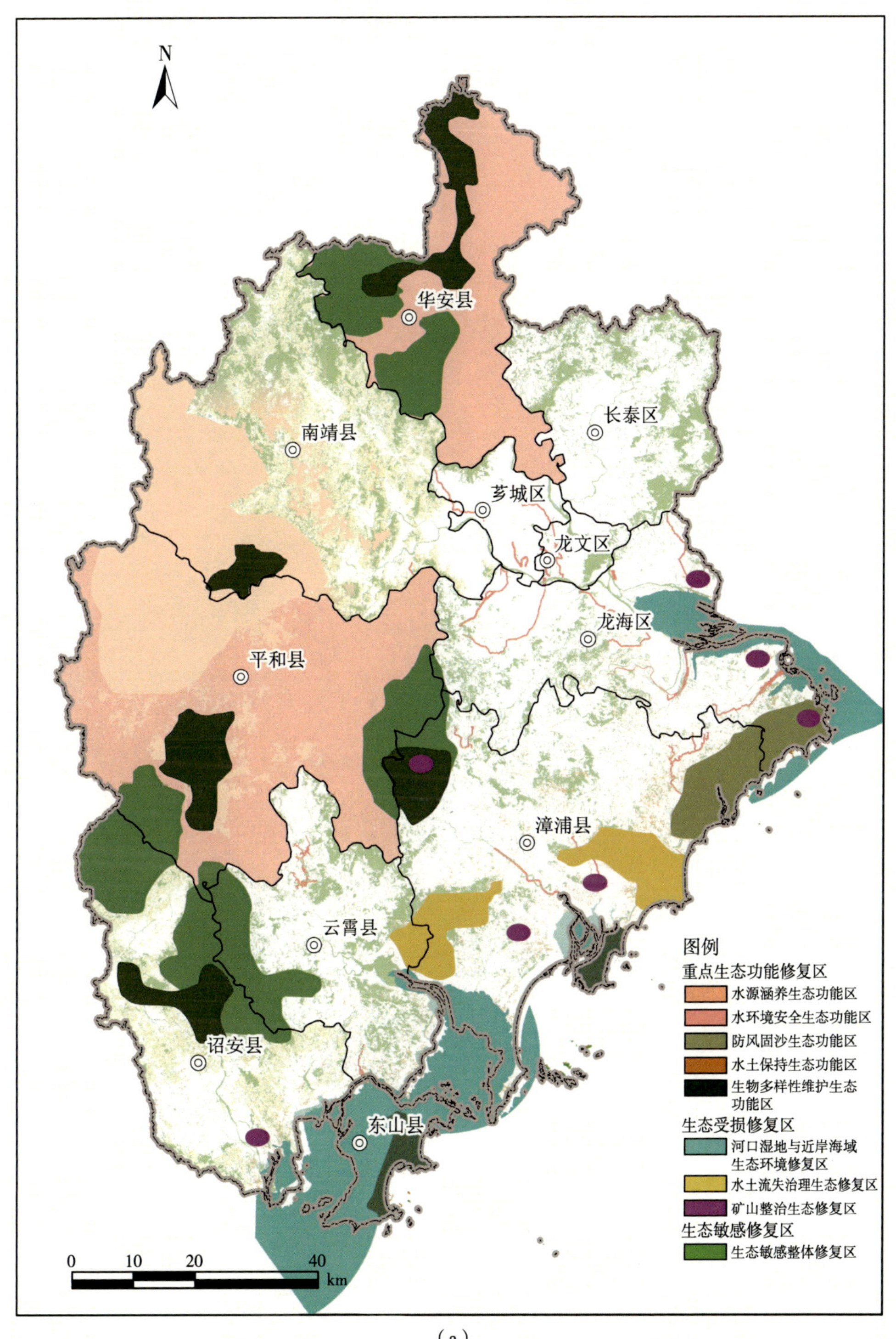

（a）

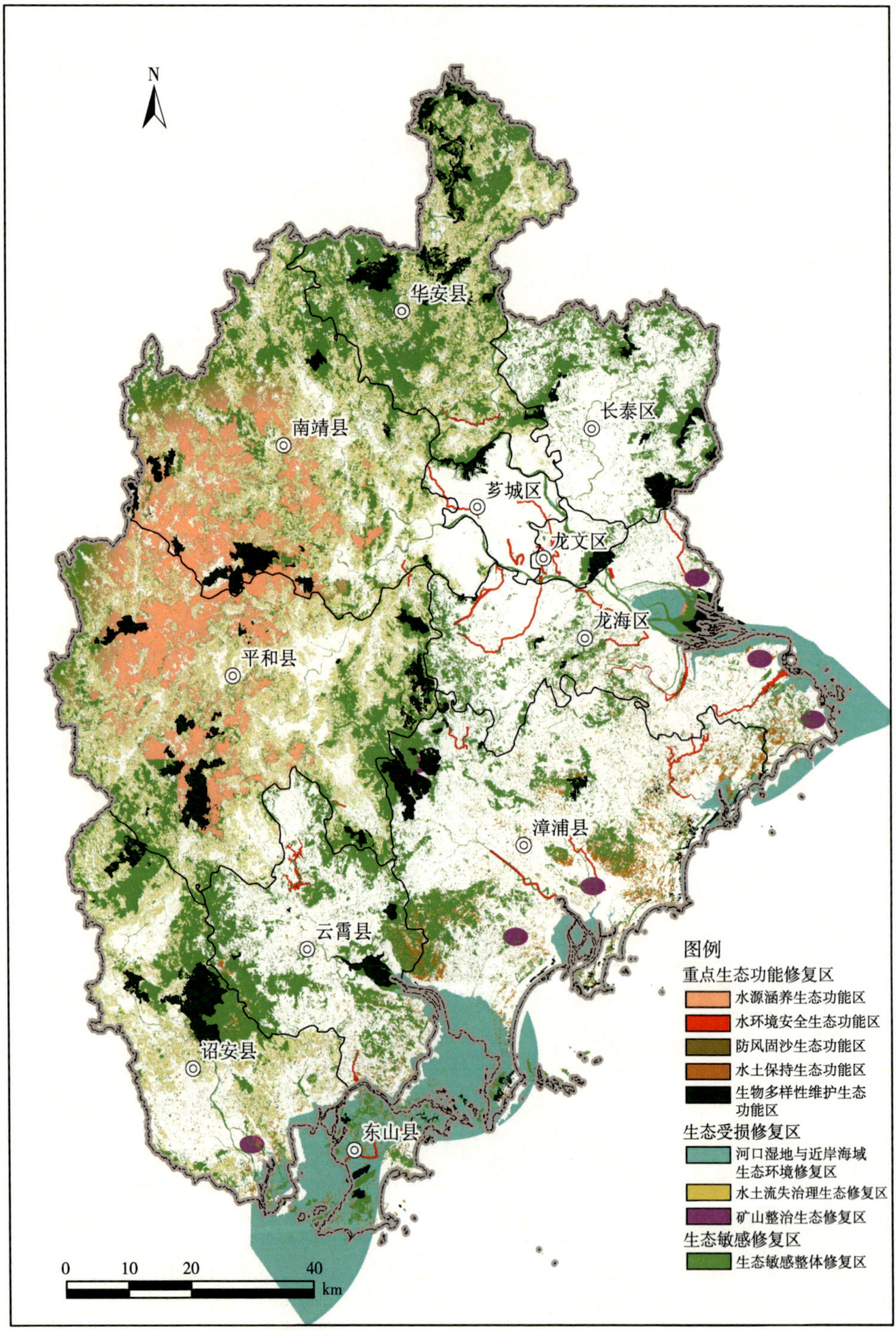

（b）

图 6-3 漳州市生态系统修复重点区域

修复措施：针对河流水质问题，综合整治不达标流域，提高森林覆盖率，增强水源涵养和水土保持能力，控制城镇村的生产生活污染等；对于现状达标但未来可能面临达标压力水域的水质进行强化预防处理，采取污染防护与保护优化等措施，以提升水质状况。对未划定保护区或已划定保护区但未采取隔离防护措施的饮用水水源地，应严格按照饮用水水源地规范化建设要求，实施水源地保护区（一级、二级）和准保护区划定、隔离警示防护、污染源搬迁或取缔、水源涵养与修复等措施。细化水域功能分区，明确重点放置区域，利用全面封禁措施，结合工程与自然手段修复生态环境。强化水源地监管工作，建立自动预警检测网络体系，针对漳州市水质特性设置自动报警条件，提高应对紧急污染时间的能力。

（3）防风固沙生态功能区

该区域包括（漳）浦—云（霄）—诏（安）—东（山）滨海风沙与石漠化控制区和沿海防护林基干林带。

修复措施：完善滨海防风固沙林带、水土保持林和农田林网建设；严禁破坏沿海防护林、水土保持林和防沙林，严禁在防护林带内进行开垦、养殖、挖沙取土以及旅游设施建设；严格限制采石取土活动，对现有采石场点进行整治，加强管理，加强对侵蚀严重丘陵台地植被的恢复重建，防治水土流失和石漠化。

（4）水土保持生态功能区

该区域包括九龙江中下游和（漳）浦—云（霄）—诏（安）西部丘陵山地茶果园生产区及古雷半岛沿海岛屿。

修复措施：坚持人工治理与自然修复相结合，强化对水土流失重点区域的治理，加快实施山洪地质灾害易发区水土流失综合整治工程和坡耕地水土流失综合整治示范工程，加强小流域综合治理，加大矿山环境整治修复力度。

（5）生物多样性维护生态功能区

该区域包括重要生境斑块保护与修复区和重要生态廊道保护与修复区，涉及南靖县、平和县、华安县、云霄县、诏安县、东山县。

修复措施：以重点区域为单元，对自然保护区、森林自然公园、成片公益林实行保护，禁止大规模的开发建设活动或人类行为对生境造成过度干扰，通过扩大斑块面积、优化斑块形状、降低边缘效应，落实生态管控红线，恢复野生动物栖息

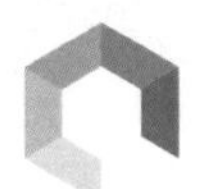

地，提高单元生态保护功能。对连接生境斑块之间的生物迁移路径进行优化，对生态网络中的“障碍点”与“脆弱点”，通过改变土地利用方式、增设相关工程设施来实施生态工程项目，以减少现有土地利用方式的阻碍作用，提高区域生态廊道的连通性，不得阻隔野生动物的迁徙通道。对于重要生态廊道的沿线城镇建设用地进行控制，保留必要的缓冲区范围，以减少人为干扰。

6.3.2 生态受损修复区

（1）河口湿地与近岸海域生态环境修复区

该区域包括九龙江口、漳江口等主要河流河口以及东山湾、诏安湾、隆教湾、佛昙湾、旧镇湾等 7 个沿海重要海湾。

修复措施：在主要河流和河口建立湿地自然保护区、湿地自然公园，划定湿地多功能用途区或野生动植物栖息地。加强对海湾和滨海湿地的保护与修复，建立一批湿地自然保护区和湿地自然公园，加强对滨海湿地重要水禽栖息地的保护，推进滨海湿地固碳示范区的建设。强化陆域污水处理设施的建设，实施入海污染物排海总量控制，大力削减入海污染负荷。实施海岸带环境整治和生态岸线修复，推进海岛整治与生态景观恢复，建设一批海洋自然保护区、海洋自然公园。

（2）水土流失重点治理区

该区域包括南靖县、平和县、诏安县、华安县等区域。

修复措施：加强水土流失预防与综合治理，统筹推进以小流域为单元的综合整治和以坡耕地集中区、侵蚀沟及崩岗密集区为单元的专项整治。在江河源头、水源地等保护区着重加强预防保护措施，配置植被带、开展生态清洁小流域治理；在山丘区着重配置小流域治理、坡改梯、坡面水系工程、林下水土流失治理等措施；在城镇及周边地区着重配置有利于改善人居环境质量的各种水土保持措施，并加强对水土保持的预防保护和监督执法工作。

（3）矿山整治与生态修复区

该区域包含损毁山体治理与生态修复和工矿废弃地复垦利用，涉及漳浦县、长泰区、龙海区和台商投资区。

修复措施：利用生态工程与还土工程相结合、绿化覆盖与工程护坡相结合的措施，对由于矿山开采及配套工程设施建设等因素造成的山体破碎、地表裸露、土石松动地区进行生态修复；对历史遗留矿山导致的塌陷区房屋、废弃厂房、坑塘和塌陷漏斗区进行工程改造，以土地复垦潜力评价为基础，综合考量土壤、水文、地形坡度适宜性后进行复垦，利用生物化学物理措施修复污染土壤，恢复土壤肥力和生物生产能力。

6.3.3 生态敏感修复区

生态敏感修复区包括市域城镇建设与农业生产空间中生态较为敏感脆弱的区域，如图 6-3 所示。

修复措施：重点保护永久基本农田，积极开展生态型土地整治项目建设，提高耕地和农林用地质量。明确城镇发展边界，优化开发建设用地结构，促进空间科学合理布局、土地节约集约利用。积极推进“城市双修”工作，落实海绵城市建设理念，采取多种方式和适宜的技术系统地修复山体、水体和废弃地，构建完整连贯的城乡绿地系统，详情见表 6-1。

表 6-1　漳州市生态修复重点区域与主要措施

大类	小类	范围	所在县区	主要措施
重点生态功能修复区	水源涵养生态功能区	平和东（溪）—南（溪）—鹿（溪）—漳（江）—韩（江东源）河源	平和县	加强对水源涵养区的保护与管理，严格保护具有重要水源涵养功能的自然植被，禁止各种损害生态系统水源涵养功能的经济社会活动和生产方式，控制林木资源消耗型项目建设；采用有力措施提高常绿阔叶林比例，改善森林结构，以提升水源涵养能力；严格控制水源涵养区人工商品林种植比例
		南靖树海河源	南靖县	
	水环境安全生态功能区	重点流域水环境	龙海区、南靖县、平和县、云霄县、龙文区、华安县、长泰区	针对河流水质问题，综合整治不达标流域，提高林地覆盖率，增强水源涵养和水土保持能力，控制城镇村的生产生活污染等；对于现状达标但未来可能面临达标压力的水域的水质进行强化预防处理，采取污染防护与保护优化等措施，以提升水质状况

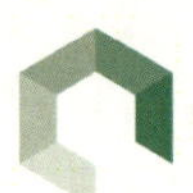

续表

大类	小类	范围	所在县区	主要措施
重点生态功能修复区	水环境安全生态功能区	饮用水水源地保护	东山县、龙海区、云霄县	对未划定保护区或已划定保护区但未采取隔离防护措施的饮用水水源地，应严格按照饮用水水源地规范化建设要求，开展水源地保护区（一级、二级）和准保护区划定、隔离警示防护、污染源搬迁或取缔、水源涵养与修复等措施；细化水域功能分区，明确重点放置区域，利用全面封禁措施，结合工程与自然手段修复生态环境；强化水源地监管工作，建立自动预警检测网络体系，针对漳州市水质特性设置自动报警条件，提高应对紧急污染时间的能力
	防风固沙生态功能区	（漳）浦—云（霄）—诏（安）—东（山）滨海风沙与石漠化控制区和沿海防护林基干林带	东山县、漳浦县、诏安县、云霄县	完善滨海防风固沙林带、水土保持林和农田林网建设；严禁破坏沿海防护林、水土保持林和防沙林，严禁在防护林带内进行开垦、养殖、挖沙取土以及旅游设施建设；严格限制采石取土活动，对现有采石场点进行整治，加强管理，加强对侵蚀严重丘陵台地植被的恢复重建，防治水土流失和石漠化
	水土保持生态功能区	九龙江中下游和（漳）浦—云（霄）—诏（安）西部丘陵山地茶果园生产区及古雷半岛沿海岛屿	漳浦县、诏安县、云霄县	坚持人工治理与自然修复相结合，强化对水土流失重点区域的治理，加快实施山洪地质灾害易发区水土流失综合整治工程和坡耕地水土流失综合整治示范工程，加强小流域综合治理，加大矿山环境整治修复力度
	生物多样性维护生态功能区	重要生境斑块保护与修复区	南靖县、平和县、华安县、云霄县、诏安县、东山县	以重点区域为单元，对自然保护区、森林自然公园、成片公益林实行保护，禁止大规模的开发建设活动和人类行为对生境造成过度干扰，通过扩大斑块面积、优化斑块形状、降低边缘效应，落实生态管控红线，恢复野生动物栖息地，提高单元生态保护功能

续表

大类	小类	范围	所在县区	主要措施
重点生态功能修复区	生物多样性维护生态功能区	重要生态廊道保护与修复区	南靖县、平和县、云霄县、诏安县	对连接生境斑块之间的生物迁移路径进行优化，对生态网络中的“障碍点”与“脆弱点”，通过改变土地利用方式、增设相关工程设施来实施生态工程项目，以减少现有土地利用方式的阻碍作用，提高区域生态廊道的连通性，不得阻隔野生动物的迁徙通道。对于重要生态廊道沿线城镇建设用地进行控制，保留必要的缓冲区范围，减少人为干扰
生态受损修复区	河口湿地与近岸海域生态环境修复区	九龙江口、漳江口等主要河流河口	龙海区、云霄县	在主要河流和河口建立湿地自然保护区、湿地自然公园，划定湿地多功能用途区或野生动植物栖息地
		东山湾、诏安湾等7个沿海重要海湾	东山县、诏安县、龙海区、漳浦县	加强对海湾和滨海湿地的保护和修复，建立一批湿地保护区和湿地自然公园，加强对滨海湿地重要水禽栖息地的保护，维护天然湿地的重要生态功能，推进滨海湿地固碳示范区的建设
	水土流失重点治理区	九龙江片（包括南靖、平和、诏安、华安）	南靖县、平和县、诏安县、华安县	加强水土流失预防与综合治理，统筹推进以小流域为单元的综合整治和以坡耕地集中区、侵蚀沟及崩岗密集区为单元的专项整治
		东山岛和古雷半岛	东山县、漳浦县	
	矿山整治与生态修复区	损毁山体治理与生态修复	漳浦县、长泰区、龙海区、台商投资区	利用生态工程和还土工程相结合、绿化覆盖与工程护坡相结合的措施，对由于矿山开采及配套工程设施建设等因素造成的山体破碎、地表裸露、土石松动地区进行生态修复
		工矿废弃地复垦利用	龙海区、长泰区、漳浦县、诏安县和台商投资区	对历史遗留矿山导致的塌陷区房屋、废弃厂房、坑塘和塌陷漏斗区进行工程改造，以土地复垦潜力评价为基础，综合考量土壤、水文、地形坡度适宜性后进行复垦，利用生物化学物理措施修复污染土壤，恢复土壤肥力和生物生产能力

续表

大类	小类	范围	所在县区	主要措施
生态敏感修复区	生态敏感修复区	市域城镇建设与农业生产空间中生态较为敏感脆弱的区域	全市	重点保护永久基本农田，积极开展生态型土地整治项目建设，提高耕地和农林用地质量。明确城镇发展边界，优化开发建设用地结构，促进空间科学合理布局、土地节约集约利用。积极推进“城市双修”工作，落实海绵城市建设理念，采取多种方式和适宜的技术系统地修复山体、水体和废弃地，构建完整连贯的城乡绿地系统

6.4 重大生态修复工程

6.4.1 海岸带生态修复

海岸带生态修复重大工程包括推进“蓝色海湾”整治，开展退围还海还滩、岸线岸滩修复、河口海湾生态修复、红树林、珊瑚礁等典型海洋生态系统保护修复，推进沿海防护林工程建设，加强对互花米草等外来入侵物种的灾害防治。重点提升九龙江口、漳江口等重要海湾、河口生态环境，推进东山八尺门、东山南北港等港口的生态修复，推进陆海统筹、河海联动治理，促进近岸局部海域海洋水动力条件恢复；维护海岸带重要生态廊道，保护生物多样性；恢复典型滨海湿地生态系统结构和功能；保护红树林和海洋特有动植物及其生境，加强近岸海域海水生态保护修复，提升海岸带生态系统服务功能和防灾减灾能力。

专栏 6-1　海岸带生态修复重大工程

1. 近岸海域海洋生态修复工程

加强对九龙江口、漳江口红树林、东山珊瑚等自然保护区的建设。建设诏安城洲岛国家级海洋自然公园，推进东山海洋生态文明示范区建设。制订红树林保护和人工恢复计划，对退化严重的红树林生态系统实施生态恢复工程。落实红树林保护与修复工程，开展九龙江和厦门湾综合治理攻坚战，强化生活、工业、农业及养殖污染等陆源污染物入海管控，全面整治入海排污源。

2. 海湾生态修复整治

加快推进东山八尺门贯通及退堤还海等项目，加大对隆教湾、佛昙湾、漳江口湾、东山湾、诏安湾等重点海湾的海洋生态环境的整治。实施浅海计划外养殖清退，实施入海污染物排海总量控制。加强海岸线保护与管控，强化对东山湾和九龙江河口等受损滨海湿地和珍稀物种关键栖息地的保护与修复，推进侵蚀岸线修复，加强重要河口生态保护修复，严格控制入海污染物排放，强化过度捕捞和非法养殖整治，防治赤潮等海洋灾害，恢复退化的海洋生态环境，改善海洋生态系统。加强对候鸟迁徙路径栖息地的保护以及对珊瑚礁等典型海洋生态系统的保护与修复，改善滨海湿地生态功能，促进海洋生物资源恢复和生物多样性保护。

3. 海岛生态修复

规范海岛开发利用，禁止开山取石、炸礁等破坏海岛的开发利用活动；对已遭破坏的岛体，采用工程措施或植被恢复等生物措施，防治水土流失，阻止岛体侵蚀，恢复岛体原貌；采用建设、加固护岸的工程措施和种植红树林等防浪固岸的生物措施，整治修复受损海岛岸线；通过改善土壤、水分等，加强海岛植物栽培和生物多样性保护，恢复海岛生态系统。加强无居民海岛保护，全面实施分类管理。

4. 沿海防护林

加强对龙海区、漳浦县、云霄县、东山县、诏安县等地沿海生态的修复和植被保护，建设沿海防护林带、防潮工程，提升海岸带和沿海生态系统抵御气候灾害的能力。进一步扩大龙海区、漳浦县、云霄县、东山县、诏安县等地基干林带面积，优化基干林带结构，在符合海岸带保护与利用相关规划要求的前提下，推动适宜红树林生长的滩涂，规划营造以红树林为主的消浪林带；针对现有宜林地资源，结合沟、渠、河堤、道路、农田林网等，因地制宜地安排人工造林；对宽度达不到标准的林带，实施拓宽造林。对诏安县、云霄县、漳浦县、东山县工程区内因台风、风暴潮等自然灾害受损的基干林带进行清理、补植和补造，通过修复灾损基干林带，提高其抵御台风、风暴潮的能力。对于漳浦县、诏安县等地年龄老化、树木生长下降、郁闭度低的稀疏老化基干林带，逐步实施更新改造，提升基干林带质量，增强防护功能。

5. 滨海湿地保护

持续开展“蓝色海湾”整治工作，加强对九龙江口国家级重要滨海湿地、东山湾、旧镇湾、诏安湾、宫口湾等重要滨海湿地的保护。对全市湿地逐地块调查，建立动态监测系统，及时掌握滨海湿地及自然岸线的动态变化。将亟须保护的重要滨海湿地和重要物种栖息地纳入保护范围。实施退围还海、退养还滩、退耕还湿等工程，逐步修复已经破坏的滨海湿地。严格用途管制，将滨海湿地保护纳入国土空间规划，严格限制在生态脆弱敏感、自净能力弱的海域实施围填海行为，严禁国家产业政策淘汰类、限制类项目在滨海湿地布局。建立围填海监督巡回检查制度。

6. 湾区环境治理

实施陆域—流域—海域生态环境的一体化协同治理，建设厦门湾区（南）、古雷港湾区、环东山岛湾区成为生态环境联保共治的示范引领区。在国家示范和引领下，按照“一湾一策”原则，有序推进个性化精准治理。全面落实河长制，加强对九龙江、漳江、鹿溪、东溪及其他入海流域的生活、工业、农业及养殖污染等陆源污染物的入海管控，全面整治入海排污源。提升梅岭半岛、古雷半岛、六鳌半岛、整美半岛等重要岸段综合减灾能力。在产业园区及重大项目可行性论证阶段，开展海洋灾害风险评估，加强落实隐患排查与治理措施，提高招银港区、后石港区、古雷港区、东山港区的海洋灾害防御和突发性海洋污染事故风险防范及应急处置能力。

6.4.2 水土流失修复治理

坚持人工治理与自然修复相结合，强化水土流失重点区域的治理。推进水土流失治理企业运作，实现水土流失治理与管护的专业化和规模化。加强水土流失预防与综合治理，统筹推进以小流域为单元的综合整治和以坡耕地集中区、侵蚀沟及崩岗密集区为单元的专项治理。加强对采矿废弃地的植被恢复及绿化美化，提高土地生态系统的自我修复能力。严格实施矿山开采回采率、选矿回收率、综合利用率“三率”标准，已建矿山达不到标准的要限期整改，对到期仍未达到要求的由所在地县级政府依法予以关闭。关闭开采规模小、停产时间长、盈利能力弱、存在较大安全隐患的矿山。推进绿色矿山建设，进一步明确禁止、限制、允许勘查开采的区域，加大对华安玉、叶腊石、花岗岩、石英砂、高岭土、地热等珍贵矿产资源的保护。

专栏 6-2 水土流失修复重大工程

1. 水土流失生态修复

以小流域为单元，运用工程措施、生物措施和耕作措施，对山水田林路进行统一规划、综合整治。在丘陵、台地水土流失重点防治区，妥善安排各项治理工程用地。工程开展以封禁为主，综合运用工程措施、生物措施来开展水土保持工作；推进可持续林业建设，改善树种结构，保护天然林，提高森林覆盖率。加快重点生态区位林分修复，禁止乱砍滥伐和挖掘机等大型机械上山开发山地种茶种果，控制桉树速丰林规模，引导采伐后改种乡土阔叶树种，林木主伐由皆伐转为择伐。开展生态安全清洁型小流域综合治理。加强果园坡改梯，配套小型水利水保工程，加强对陈巷溪、马洋溪、良岗山、天宝山、南胜溪、五寨溪、漳江上游等浅山河谷区域的果园林下水土流失治理。

2. 重要水源地水土保持生态建设工程

强化重要水源地区域的植树造林，提高绿量，转变采伐方式，提升林分，科学调整林木采伐年龄和采伐政策。减少黄井溪、文峰溪、程溪溪、南溪源头地带果林、毛竹林的种植面积，增加水源涵养林面积，控制林下水土流失。严格控制对水源区坡地的开发，重点保护现有的水源涵养林；对涉及县级以上 20 个重要水源地，实施重要水源地上游预防保护措施，控制面源污染；在易旱地区（如东山）加强雨水集蓄利用。建设高效农田防护林和水保林，尤其在东山等易发生风蚀的区域、岛屿加强防风林建设。加强清洁小流域建设，加强城镇产业园区水土保持监督，重点做好弃土、弃渣的拦蓄，以及边坡的维护和裸露地表的植被恢复。

3. 陡坡地生态修复

在 25° 以上的陡坡地实行退耕还林还草，优先建设公益林；种植经济林的要根据当地实际情况，科学选择树种，合理确定种植模式，并按照水土保持技术标准，采取保护表土层、降低整地强度、修筑蓄排水系统、坡面植草、设置植物绿篱等防治水土流失的措施；在 5° 以上不足 25° 的荒坡地垦造耕地，采取修建梯田、修筑挡土墙、修筑排水系统、蓄水保土耕作等水土保持措施。加快在平和县、南靖县等地的国家级水土保持重点治理工程，以及在平和县、诏安县、长泰区、华安县、南靖县等地的省级重点县水土流失治理。推进东山岛、古雷半岛沿海岛屿风沙侵蚀地带的水土保持工作。

4. 矿山生态修复

严格落实矿产资源总体规划，实行最严格的采矿权准入制度，以矿山开采回采率、选矿回收率、综合利用率“三率”标准，推进绿色矿山建设。加快推进历史遗留矿山生态修复，加强对采矿废弃地的植被恢复和绿化美化，提高土地生态系统的自我修复能力。通过地质环境治理、地形重塑、土壤重构、植被重建等综合治理工程，重点推进龙海区、长泰区、漳浦县、诏安县和台商投资区废弃矿山的生态修复治理工作。

6.4.3 生物多样性保护工程

构建国土空间重要廊道整体保护网络体系，整合优化各类蓝绿廊道，合理调整廊道范围，科学划定连通路径；分级分类提出管控要求，以增加生境斑块之间的联系强度，优化生态网络的结构，提升生态网络的完整性和连接度，提高生物多样性保护水平，进而提升生态系统服务功能。建成以自然保护区为骨干，包括风景自然公园、森林自然公园等不同类型保护地的保护网络体系。大力实施天然林资源保护、退耕还林等生态修复工程，进一步加强漳州市各地区，尤其是中西部地域对重要生物栖息繁衍的核心斑块和迁徙交流的生态廊道进行保护与构建，提高区域景观连通性，从而实现对生物多样性的保护与维育。

专栏 6-3 生物多样性保护工程

1. 生境斑块保护与修复

充分利用河流、山体、道路和楔形绿地等，在市域各绿地斑块之间，尤其是在影响生物群体的重要地段与关键点修建绿色廊道和“暂息地”，形成绿色生态网络，减少“岛屿状”生境的孤立状态，增加敞开空间和各生境斑块的连接度与连通性，保证漳州市自然生态过程的整体性和连续性，减少城市生物生存、迁移和分布的阻力面，给生物提供更多的栖息地和更大的生境空间。同时，结合漳州市国土“三调”成果以及生态保护红线、重点公益林、国有林、天然林、地质遗迹等的保护范围，将自然保护地空缺分析结果中有代表性的生态系统、生物多样性丰富程度高、重要物种栖息地、生态功能重要、生态系统脆弱、自然资源价值较高、无矛盾冲突但尚未纳入现有自然保护地体系的保护空缺地纳入自然保护地体系。

2. 生境廊道保护与修复

在进行蓝色廊道建设和规划时，首先，以维护和恢复九龙江、漳江等河流及海岸的自然形态为前提，自然状态的河床和弯曲的水流有利于对生物多样性的保护，有利于削减洪水的灾害性和突发性。其次，应着重绿色廊道和蓝色廊道的有机结合，形成一个协调、一致、互益的整体。如在九龙江流域河流两岸种植吸污性较强的植物物种，一方面对河流内污染物有一定的吸收同化作用；另一方面有利于河流两岸的水土保持，这对提高生物多样性有积极的意义。

6.4.4 水源地保护与修复工程

以保护水源地和综合提升水环境质量为目标，通过生态修复工程与水资源涵养保护相结合，对水源地进行综合生态修复，促进水资源的安全保障、水域生态功能的恢复以及水环境生态环境功能的实现。同时注重对重点流域单元，如九龙江、漳江流域河流水生态空间的保护与修复，包括对河流、河流缓冲区以及河流经过的重点城镇区的空间、生态岸线以及滨水绿化景观等的建设。

专栏 6-4　水源地保护与修复工程

1. 水源地保护与修复

推进南靖树海河源和平和县东（溪）—南（溪）—鹿（溪）—彰（江）—韩（江东源）江河源头区域的水源涵养林建设，加强水土流失与水环境污染治理。加强对峰头水库等重要水源地周边水源涵养林的保护，对径流污染进行修复。实施河湖水系廊道建设工程，推进生态清洁小流域综合治理和河道疏浚、护岸护坡工程建设打造。对于未划定保护区或已划定保护区但未采取隔离防护措施的饮用水水源地，应按照饮用水水源地规范化建设要求，实施水源地保护区划定、隔离警示防护、污染源搬迁或取缔、水源涵养和修复等措施。

2. 重点流域与河湖水系的保护与修复

以流域为单元进行综合治理，采取水源地保护、水量调度、生态补水、河湖水系连通、污染源控制等措施，结合河道清淤与防洪工程建设，统筹推进流域水环境综合整治。推进北溪、西溪、南溪等主要干支流两侧和一重山及水库周边的造林、补植、抚育、封山育林工作。

第 7 章

生态保护措施与体制机制

7.1 生态保护目标与重要举措

7.1.1 生态保护战略目标

漳州市牢固树立“绿水青山就是金山银山”理念，坚持生态优先、绿色发展，坚定不移地走绿色低碳的高质量发展道路，健全市域生态空间保护体系，加快形成绿色生产生活方式。守住自然生态安全底线，实施自然生态空间保护，加强生态保护红线、天然林、沿海防护林与湿地生态保护，对受到破坏的自然生态系统实施综合修复，促进自然生态系统质量整体改善，将森林覆盖率、湿地面积与自然岸线保有率维系在现状水平。把“碳达峰”“碳中和”纳入生态市建设布局，科学制定时间表、路线图，建设人与自然和谐共生的现代化。大幅提高能源资源利用效率，使单位 GDP 能耗与二氧化碳排放量显著降低。加强污染防治，使城市空气质量优良天数比例、地表水达到或优于Ⅲ类水体的比例、近岸海域水质优良的比例显著提高，详情如表 7-1 所示。

表 7-1　漳州市 2035 年生态保护战略目标

指标名称	2019 年	2035 年目标	累计增速
森林覆盖率 /%	64.78	61.7	—
自然岸线保有率 /%	30.48	30	—
自然保护地面积 /km^2	800	1 000	—
单位 GDP 能耗 /（t 标准煤 / 万元）			[-20]
单位 GDP 二氧化碳排放量 /（t/ 万元）			[-30]
城市空气质量优良天数比例 /%	98.3	控制在福建省下达目标范围内	
地表水达到或优于Ⅲ类水体比例 /%	95.8	控制在福建省下达目标范围内	
近岸海域水质优良比例 /%	85.1	95	

7.1.2　加强生态空间保护与保护地建设

漳州市严守生态保护红线，严格禁止开发性、生产性建设城镇化和工业化活动，在符合现行法律法规的前提下，除国家重大战略项目外，仅允许进行对生态功能不造成破坏的有限的人为活动，主要包括生态保护修复和环境治理活动，原住民正常生产生活设施建设、修缮和改造，符合法律法规规定的林业活动，国防、军事等特殊用途设施建设、修缮和改造，生态环境保护监测、公益性和自然资源监测或勘探以及地质勘查活动，经依法批准的考古调查发掘和文物保护活动，必要的河道、堤防、岸线整治等活动以及防洪设施和供水设施建设、修缮和改造活动。

生态保护红线内已有的人类活动和建设项目要遵循尊重历史、实事求是、依法处理、逐步解决的原则，从严查处违法建设项目。属于上述被允许之外的人类活动或建设项目，地方各级人民政府应当建立退出机制，制订退出计划，逐步将其调整为与生态环境不相抵触的适宜用途；属于上述被允许进入的人类活动或建设项目，须严格按照批准的项目选址、规模和方案进行建设运营与维护；法律法规另有规定的，从其规定。

推进自然保护地体系建设，积极创建国家公园。坚持生态保护第一，统筹保护和发展，有序推进生态移民，适度发展生态旅游，实现生态保护、绿色发展、民生改善相统一。依托生态安全格局构建“两纵、一带”自然保护地网络，增强自然生态系统完整性和生态廊道连通性，划入与调出相结合，整合优化各类自然保护地空间范围与功能分区，或通过补缺、新设等形式，将应该保护的地方都保护起来，形成布局合理、类型齐全、功能完善、保护有力的自然保护地群带网空间格局，高效保护珍稀、濒危野生动植物物种以及山水林田湖海各类重要自然资源及典型生态系统。统筹协调自然保护地与生态保护红线建设，对自然保护地进行调整优化，并划入生态保护红线。

实施生物多样性保护工程，加大对重要野生动植物、珍稀濒危物种、指示物种的保护力度。以南靖虎伯寮自然保护区为基础，通过调整、新建等手段，加强对南方红豆杉、伯乐树、银杏等珍稀植物物种以及红栲、乌来栲、大叶赤楠等闽南博平岭东南部湿热南亚热带常绿阔叶林建群种的保护，加大对云豹、黑麂、黄腹角雉、鼋、蟒等珍稀动物栖息地的保护力度。加强海岸带自然保护地建设，保护红树林、珊瑚礁等典型生态系统，保护中华白海豚等珍稀物种的栖息地，保护勺嘴鹬、黑脸琵鹭、卷羽鹈鹕等世界级珍稀候鸟的栖息点，维护东亚—澳大利亚候鸟迁徙通道的完整性。

7.1.3 推进山—海—城联动生态保护战略

以重要山体、江河水系、海岸带保护为重点，加强对重要生态功能区、生态公益林、沿海防护林的建设，推进山—海—城联动保护，筑牢生态安全屏障，支撑依山向海的总体发展格局。推动绿色低碳发展，实施入海污染物联防联控，构建“流域—河口—近海”污染防治的联动机制。强化污染防治和生态保护联动协同，重塑城市与自然的关系，促进人与自然和谐共生。

①筑牢中西部山体生态屏障，保障生物多样性维护、水源涵养、水土保持等重要生态功能，提升区域综合生态系统服务功能。构建戴云山南伸余脉—博平岭东侧山脉—灵通山西部山体生态屏障，提升漳州市在福建省南部的生物多样性维护和跨流域水源涵养功能，以虎伯寮自然保护区等自然保护地为重点，加强生物栖息地的自然修复，提升生物多样性维护功能。构建良岗山—天宝山—石屏山—矾山—乌山—河港山中部山体生态屏障，提高漳州市南亚热带标志性生态系统多样性维护以及全市水资源保障功能，重点加强“两江两溪”河源地带山水林田湖生态保护修复，构筑沿九龙江及沿海地区高强度人类活动区域的生态屏障。

②陆海统筹，加强海岸带保护与灾害防护，构筑高强度人类活动区域的生态安全屏障。深入实施“蓝色海湾”工程，推进海洋生态保护和修复，加强“两江两溪”入海污染总量控制。严格围填海管控，加强自然岸线保护，坚守大陆自然岸线和海岛自然岸线保有率底线。加强对九龙江口、漳江口红树林，东山珊瑚礁，中华白海豚、江豚、宽吻海豚、伪虎鲸等珍稀濒危海洋动物及其栖息地的保护与修复。封育、营造、修复海岸基干林带，进一步完善防风固沙林带、水土保持林、农田林网规模和分布，形成完整的滨海生态保护带，以防风固沙、抵御风暴潮。

严格海岛功能管控，推进分类管理。加强有居民海岛生态保护，严格限制填海连岛和改变海岛岸线，防止人为因素导致的海岛植被退化和生物多样性降低。严格保护无居民海岛，实施无居民海岛用途管制制度，强化无居民海岛开发利用的生态保护约束，探索无居民海岛多元化保护利用模式，明确开发利用对植被、自然岸线及其他保护对象的保护要求。

③连通关键生态廊道，构建水城共生、城绿共融的蓝绿生态廊道网络，打造城市与自然的良性互动格局。利用现有河湖、山谷、森林、湿地、海洋等自然生态系统和生态农业用地，连接生态保护红线、自然保护地与野生动植物栖息地，构建市域山海生态廊道，为动植物迁移和传播提供连续完整的通道。在主要交通干道沿线及河道沿岸构建生态景观绿化带，构建市域内重要的“绿色通道”。

加快实施九龙江、漳江、诏安东溪、鹿溪“两江两溪”等流域山水林田湖生态系统保护修复，保障漳州市江河水系的“山—海”生态通道。加强森林抚育，加强生态公益林保护，持续推进天然林保护与修复，加强对沿海、沿江、沿溪、中型水利工程流域和水库汇水区域的防护林、水源涵养林、水土保持林及天然林的保护，加强两岸一重山的造林、补植、抚育和封山育林。统筹城乡绿化，加大城市森林公园、城市片林、城市绿道建设和城中山、城周山森林景观的改造，提高交通主干线沿线及一重山区域、乡村“四旁”、绿化和益林荒山荒地造林绿化美化水平。

7.1.4 应对“碳达峰”的低碳绿色发展战略

①加快能源结构转变，推动清洁能源产业发展。通过推动能源生产和消费革命，提升非化石能源比例，推动天然气、氢能替代，推动优化能源结构的系统工

程，大力实施终端能源电气化，加快民用散煤、燃煤锅炉和工业炉窑等用煤替代。控制化石能源消费总量，着力提高利用效能，实施可再生能源替代行动，深化电力体制改革，构建以新能源为主体的新型电力系统。优化能源消费结构，提高太阳能、风电等清洁能源消费占比。利用太阳能资源丰富的优势条件，大力推广光伏应用，促进技术创新和产业发展，在屋顶光伏、农业设施等领域重点推进光伏应用，建设规模化的建筑屋顶分布式光伏发电系统，有序发展农光、渔光互补光伏系统。引进海上风电装备制造龙头企业入驻漳州市，建设新能源装备产业园区，发展千万千瓦级海上风电能源基地以及古雷开发区综合能源基地。

②推进重点行业领域减污降碳。加快煤电、石化、钢铁等高碳产业低碳转型，全面实施产能总量控制和新建项目产能置换要求，推广原料优化、能源梯级利用、可循环、流程再造等系统优化工艺技术，提升能源利用效率，开展低碳园区试点。提升建筑节能标准，积极开展超低能耗被动房、近零能耗建筑建设示范。调整交通运输结构，加快推进大宗货物和中长距离运输的“公转铁”“公转水”，大力发展多式联运，提升集装箱铁水联运和水中转比例，加快形成绿色低碳运输方式。推进节能型船舶建造，推广港口港机清洁化能源使用，推进全市港区的岸电工程建设，新建大中型泊位须同步建设岸电设施，已有远洋集装箱船舶泊位应逐步开展岸电设施改造，引导靠港船舶优先使用岸电。

③加快发展循环经济，促进资源集约节约利用。支持再生资源企业利用大数据、云计算等技术建立线上线下融合的优化回收网络，逐步建设废弃物在线回收、交易等平台，推广“互联网 +”回收新模式。鼓励相关行业协会、企业参与构建行业性、区域性、全国性的产业废弃物和再生资源在线交易系统。建立重点品种的全生命周期追溯机制。开展循环化改造的园区建设产业共生平台。支持汽车维修、汽车保险、旧件回收、再制造、报废拆解等汽车产品售后全生命周期信息的互通共享。推进废旧路面、建筑垃圾、工业固体废物的循环利用。

④加强政策保障，建立健全绿色低碳政策和市场体系。完善有利于绿色低碳发展的财税、价格、金融、土地、政府采购等政策，加快推进碳排放权交易，积极发展绿色金融。以优化区域产业结构为重点，大力发展高新技术产业、高附加值产业和第三产业。加快优化存量，紧盯重点地区、园区、行业、企业，挖掘节能潜力。

严格控制增量，加强源头管控，遏制能耗过快增长。对增加值贡献小、工艺水平低、能耗高的企业，以法律、政策、标准、市场手段倒逼其退出，将腾出的能耗指标用于保障符合产业发展导向、能效达到国内先进水平的好项目及大项目高质量发展用能需求。加强火电、玻璃、钢铁等行业的存量企业优化，制定古雷石化园区节能规划与措施，合理分配开发区与县市的总量控制目标。

⑤强化国土空间规划和用途管控，提升生态碳汇能力。牢固树立“绿水青山就是金山银山”理念，确定市县国土空间保护、开发、修复格局，坚持严格的环境保护制度，严守漳州市“两屏、一带、多廊、多点”的国土生态安全格局，严守生态保护红线，控制生态开发强度，全面增强保护和治理能力，持续提升全域生态环境品质，构建安全健康的生态空间，有效发挥森林、湿地、海洋、土壤的固碳作用，加强植树造林和森林经营管理，科学布局贝藻类养殖，建设海洋牧场，提升生态系统碳汇增量。

7.1.5 加强生物多样性保护

①完善生物多样性保护网络。强化生物多样性就地保护措施，完善自然生态系统、珍稀濒危动植物资源、湿地和水禽、孑遗植物及特有植物等类型的自然保护区的空间布局，构建漳州市自然保护区网络。对珍贵、濒临灭绝或具有观赏价值的物种实施迁地保护措施。对自然种群较小和生存繁衍能力较弱的物种，采取就地保护与迁地保护相结合的措施，加强生物遗传资源库建设，把生物多样性损失减小到最低限度。构建漳州市森林、湿地、河湖生态系统动态监测网络，对自然保护地、生态保护红线区实施规范化监测、多部门合作及信息共享，全面掌握全市生态系统变化情况。

②促进生物资源可持续利用和生物遗传资源的保护。把发展生物技术与促进生物资源可持续利用相结合，加强对生物资源的发掘、整理、检测、筛选和性状评价，筛选优良生物遗传基因，推进相关生物技术在农业、林业、生物医药和环保等领域的应用。借鉴国际先进经验，开展试点示范，加强生物遗传资源价值评估与管理制度的研究及抢救性保护和传承相关传统知识，完善传统知识保护制度，探索建立生物遗传资源和传统知识获取与惠益共享制度，协调生物遗传资源及相关传统知识保护、开发和利用的利益关系，确保各方利益。

③全面提高红树林生态系统健康水平。建立健全的红树林生态系统监测保护体系，对保护区内水产养殖业污染问题加强监测与管理，严格控制保护区内水产养殖业对红树林的影响。加大对周边居民的宣传教育工作，扶持当地居民转变谋生方式，减少对红树林资源的直接破坏性利用。积极主动与相关科研机构合作，加强对互花米草等外来入侵物种入侵机理、扩散途径、应对措施和开发利用途径的研究，建立外来入侵物种监测预警及风险管理机制。严格限制红树林湿地内的生产生活活动，为鸟类提供良好的觅食及栖息场所。

④完善地方生物多样性保护法规和制度建设。贯彻实施我国生物多样性保护相关的法律、法规、政策和制度及其配套实施细则和政策措施等，形成层次清楚且功能较为完善的法律、法规、政策和制度保障体系。根据漳州市野生动植物种类、分布情况，研究制定加强生物多样性保护、生物遗传资源保护、生物安全和外来入侵物种管理、传统知识保护的法规制度。研究促进自然保护区周边社区环境友好发展、生物资源保护与可持续利用的政策，建立漳州市红树林保护区生物多样性保护横纵向协调机制。

7.2 实施生态空间分级分类保护

7.2.1 生态空间分级管控

（1）自然保护地管控

①实施自然保护地分类管理。根据《关于建立以国家公园为主体的自然保护地体系的指导意见》等国家政策和漳州市的实际情况，漳州市自然保护地依据生态价值和保护强度不同，可按国家公园、自然保护区、自然公园进行分类管理。在大力实施生态保护和修复的基础上，积极创建国家公园，调整优化自然保护区和自然公园。

②加强自然保护地分区保护。自然保护地管控分区分为核心保护区和一般控制区。在实际操作中，为了实现精细化管理，可因地制宜地进行二级功能分区。自然保护区和自然公园的一般控制区可划分为严格控制区和合理利用区。将重要的、脆

弱的自然生态系统、自然遗迹、自然景观和珍稀濒危物种集中分布地设为严格控制区，采取严格保护措施，禁止建设与保护无关的项目；其他区域为合理利用区，在不超过生态承载力的前提下，可以开展生态养殖、林下经济、生态休闲、科普宣教、自然体验等活动。自然保护区原实验区内无人为活动且具有重要保护价值的区域，特别是国家和省级重点保护野生动植物分布的关键区域、生态廊道的重要节点、重要自然遗迹等，也应转为核心保护区。自然保护区原核心区和原缓冲区有以下情况时，可调整为一般控制区：自然保护区设立之前就存在的合法水利水电等设施；历史文化名村、少数民族特色村寨和重要人文景观合法建筑，包括有历史文化价值的遗址遗迹、寺庙、名人故居、纪念馆等有纪念意义的场所。

（2）生态保护红线管控

①管控原则。在生态保护红线内，自然保护地核心保护区原则上禁止人为活动，其他区域严格禁止开发性、生产性建设活动。法律法规另有规定的，从其规定。

②建立有限人为活动正面清单。在生态保护红线内、自然保护地核心区外，在符合现行法律法规的前提下，除国家重大项目外，仅允许开展对生态功能不造成破坏的有限人为活动，严禁开展与其主导功能定位不相符合的开发利用活动，禁止新增围填海。有限人为活动包括：原住居民基本生产生活活动；自然资源、生态环境调查监测和执法；经依法批准的古生物化石调查发掘和保护活动、非破坏性科学研究观测及必需的设施建设、标本采集；经依法批准的考古调查发掘和文物保护活动；不破坏生态功能的适度参观旅游和相关必要的公共设施建设；必需且无法避让的，符合县级以上国土空间规划的线性基础设施建设、防洪和供水设施建设与运行维护；已有合法水利、交通运输设施运行和维护等；依法批准的地质调查与矿产资源勘查开采；依据县级以上国土空间规划，经批准开展的重要生态修复工程；确实难以避让的军事设施建设及重大军事演训活动。

③严格有限人为活动监管。符合正面清单的人为活动，拟进入生态保护红线的，须预先向省级人民政府申请组织生态功能影响评估。生态保护红线内允许开展的对生态功能不造成破坏的有限人为活动，法律法规有规定的，从其规定；没有规定的，依据省级人民政府监管办法执行。其中，涉及新增建设用地、用海、用岛的，按照现行规定办理相关审批手续。在生态保护红线内开展的有限人为活动，应

明确强度控制和管理要求，避免对生态功能造成破坏。不符合正面清单规定的人为活动，可按照尊重历史、实事求是的原则，结合自然资源禀赋和经济社会发展实际，细化退出安排。

（3）普通生态空间管控

①严格控制基础设施建设规模。对交通、能源、给排水、信息等基础设施建设应整体布局，降低基础设施网络对自然本底的扰动。在架空电力线路边导线与建筑物之间安全距离范围内，禁止建设一切人工建筑物。输油输气管道廊道控制范围内应按照相关规范、设计标准的安全保护距离进行空间管控。禁止在生态廊道控制范围内进行采石、取土、采砂等活动。

②严格控制开发建设类型和强度。强化点上开发、面上保护的空间格局。鼓励人口适度迁出，防止区域内的建设用地任意扩大，污染物排放总量任意增加。加强林地保护和建设，提高森林蓄积量，重点加强生态公益林保护与建设，优化森林结构。优先生态保护设施建设，包括水土保持、饮用水安全保障等水利工程、环境污染治理工程及其附属构筑物建设。

③优先支撑国土生态安全格局建设。优先加强生态保护建设，支撑国土生态安全格局构建。交通生态廊道在具备条件的基础上，宜控制单侧绿带宽度 50 m 以上，严格限制各类建设活动对绿带廊道的侵占。沿主要河流水系建设生态廊道，禁止侵占水域和改变河道自然形态，生态廊道宽度在具备条件的基础上，宜控制在单侧 50 m 以上。水系生态廊道范围内禁止新建与供水供电等市政设施、生态景观建设及湿地保护无关的建设项目。除防洪、供水工程、通航需求等必需的护岸外，禁止非生态型河湖堤岸改造。未经批准，生态廊道内禁止建设一切人工建筑物，建设项目不得影响河湖水生态（环境）功能。

7.2.2 生态空间分类保护

（1）陆域生态空间

①水源涵养空间。保护重要江河水系源头山地森林生态系统，禁止商业性砍伐天然林，提升河流源头森林生态系统涵养水源、调节河川径流的能力。改善森林结构，加大水源涵养林种植力度，提高阔叶树种占比，增加针阔混交林覆盖面积。结

合生态修复工程，实施多树种造林，在杉木、马尾松纯林中适当引入鹅掌楸、枫香和全缘叶栾树等落叶阔叶树种，改善林下群落结构，增加林下植被类型和层次结构，提高地表覆盖度，提升地表覆盖层涵水能力和土壤涵水能力。

②水土保持空间。严控“两江两溪”及其重要支流源头地势陡峭、土层浅薄区域的水土流失风险，保障植被覆盖度，禁止人为破坏土层，减少入河泥沙量。结合生态修复措施，使水库等饮用水水源地周边水土流失显著降低，降低人类活动干扰，入库泥沙得到基本控制。采用梯田及坡面水系工程、谷坊、拦沙坝、林草措施、特色亚热带经济林果建设、封育治理等措施，加强漳浦县、南靖县、平和县、诏安县等坡耕地，诏安县崩岗及其他侵蚀劣地、林下、矿区、建设项目等水土流失治理。

③滨海防风固沙空间。加宽、加厚、加长沿海基干林带，依据海岸地貌特征、立地条件，固定沙地、流动半流动沙地等采用了不同模式分类治理。风力大、起沙重的区域，加强对流动半流动沙丘的控制，可采用“乔木＋草本＋双层防风篱笆”的造林模式，如加大种植木麻黄密度，配合地被植物老鼠刺，搭建双层防风篱笆，筑起防风的盖土沙堤墙，保障基干林带不断带。对风力较小的区域，可采用“乔木”或“乔木＋草本”的造林模式，如木麻黄或配合地被植物巨菌草。同时可选择抗风抗旱较强的南洋杉、夹竹桃、黄金榕、金森女贞、鹅掌柴、高山榕等具备观赏性的植物进行美化。

（2）海洋生态空间

①海洋保护区。加大对漳江口、九龙江口红树林，东山湾珊瑚礁的保护和修复力度，有序清退保护区内养殖坑塘。保护和修复珍稀濒危海洋野生动植物栖息地、原生境保护区（点），推进对九龙江口、东山湾附近海域中华白海豚等海洋珍稀物种栖息地的保护与修复。加大对莱屿列岛海域红菜、海胆、龙虾等海洋生物资源的保护力度。

②海洋自然景观与历史文化遗迹。加大对香山、牛头山、林进屿、南碇岛、整美半岛、崎沙湾、江口湾和后蔡湾等滨海火山海蚀地质地貌遗迹的保护力度。在核心区内，原则上禁止人为活动。在一般控制区内，仅允许建设与地质遗迹保护和特色相符的科考、生态旅游等活动。

③重要海岛。对东碇岛等领海基点特殊保护海岛，原则上禁止破坏海岛自然属

性的开发利用活动，经批准，可适度开展兼容国家权益的活动。除关系国家权益以外，在海洋保护区内海岛不能进行与海洋保护无关的开发活动。加强海岛防护林建设，加强养护管理与植株更新，有效减轻风沙灾害。优先落实生态保护措施，开展受损海岛生态系统修复，以自然恢复为主，人工修复为辅。

④重要滨海湿地。严格保护现存红树林生境。加强对位于黑脸琵鹭等国际候鸟迁徙路径上的重要湿地的保护，严格限制围填海对候鸟栖息点的影响。对滩涂、盐田等进行改造提升，禁止新增以围海方式进行的滩涂养殖，严格控制利用现有盐田、滩涂和滨海湿地进行围填造地，对部分造成海洋生态环境恶化的滩涂养殖、盐田，实施退滩还海、退盐还海措施，逐步修复受损滩涂，进而因地制宜地修复红树林、芦苇丛等植被群落。

⑤重要渔业水域。加强生态渔业建设，加大渔业资源增殖放流力度，建设人工鱼礁，推进东山湾、诏安湾等近海海域渔业资源恢复，改善区域渔业资源衰退和海底荒漠化状况，维护海洋生态多样性。加大对渔业水域水环境的保护力度，适度实施生物调控，利用水生生物链降解污染物质。

⑥重要自然岸线及沙源保护海域。全面保护自然岸线形态、长度，严格围填海管控，落实自然岸线保有率控制目标。对生态红线内的自然岸线，应保持岸滩形态和生态功能。对其他重要的自然岸线，严格限制改变暗滩形态和生态功能，仅允许建设少量经过科学论证的构筑物。积极开展岸线修复工程，加强岸滩资源养护、岸线景观保持。加强入海污染物管控和海岸环境整治，严格采砂管控，严禁在前湖湾、浮头湾、江口湾等生态红线海域进行岸滩采砂。严格论证护岸工程模式，保护岸滩沙源。强化常态化海岸线动态监测，对龙海、漳浦、云霄、诏安、东山临海各县的大陆自然岸线建档立户。

7.3 健全生态保护跨界合作机制

漳州市深入贯彻落实生态治理体系和治理能力现代化建设目标，理顺生态治理中不同地区、流域上下游之间的关系，构建“成本共担、效益共享、合作共治”的

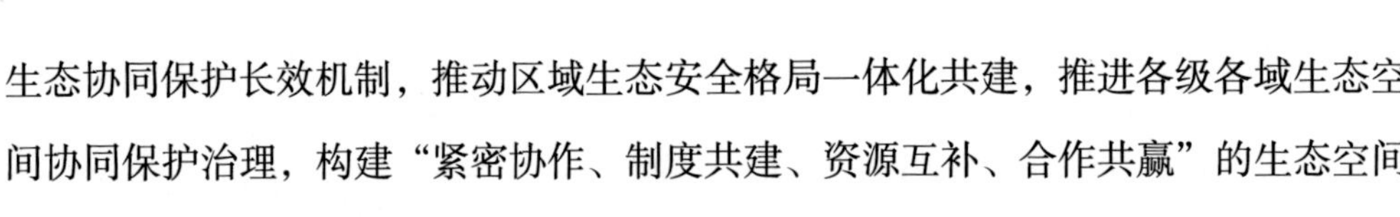

生态协同保护长效机制，推动区域生态安全格局一体化共建，推进各级各域生态空间协同保护治理，构建“紧密协作、制度共建、资源互补、合作共赢”的生态空间跨界协同保护治理体系。

7.3.1 探索生态保护区域联动机制

以漳州、厦门、龙岗三市建立的九龙江流域“联合督查机制、联系协调机制和信息通报制度”三联合制度实施经验为基础，拓展“芦溪—韩江”“东山—南澳”跨省、九龙江流域，漳江东溪跨县（市、区）“规划、决策、立项、监测、执法、治理、应急”区域联动协作机制。

以“多规合一”为契机，探索建立联合规划机制。积极探索建立以全流域为整体，打破区域、行业、部门限制，统筹流域内各地、各部门、各行业经济社会发展和生态保护要求的联合规划体制机制。统筹全流域内的产业布局和生态治理项目，逐步实现流域上下游协同发展。推动完善重点领域、重点区域各项规划方案，补齐政策短板，发挥政策效益。

以联席会议制度为经验，提升联合决策机制。深化借鉴汀江—韩江闽粤联席会议制度经验，各跨区界行政主体探索建立简便有效、多元化的议事协调机构、部门联系通报制度、流域上下游互访协商制度等。

以解决核心问题为导向，探索建立联合立项机制。以解决最核心的生态问题和治理效果常态化为导向，突出重点流域、重点区域、重点领域，推动流域上下游之间、各利益相关主体之间共同协商，因地制宜地联合确立治理任务。

以信息共享为抓手，建立健全全域联合监测机制。建立健全在上一级专业监测机构监督下，统一流域上下游相关行政主体共同认定的监测指标、监测断面、分析方法、评价标准，保障监测数据客观、准确、可比。建立全域监测数据统一平台，建立健全全域监测数据发布、共享机制。

以交叉处置为途径，推进完善联合执法机制。推动流域上下游、各区域生态保护执法、司法部门定期交叉互访、交流协商，衔接执法、司法程序，统一执法、司法尺度。推动成立地区联合执法小组，共同预防与处置跨界生态系统破坏纠纷。推动建立生态联合执法监管机制，对交界处责任主体开展不定期联合检查，推动跨界检查，探索违法案件移交制度。

以核心指标绩效为依据，推进完善联合治理机制。紧紧围绕生态保护与治理的各项核心指标，以实际治理效益作为工作目标，有效传导责任。结合河长制，建立健全以跨界断面水质达标、出境水质有效改善为核心指标的生态环境质量改善绩效考核机制。全面落实环境保护监督管理“一岗双责”制度，按照“谁主管、谁负责”原则，加强协调配合，形成齐抓共管的良性工作机制。

以联合应急演练为突破口，建立健全区域联合应急机制。探索建立流域上下游之间突发性生态破坏事件应急预案联合制定制度，建立综合性流域水污染、重要物种捕采等突发事件应急联动平台，健全完善全域统一、协调、灵敏的应急联动机制，建立健全区域联合应急演练机制，降低生态风险、消除生态隐患，极大地提高突发生态事件的应急处置效率。

7.3.2 健全生态协同保护长效机制

深化区域协调发展战略，推动完善跨区域生态保护与经济发展共赢机制。加大对重点生态功能区——韩江跨省、九龙江跨市、漳江东溪跨县等跨界重点流域上游地区和欠发达地区等区域的补偿力度，促进沿海和山区协调发展，实现经济发展与生态保护双赢。持续推进韩江流域上下游跨省生态协同保护机制长效实施，加强东山岛—南澳岛生物洄游走廊示范海岸带和生物多样性保护区的保护建设，加快实施九龙江流域山水林田湖草系统保护与修复。

结合精准扶贫深化跨区域生态保护补偿机制和自然资源利用价格机制。在生存条件差、生态系统重要、需要保护修复的地区，坚持生态保护与脱贫攻坚并重，加快实施异地扶贫搬迁工程，结合生态环境保护和治理措施，探索生态脱贫新路子。生态保护补偿资金、重大生态工程项目和资金按照精准扶贫、精准脱贫的要求向贫困地区倾斜，向建档立卡贫困人口倾斜。创新资金使用方式，利用生态保护补偿和生态保护工程资金使当地有劳动能力的部分贫困人口转为生态保护人员。重点生态功能区转移支付要考虑贫困地区实际状况，加大投入力度，扩大实施范围。支持贫困县依托生态资源，发展绿色产业，拓展贫困户增收空间。完善生态保护补助奖励政策，对重点水土流失治理区贫困户生活燃料给予补助。围绕水能、风能以及其他

矿产等重要资源，建立健全有利于资源集约节约利用和可持续发展的资源价格形成机制。创新区域耕地占补平衡方式，促进耕地占补指标异地有偿调剂，指标调剂收益主要用于耕地保护、农业农村发展。

发挥财政引导作用，立足多渠道引入社会资本，建立稳定投入机制。各级政府加大对以“两江两溪”为重点的各重要流域治理及保护投入，将重点流域、重点区域、重点领域的生态保护与修复资金列入年度财政预算，加强资金保障。完善市县级转移支付制度，建立市级生态保护补偿资金投入机制，市级财政考虑不同区域生态功能因素和支出成本差异，通过提高均衡性转移支付系数等方式，逐步增加对重点生态功能区的转移支付。市级预算内投资对重点生态功能区内的基础设施和基本公共服务设施建设予以倾斜支持。通过政策扶持和激励，引导社会各方积极参与生态保护治理，探索生态保护市场化、社会化运作，拓宽生态保护治理资金筹集渠道，健全多元生态保护投入机制。

建立健全市场化的生态协同保护政策体系。研究出台有利于绿色发展的结构性减税政策，充分运用市场化手段完善资源环境价格机制，采取多种方式支持政府和社会资本合作项目。推动建立生态产品市场交易、生态环境损害赔偿与生态保护补偿协同推进生态保护的新机制。健全生态保护市场体系，使保护者通过生态产品交易获得合理收益，发挥市场机制促进生态保护的积极作用。推进排污权有偿使用和交易工作，健全各地储备机构和储备体系。加快碳排放权交易市场体系建设，积极开展林业碳汇交易规则和操作办法研究，探索林业碳汇交易模式。推进地区间、流域间、流域上下游、行业间、用水户间等水权交易管理实施。按照国家统一部署，有序推进生态环境损害赔偿制度改革，先行在部分县区开展探索，研究生态环境损害赔偿方面的政策法规和评估方法。研究建立山区与沿海地区建设用地指标市场化交易或置换机制，促进区域协调发展。

推进绿色金融，凸显金融市场对绿色资源配置的引导优化作用。深入落实《福建省绿色金融体系建设实施方案》，大力发展绿色信贷，推动资本市场支持绿色投资，积极发展绿色保险，动员社会资本支持生态文明试验区建设，丰富绿色金融产品和工具，完善支撑绿色金融发展的配套政策体系。

7.3.3 创新跨区生态保护补偿机制

妥善处理流域上下游之间的关系，强化流域生态保护补偿机制的激励与约束作用，双方共同确定考核依据，实行“双向补偿”，共同推进跨界流域综合治理。以韩江流域跨省生态保护“双向补偿”试点为经验，推进以“两江两溪”为重点的各韩江跨省、九龙江跨市、漳江东溪跨县河流山溪，围绕各河流交接断面、直接入海入湖入江入河断面、出省断面等，建立健全流域上下游横向生态保护补偿“谁超标、谁补偿，谁达标、谁受益”机制。

推进“综合性补偿”，完善区际生态保护补偿机制。推进落实《福建省综合性生态保护补偿试行方案》，统筹山水林田湖海系统治理，开展综合性生态保护补偿，以生态指标考核为导向，统筹整合不同类型、不同领域的生态保护资金，推进完善综合性生态保护补偿办法。

有序推进建立健全各类生态系统保护补偿机制。实行省级公益林和国家级公益林补偿联动、分类补偿和分档补助相结合的森林生态效益补偿机制，补偿标准根据国家政策调整及省级财力情况逐步提高，形成稳步增长机制。深化林权制度改革，着力破解生态保护与林农利益间的矛盾，制订实施重点生态区位商品林赎买等改革试点方案。按照“谁使用、谁补偿”的原则，对使用海域从事开发建设等活动造成海洋生态损失的，探索采取工程性补偿或缴纳生态补偿金的方式实施海洋生态补偿，健全海洋生态保护补偿机制。完善基本农田保护补偿制度，建立耕地保护激励机制，探索建立以绿色生态为导向的农业生态治理补贴制度。组织开展湿地生态效益价值评价研究，探索确定湿地生态保护补偿对象的条件和标准，建立湿地生态保护补偿机制。探索建立各类自然保护地生态保护补偿机制。

多种补偿方式并举。鼓励受益地区与保护生态地区、流域下游与上游通过资金补偿、对口协作、产业转移、人才培训、共建园区等多种方式加大生态保护补偿实施力度。根据九龙江流域生态保护的实际需要，漳州、厦门、龙岗三市联合实施若干重点整治项目，以项目为载体，积极争取中央和省级财政专项资金支持，增加市、县两级财政环境治理专项资金预算，加强九龙江流域水环境综合治理的资金保障。探索建立货币补偿、科技补偿和政策补偿相结合的韩江闽粤、九龙江漳州、厦门、龙岗及各跨县流域上下游综合生态补偿新机制。

7.3.4 谋划厦漳泉一体化生态共建

以厦漳泉（厦门市、漳州市、泉州市）一体化发展为契机，依托山水相连、海域相邻的生态基础，共建一体化区域生态安全格局。

①协同共建戴云山—博平岭山体生态屏障，维护生物多样性功能。加强对戴云山、博平岭山地原生性黄山松群落黄山松林、乌来栲林、厚壳桂林和米槠林等南亚热带季风常绿阔叶林以及南亚热带雨林森林生态系统的保护。加大对德化毛蕨、福建桫椤、九仙莓、戴云山苔草、长耳玉山竹、小棘蛙、戴云湍蛙等戴云山特有物种及其分布区的保护力度。以现有自然保护区、森林自然公园等为核心，按生态系统类型、生态功能、生物多样性丰富性、珍稀濒危物种、特有性加强各类自然保护地建设，建立生物廊道，形成连续完整的自然保护地网络。

②共同加强对海陆交互作用生态带的保护与修复。以泉州湾、厦门湾、东山湾等福建省重要海湾河口地区综合治理为重点，加强全省东南部海陆交互作用生态带的保护与修复。

协同保护红树林、珊瑚礁等典型生态系统，共同制订红树林保护和人工恢复计划，对退化严重的红树林生态系统实施生态恢复工程，促进红树林生态系统恢复，保护白骨壤、桐花树、秋茄、木榄、老鼠簕、厦门老鼠簕、海漆等红树林植物群落多样性。加强对中华白海豚、江豚、宽吻海豚、伪虎鲸等珍稀濒危海洋动物及其栖息地保护的合作力度。

依托三市十县大都市区建设，协同海岸带区域的产业规划，协商制定自然岸线保有率，严格遵守自然岸线保有率底线，共同推进对自然岸线的保护。

③一体化构建三地城乡绿道。依托省级绿道建设，一体化构建滨海绿道、山体绿道，形成辐射厦漳泉的绿道网络系统。协同建设沿海、沿江、沿河、沿路防护林和绿化带，实现三市交界地区绿化景观融合和城市绿脉相连。

7.3.5 推进跨县区生态保护与治理

①筑牢中西部山体生态屏障。长泰、华安、南靖、平和、诏安、云霄、漳浦、龙

海等县区加强合作，协同保护漳州市中西部独特的山地南亚热带雨林森林生态系统，加强对天然林的保护，加大对防护林、自然保护区林、水源涵养林、水土保持林的保护力度。以现有自然保护区、森林自然公园为重点，按生态系统类型、生态功能、生物多样性丰富性、珍稀濒危物种、特有性完善自然保护地建设，协同推进对交界面山地生态系统的保护，共同建设跨界区域生物通廊，确保行政跨界两侧共同保护。

②协同推进东部海岸带保护与修复。龙海、漳浦、云霄、诏安、东山等县区共同推进漳州市东部沿海自然岸线保护，结合全市海岸、海湾、海岛、海滩、海水"五海"资源保护工作，协同开展红树林、珊瑚礁、海草床等典型海洋生态系统恢复工程、海岸修复养护工程和海岛岸线综合治理工程。

漳浦、云霄、东山、诏安 4 个县协同推进东山湾湾口及东部海域的周边海域，重点保护以亚热带造礁石珊瑚群落为主的珊瑚礁生态系统与造礁石珊瑚和其他珊瑚以及其栖息地。

协同保护近海海域、珍稀物种生境海域、重要渔业区域的水环境质量。近海各县城探索推进镇污水处理厂及配套管网一体化建设，探索共建污水处理设施。协同整治入河、入海排污口，施行近海海域水环境联防联治。

③共同加强九龙江流域山水林田湖草保护与修复。在长泰、华安、南靖、平和等近九龙江及其支流河源地区的各县区，加强天然林保护，加大水源涵养林种植力度，结合小流域综合治理，加强茶园、经果林地等重点区域的水土流失治理，提升源头地区水源涵养能力，保障流域水资源安全。

实施沿江各县区水污染联防联治。深化推进九龙江流域水环境保护的龙岩共识。全面推进河道清障治理，拆除涉河违法建筑。全面推进生猪养殖污染治理，关闭拆除禁养区和可养区不达标的养殖场，引导退养户转产转业，加强规模养殖场标准化改造。切实封堵违法排污口，严格工业废水达标排放管理。加快配套完善污水和垃圾处理设施，提升处理能力和水平，严格控制流域内面源污染。

跨江各县区加强滨河滨湖自然岸线的保护与修复，推进沿江两岸种植绿化，持续增加沿线森林面积，加强滨河带各类湿地建设，营造水绿相依的森林湿地空间，恢复生物多样性。结合省、市、县各级各类绿道建设，提升流域水系生态廊道连通性以及人居生态服务功能。

7.4 建立生态产品价值实现机制

深入践行“绿水青山就是金山银山”理论，发挥好自身的生态优势、资源优势，探索政府主导、企业和社会各界参与、市场化运作、可持续的生态产品价值实现路径。

7.4.1 推进价值核算，布局生态产业

探索以自然资源资产负债表编制为基础，建立健全水、土地、森林、海洋等的自然资源资产和负债以及生态系统生产总值核算机制，建立实物量计量和核算的方法，明确分类标准和统计规范，解决定价方法和定价机制问题，确定不同功能生态产品的核算方法和技术规范。

研究拓展生态资源价值核算内容。深化自然资源价值、生态系统生产总值核算内容，拓展生态资源实物量和价值量核算，直接价值和间接价值核算，生态价值、经济价值与社会价值核算。

因地制宜地探索生态资源价值核算方法。探索各类生态资源分类核算方法，结合国家规范，建立健全市级统一规范的核算制度，详细说明各项资源核算内容、基础数据、核算方法和相关标准。

探索建立统一明确的生态资产核算路径。建立市级数据储备和核算平台，整合自然资源、生态环境、林业、农业、水利、海洋等各部门的生态资源数据，建立统一的核算路径，确保核算信息可比、共享。

7.4.2 打造交易平台，激发市场活力

借鉴南平市“生态银行”生态产品价值实现经验，探索打造多种主体类型的生态资源价值实现平台，通过市场化运作打通生态资源与绿色产业的对接通道，把生态资源转化为现实效益，实现将资源变资产变资本。结合福建省生态系统保护与修复战略，探索实施以提高生态产品供给能力为导向的生态系统保护与修复措施和自

然保护地体系建设措施，建立各类生态系统保护修复与生态产品供给双赢机制。

探索建立融合各类生态产品的市级生态资源开发运营平台，在各级政府、企业等多个层面，对分散的山、水、林、矿、田、海洋等资源开发业务进行全面梳理整合，统筹全市自然资源开发“一盘棋”。

研究制定全市生态产品开发指南，综合考虑生态产品生产能力、空间流转能力以及交通、人文、旅游等多方面因素，探索不同区域、不同类型生态产品差别化管理机制和实现路径。

探索建立山水林田湖海系统性、全方位、全产业链开发运营机制，探索发展“生态＋食品、原材料、文化、旅游、体育、康养等”产业开发模式，形成丰富多样的产业集群。

探索建设生态资源交易平台。结合农村产权交易平台建设，搭建自然资源资产交易平台，统一披露试点涉及的项目、资源、政策等信息，制定交易流程和交易办法，推动自然资源资产市场化交易。

通过政府管控或设定限额等措施，创造对生态产品的交易需求，引导和激励利益相关方开展交易，通过市场化方式实现生态产品的价值。

7.4.3 培育市场主体，增强产品供给

建立健全以各级政府为主体的生态产品供给机制。探索建立以政府转移支付、赎买为手段的生态产品供给途径，充分发挥横纵向、一般性、专项类、长期性、临时性等各类转移支付手段，综合运用购买、补贴、税收减免等财政政策，提高政府在全省生态产品上的直接和间接的供给能力。

探索研究以私人为供给主体的生态产品供给机制。探索研究利用积极的政策鼓励和支持营利性个体参与生态产品供给。探索建立生态产品私人供给许可制度，充分运用市场机制，促进生态产品多元化供给。

探索研究以自组织为供给主体的生态产品供给机制。探索研究支持非营利性个体、志愿团体、社会组织或民间协会等参与生态产品供给的体制机制。探索建立生态产品供给自组织注册备案制度，探索实行不过度否认、不过度干预、不采取取缔措施的政府监管机制。

丰富供给主体股权合作方式。加快推进生态资源资产资本化，探索以资源进行股权合作，除资金股外，积极创新基础设施股、土地股、林权股等多种模式。

7.4.4 完善产权界定，明晰收益权属

依托国家自然资源产权和用途管制制度，规范生态产品使用权、保障收益权、激活转让权、理顺监管权，明确森林、草地、湿地、耕地、水流、海域以及重点生态功能区、自然保护地等自然资源要素产权。

做好统一确权登记。界定所有权内部类型边界，划清国家所有与集体所有的界限。加快推进农村地籍房屋调查、农村集体资产清资核算、国土“三调”等各项资源资产调查，以及农村产权确权登记办证工作，明晰权属。

明确生态资源所有属性和合理用途。制定差别化产业准入标准，引导生态资源有序开发。将自然生态资源用途管制同国家生态文明试验区、统一确权登记、生态环境损害赔偿制度等结合起来，完善生态资源用途管制办法。

丰富生态资源使用权权能。以保障资源收益或受益权为核心，丰富生态资源使用权权能和生态资源资产所有权实现方式。研究各类生态资源资产的使用权设置，细化使用权、转让权、入股权、租赁权、抵押权、处分权、收益权等各项权能、权责、权利。

7.4.5 丰富交易形式，促进产权流转

借鉴深化“生态银行”模式。借鉴南平市“分散化输入、集中式输出”的“生态银行”模式，由市级政府主导建立全省统一的包括森林、农田、水、矿山、海洋等各类生态资源在内的“生态银行”平台，实现场内交易。

通过租赁、托管、股权合作、特许经营，产业基金投资或自然资源重组并入，作价出资等方式进行资源流转、治理提升，形成集中连片优质的自然资源产包。通过股权合作、委托经营等方式，引入优质运营管理企业，导入资产并撬动资金流入，进行开发运营，同步做好开发过程中的生态资源资产保护工作。

生态修复与综合开发同步开展。借鉴厦门市五缘湾片区生态修复与综合开发实践经验，探索在全市土地有增值溢价潜力的区域推广实施生态修复与综合开发一体

化工程，依托土地收储，系统规划生态修复、生态产品供给、产业开发模式，推动生态与产业空间流转置换。

探索生态资源资本化的金融创新方式。扩大使用权的出让、转让、出租、担保、入股等权能，推进碳排放权、水权、林权等市场交易，活跃生态资源要素市场，拓展金融的生态资源配置空间。稳步扩大金融工具的类型和规模，丰富生态资源市场主体的融资路径和融资手段，适时引入保险、期货、债券等金融工具，探索设立特色农业保险、森林保险及绿色债券等，增强筹措资金、服务实体的能力。

完善生态补偿制度。结合《福建省人民政府关于健全生态保护补偿机制的实施意见》《福建省综合性生态保护补偿试行方案》、汀江—韩江流域生态补偿机制等，建立健全区际流域间横纵向、各领域生态系统保护补偿机制。

7.4.6 谋划制度协同，形成机制合力

将生态系统及自然资源产权改革与户籍制度改革、农村产权改革、农村金融改革、脱贫攻坚等工作统筹联动。鼓励和支持有意愿进城落户居民家庭以自然资源产权流转机制变现财产权，实现“带着财产进城”。

探索“生态银行”机制与其他创新举措、制度等改革成果有机融合，推动各项改革系统集成、协同高效，避免制度碎片化。

借鉴南平市“三大创新”融合经验，推动建立生态资源、运营平台、品牌提升三大环节衔接融合机制。在工作力量、项目安排、政策制定等方面加强三大环节的衔接配合、统筹运作，在全市重点区域谋划实施一批三大环节融合发展的试点工程。

推动现有改革制度成果融合。将生态产品价值核算、自然资源资产负债表、领导干部自然资源资产离任审计等改革制度成果，探索运用到试点领域，实现改革成效同向叠加释放，效应最大化。

推动政策性生态资金融合。统筹田园综合体、农村综合性改革等试点政策资金，各领域生态补偿资金，以及其他上级补助资金，在项目、资金安排上与试点工作紧密结合，最大限度地发挥政策性资金的使用效益。